互联网 + 职业技能系列

职业入门 | 基础知识 | 系统进阶 | 专项提高

Python 爬虫开发

从入门到实战

微课版

Python Development

谢乾坤 著

人民邮电出版社

北 京

图书在版编目（CIP）数据

Python爬虫开发从入门到实战：微课版 / 谢乾坤著
. -- 北京：人民邮电出版社，2018.9（2022.11重印）
（互联网+职业技能系列）
ISBN 978-7-115-49099-5

Ⅰ. ①P… Ⅱ. ①谢… Ⅲ. ①软件工具—程序设计
Ⅳ. ①TP311.561

中国版本图书馆CIP数据核字(2018)第185416号

内 容 提 要

本书较为全面地介绍了定向爬虫的开发过程、各种反爬虫机制的破解方法和爬虫开发的相关技巧。全书共 13 章，包括绪论、Python 基础、正则表达式与文件操作、简单的网页爬虫开发、高性能 HTML 内容解析、Python 与数据库、异步加载与请求头、模拟登录与验证码、抓包与中间人爬虫、Android 原生 App 爬虫、Scrapy、Scrapy 高级应用、爬虫开发中的法律和道德问题等。除第 1、12、13 章外的其他章末尾都有动手实践，以帮助读者巩固本章和前面章节所学的内容。针对书中的疑难内容，还配有视频讲解，以便更好地演示相关操作。

本书适合作为高校计算机类专业的教材，也适合作为网络爬虫技术爱好者的自学参考书。

◆ 著　　　　　谢乾坤
　　责任编辑　　左仲海
　　责任印制　　马振武

◆ 人民邮电出版社出版发行　北京市丰台区成寿寺路 11 号
　　邮编　100164　电子邮件　315@ptpress.com.cn
　　网址　http://www.ptpress.com.cn
　　三河市君旺印务有限公司印刷

◆ 开本：787×1092　1/16
　　印张：17　　　　　　　　　　2018 年 9 月第 1 版
　　字数：582 千字　　　　　　　2022 年 11 月河北第 11 次印刷

定价：49.80 元

前言
Preface

我在上大学的时候开始学习 Python，使用 Python 做的第一个项目就是学校教务处爬虫，用来爬取教务处的各种通知并导入到微信公众号中。在对爬虫开发比较熟练以后，我在淘宝上开了一个店铺用来承接各种爬虫的私活。我的店铺是淘宝上面第一个爬虫开发的店铺。

在我工作以后，极客学院联系我，让我作为布道师在极客学院上讲授爬虫开发的课程。这些课程就是本书内容的前身。

本书适用于有一定编程基础的读者。虽然第 2 章讲解了 Python 3 的基础知识，但是由于 Python 博大精深，为了覆盖爬虫开发中的各种知识，所以自然需要省略一些细节上的内容。因此，如果读者有一定的编程基础与开发常识，那么阅读本书将会事半功倍。

本书提供了练习网站，其地址为 http://exercise.kingname.info/。建议读者在学习本书的时候，根据书上的提示使用练习网站来练习爬虫的开发。这样做的好处有三点：其一，练习网站针对每一章开发，专门用于练习这一章的对应知识点，读者在开发爬虫的时候不用考虑其他的干扰因素。其二，定向爬虫对网站的改版较为敏感，因此，在使用第三方网站做例子的时候，一旦网站出现了改版，如果读者照搬本书的代码就会导致爬取不到数据。而如果使用练习网站，即便读者完全照搬本书的代码也可以保证爬虫成功运行。其三，在极客学院的视频课程中，我曾经使用一个第三方网站作为爬虫开发作业，由于视频课程的学生众多，大家都在爬这个网站导致网站承受不住压力被迫关闭。

本书在阶段练习中依然使用了一些第三方网站作为练习目标，读者在阅读本书并进行练习的时候，一定要注意学习书中讲到的分析方法，而不是照抄代码。当读者读到本书的时候，距离本书编写的相应网站爬虫应该已经过去了一段时间，所以如果根据书中的代码无法爬取网站，那么不要惊慌，仔细阅读书中的思路和方法，相信你一定可以重新爬取到数据。

在本书的构思和写作过程中，我得到了很多老师、同行和朋友的帮助。在此要感谢极客学院，本书内容脱胎于我在极客学院的爬虫系列视频课程，通过极客学院同学的反馈，我才能从视频课程里面总结和提炼出本书的内容；也要感谢极客学院的大静和温泉，在我录制视频课程的过程中对视频和文档进行认真细致的审核；还要感谢 Linda，积极联系出版社，从而可以把这个爬虫系列视频课程整理出版为实体书。

另外要感谢我的学生老贤和魏鹏。在爬虫练习网站的开发过程中，魏鹏亲自测试了每一个练习页面，并针对每一个练习页面开发了对应的爬虫，以确认该页面所涉及的爬虫知识没有超出本书的范畴。

最后，感谢我家人的督促，让我克服了拖延症。这本书也帮助我遇见了我的爱人杨小姐。希望这本书可以为学习爬虫的各位读者提供一些帮助。如果读者在阅读本书的过程中有什么疑问或者建议，欢迎加入读者交流 QQ 群：398687538。

编者

2017 年 12 月

目录
Contents

第1章

绪论

■ 所谓爬虫，其本质是一种计算机程序，它的行为看起来就像是蜘蛛在网上面爬行一样，顺着互联网这个"网"，一条线一条线地"爬行"。所以爬虫在英文中又叫作"Spider"，正是蜘蛛这个单词。

通过这一章的学习，你将会掌握如下知识。

（1）爬虫是什么。

（2）爬虫可以做什么。

（3）爬虫开发中有哪些技术。

1.1　爬虫

存在即合理，为什么爬虫程序会有其存在的土壤呢？这是由于传统低效率的数据收集手段越来越不能满足当今日益增长的数据需求所导致的。

这是一个数据爆炸的时代，没有了获取数据信息的壁垒，只要你肯，只要你想，那么就有机会利用数据让梦想走进现实。但是面对互联网这样一个由数据构建而成的海洋，如何有效获取数据，如何获取有效数据都是极其劳神费力、浪费成本、制约效率的事情。很多时候，按照传统手段完成一个项目可能 80%～90% 的时间用于获取和处理数据。这样的矛盾冲突，搁在以往，搁在普通的人和普通的公司身上，除了用金钱去填补（直接购买数据）之外，似乎只有默默认命了。

回想一下编者还是学生的时候，心里向往着诗和远方，但口袋空空。如果要去旅游，只能一遍一遍地去各个旅游网站上寻找最便宜的酒店、最便宜的机票和最便宜的餐馆。往往旅游只有三四天，可旅游之前竟然要花上十几天甚至几十天来搜索攻略、抢票和订酒店。

如果看这本书的读者，你曾经也有过这样的经历，那么请问你，酒店提前几天订最便宜？机票什么时候订最实惠？你知道酒店的价格一周都怎样变化吗？刷了那么久的票，你总结出了什么规律？那如果有人告诉你，他每 15min 就可以监控这个城市所有酒店的价格，你相信吗？你会疑惑吧，谁会有闲心每 15min 把某个城市所有酒店所有房间的价格全部看一遍呢？就算有这个闲心，可有这个速度吗？

然而现在，终于有了扭转之机，那就是驾驭爬虫，监控酒店的房价变化只是基本技能。

1.2　爬虫可以做什么

1.2.1　收集数据

爬虫可以用来收集数据。这也是爬虫最直接、最常用的使用方法。由于爬虫是一种程序，程序的运行速度极快，而且不会因为做重复的事情就感觉到疲劳，因此使用爬虫来获取大量的数据，就变得极其简单和快捷了。

由于现在 99% 以上的网站都是基于模板开发的，使用模板可以快速生成相同版式、不同内容的大量页面。因此，只要针对一个页面开发出了爬虫，那么这个爬虫也能爬取基于同一个模板生成的不同页面。这种爬虫称为定向爬虫，也是本书所要讲到的爬虫类型。

请看图 1-1 和图 1-2，这是起点中文网的"玄幻频道"和"奇幻频道"页面。

图 1-1　起点中文网的"玄幻频道"页面

图1-2　起点中文网的"奇幻频道"页面

　　图1-1和图1-2所示的这两个版面除了内容不一样外，其他地方完全一样。只要爬虫能爬取"玄幻频道"，那么就能爬取"奇幻频道"。假设要把这两个页面的内容都获取下来，如果人工来操作，就需要对两个页面进行复制及粘贴，做很多重复的工作。而如果使用爬虫，那么只需要开发"玄幻频道"的爬虫就能实现既能爬取"玄幻频道"又能爬取"奇幻频道"的目标。

　　正是由于现在的网站大量使用了模板来生成页面，所以爬虫才能够有用武之地。

1.2.2　尽职调查

　　所谓的尽职调查，一般是指投资人在投资一个公司之前，需要知道这个公司是否如他们自己所描述的一样尽职尽责地工作，是否有偷奸耍滑、篡改数据、欺骗投资人的嫌疑。在过去，尽职调查一般通过调查目标公司的客户或者审计财务报表来实现。而有了爬虫以后，要做尽职调查就方便很多了。

　　例如调查一个电商公司，想知道他们的商品销售情况。该公司自己声称每个月销售额几亿元。如果使用爬虫爬取了该公司网站所有商品的销量情况，那么就可以计算出该公司的实际总销售额。而且，如果爬取了所有的评论并进行分析，还可以发现该网站是否出现了刷单的行为。

　　数据不会说谎，特别是数据量极大的数据，人工伪造的总会和自然生成的存在区别。而在以前，对于数据量极大的数据进行搜集是一件非常困难的事情，但现在有了爬虫的帮助，很多欺骗行为都会赤裸裸地暴露在阳光下。

1.2.3　刷流量和秒杀

　　刷流量是爬虫天然自带的功能。当爬虫访问了一个网站时，如果这个爬虫隐藏得很好，网站不能识别这一次访问来自于爬虫，那么就会把它当成正常访问。于是，爬虫就"不小心"地刷了网站的访问量。

　　除了刷流量外，爬虫也可以参与各种秒杀活动，包括但不限于在各种电商网站上抢商品，抢优惠券，抢机票和火车票。目前，网上有不少人专门使用爬虫来参加各种活动，并从中盈利。这种行为一般称为"薅羊毛"，这种人被称为"羊毛党"。不过使用爬虫来"薅羊毛"进行盈利的行为实际上游走在法律的灰色地带，希望读者不要轻易尝试。

1.3 爬虫开发技术

开发爬虫，既简单又困难。简单是因为在 Python 这一门语言的帮助下，要入门开发爬虫几乎没有门槛，几行代码就能写出一个爬虫。而爬虫相关的框架更是多如牛毛，稍稍配置一下就能实现非常不错的爬取效果。困难在于目前大多数的爬虫书籍，还停留在工具的讲解上，只告诉读者怎么用工具，却不告诉读者在遇到各种情况时应该如何举一反三，通过思考，用学过的技艺来处理第一次遇到的问题。

爬虫的开发有两个层面。一个是"技"的层面，也就是各种语言和框架的使用。这种层面更像是软件文档，现在市面上大部分的爬虫书籍还停留在这个层面。而另一个层面是"术"的层面，遇到各种反爬虫问题时，应该如何突破，如何隐藏爬虫，如何模拟人的行为，以及遇到没有见过的反爬虫策略时，应该如何思考及如何使用爬虫爬取非网页内容等。在"术"的层面，框架和工具都不是问题，用任何框架甚至 Python 自带的模块都能够处理，"术"的层面更强调思想、流程和调度。

本书只会使用少量的篇幅来讲解必须掌握的基础知识和框架用法。在此之上，将会着重介绍各种爬虫思想，力图做到让读者举一反三。

本书使用 Python 作为爬虫的开发语言。由于 Python 具有语法简单、入门容易等特点，现在已经成为众多领域的首选语言。由于 Python 的语法接近原生的英语语法，因此只要能看懂单词就能看懂 Python 代码，这使得 Python 学习者能够很容易地通过学习别人的代码得到提高。

本书第 2 章会讲到 Python 的基本语法。学习并掌握第 2 章的内容，可为后面的爬虫开发打好基础。

爬虫的主要目的是获取网页内容并解析。只要能达到这个目的，用什么方法都没有问题。关于获取网页，本书主要介绍了 Python 的两个第三方模块，一个是 requests，另一个是爬虫框架 Scrapy。关于解析网页内容，本书主要介绍了 3 种方式——正则表达式、XPath 和 BeautifulSoup。两种网页获取方式和 3 种网页解析方式可以自由搭配，随意使用。

由于网站必然不会这么轻易地让人把数据全给拿走，因此很多网站都会采取各种反爬虫措施。应对各种反爬虫措施正是本书所要讲到的重点。常规的反爬虫措施包括但不限于访问频率检查、验证码、登录验证、行为检测。本书对这些反爬虫策略都会进行一一破解。除此之外，本书还会将中间人攻击技术与爬虫结合在一起，再把 Android 自动化测试技术与爬虫结合在一起，从而构造一个超级自动化爬虫，做到几乎无法被网站发现，也无法被封锁，同时不需要人工干预就能实现数据的爬取。

在成功突破了网站的封锁以后，就需要提高爬虫的爬取效率了，于是本书将会讲到分布式爬虫框架 Scrapy。由于本书的宗旨是"术"，而不是"技"，因此对 Scrapy 这个框架，并不会像其官方文档一样讲解每一个功能。本书在介绍完 Scrapy 的基本功能以后，将着重讲解使用 Scrapy 来实现自动化的重试，自动修改爬虫的头部信息，自动更换 IP，自动处理异常和批量部署。

最后，本书会用一章来讲解和爬虫相关的法律问题，希望读者在爬虫开发领域不要触碰法律。

第2章

Python基础

■ Python（中文发音为派森，原意为蟒蛇，因此其图标为两只蟒蛇）是一门高级程序开发语言。所谓"高级程序开发语言"，是相对于"低级程序开发语言"来说的。Python 的语法接近正常的英语语法，因此即使不会编程，只要懂得基本的英语，也可以大致看懂 Python 代码。

通过这一章的学习，你将会掌握如下知识。

（1）Python 开发环境的搭建。

（2）Python 的基本知识、数据类型。

（3）Python 的条件语句和循环语句。

（4）Python 函数的定义和使用。

（5）基于 Python 的面向对象编程代码。

2.1　Python 的安装和运行

由于历史原因，Python 有两个主要的大版本：Python 2 与 Python 3。这两个大版本同时在往各自的方向发展。绝大多数的 Python 代码在这两个大版本中可以通用，但也有少数代码只能在 Python 2 中运行，或者只能在 Python 3 中运行。

Python 官方曾经宣布，在今后的发展中，Python 3 的升级会增加新功能，而 Python 2 的升级只会做错误修正，不会增加新的功能。Python 之父吉多·范罗苏姆（Guido van Rossum）建议使用 Python 3，并逐步淘汰 Python 2。Python 官方推特宣布，在 2020 年停止维护 Python 2。本书所有代码基于 Python 3 开发。

截至 2017 年 4 月，Python 2 正式版的最新版本为 Python 2.7.13，Python 3 正式版的最新版本为 Python 3.6.1。在各位读者读到本书的时候，Python 3.6 的更高版本可能已经发布。本书所有代码可以无缝迁移到 Python 3.6 的更高版本。

2.1.1　在 Windows 中安装 Python

Python 的官方网站界面如图 2-1 所示。

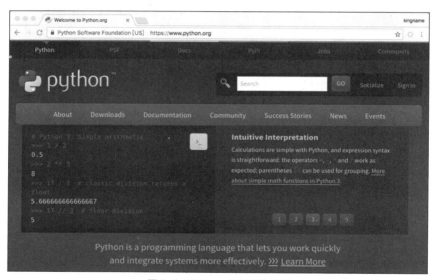

图 2-1　Python 官方网站界面

使用 Windows 操作系统的读者，可访问 https://www.python.org/ftp/python/3.6.1/python-3.6.1-amd64.exe 下载 Python 3.6.1 或者更高版本的安装程序。由于 Python 官方网站会受到某些干扰，所以在我国部分地区长期无法访问，在另一些地区间歇性无法访问。如果以上网址无法访问，各位读者可稍后再尝试。

下载的文件名为 python-3.6.1-amd64.exe。下载完成以后，双击这个安装程序，安装界面如图 2-2 所示。

一定要勾选 "Add Python 3.6 to PATH" 复选框，这一点非常重要。然后选择 "Install Now" 选项，即可开始安装 Python 3.6.1。安装完成以后，按 "Win+R" 组合键（"Win 键" 是键盘上像汉字 "田" 的那个键），在弹出的 "运行" 对话框中输入 "cmd"（不包括最外层双引号，下同），如图 2-3 所示。

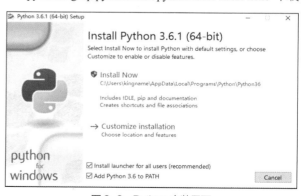

图 2-2　Python 安装界面

单击"确定"按钮，打开 Windows 命令提示符（Command Prompt，CMD）窗口，如图 2-4 所示。

图 2-3　在"运行"对话框输入"cmd"　　　　　　　图 2-4　Windows 命令提示符窗口

输入"python"并按下键盘上的回车键，如果 CMD 窗口显示信息如图 2-5 所示，表明 Python 安装成功，并进入了 Python 交互环境。

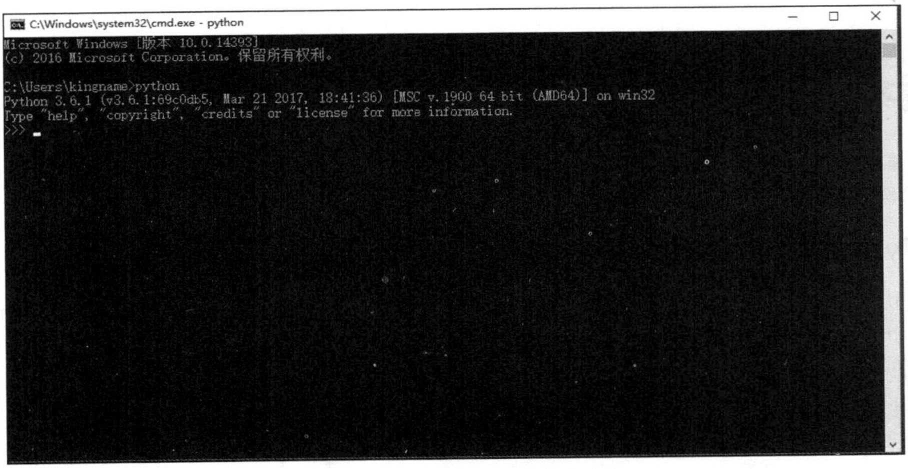

图 2-5　启动 Python 交互模式成功

在图 2-5 中，出现了 3 个向右的箭头">>>"，这是提示用户输入内容。在本章以及后面章节中的代码中如果有这样的 3 个箭头，表示代码就是在图 2-5 所示的窗口中直接输入的。例如：

```
>>> 1 + 1
2
```

这两行代码表示把"1 + 1"通过键盘输入到这个 Python 交互环境中，然后按下回车键，下面不带 3 个箭头的数字"2"表示 Python 交互环境输出的内容。

2.1.2　在 Mac OS 中安装 Python

Mac OS 系统自带 Python 2。对于 Python 3，有两种不同的安装方法。

如果有编程基础，或者会使用 Homebrew，可以通过 Homebrew 安装 Python 3，其安装命令为：

```
brew install python3
```

由于 Homebrew 在我国部分地区会受到一些干扰，要解决这个问题需要一些技术基础，所以对于没有编程基础或者没有 Homebrew 的读者，可以访问 https://www.python.org/ftp/python/3.6.1/python-3.6.1-macosx10.6.pkg，下载

Python 3 的安装包。安装过程与安装普通软件没有区别，此处不再赘述。

2.1.3　在 Linux 中安装 Python

Linux 的发行版众多，这里仅以 Ubuntu 为例来说明如何在 Linux 中安装 Python 3。其他发行版请查阅该发行版的官方说明。

Ubuntu 16.04 或者更高版本的系统自带了 Python 3.5.1 或者更高版本的 Python。这个版本的 Python 可以正常运行本书所有的代码，因此使用 Ubuntu 16.04 或者以上系统的读者可以跳过这一节。

如果使用较低版本的 Ubuntu，系统自带 Python 2。某些系统可能只带 Python 3.4.x。这里的 x 是一个数字，随系统安装时间的不同而不同。读者可以在终端里输入以下代码查看系统自带的 Python 3 的版本：

```
python3 --version
```

如果返回类似于 Python 3.4.3 的结果，就表示系统确实自带 Python 3.4.x。这种情况下，就需要单独安装 Python 3.6。

如果 Ubuntu 版本为 16.04，直接在终端中输入以下几条命令来安装 Python 3.6.1 即可：

```
sudo add-apt-repository ppa:fkrull/deadsnakes
sudo apt-get update
sudo apt-get install python3.6 python3-dev python3-pip libxml2-dev libxslt1-dev zlib1g-dev libffi-dev libssl-dev
```

如果系统为 16.10 或者 17.04，那么安装 Python 3.6 非常简单，不需要添加软件源，直接使用 "apt-get" 安装即可：

```
sudo apt-get update
sudo apt-get install python3.6 python3-dev python3-pip libxml2-dev libxslt1-dev zlib1g-dev libffi-dev libssl-dev
```

需要注意的是，由于 Python 2 在 Ubuntu 里面会被系统调用，因此不建议卸载或者修改系统自带的 Python 2。在这种情况下，可以在 Ubuntu 的终端里输入 "python3.6" 来启动 Python 3.6。

2.2　Python 开发环境

任何文本编辑器都可以用来开发 Python 程序，包括记事本。唯一的不同是开发效率的高低而已。一个优秀的集成开发环境（Integrated Development Environment，IDE）可以让 Python 开发如虎添翼，节约大量的开发时间。

2.2.1　PyCharm 介绍与安装

本书使用的集成开发环境为 JetBrains 公司的 PyCharm。PyCharm 在 Windows、Mac OS 和 Linux 中均有安装文件。网站提供了社区版（Community Edition）和专业版（Professional Edition），其中，社区版对个人用户是免费的，而且提供的功能可以满足本书的所有开发需求。

在网站上根据自己的操作系统选择合适的版本，如图 2-6 所示。

图 2-6　根据系统选择 PyCharm 版本

PyCharm 的安装非常简单，本书以安装 Windows 版本为例来进行说明。

首先从网站上下载 PyCharm 的安装文件，然后双击安装，在出现图 2-7 所示界面时，勾选 "64-bit launcher" 复选框。除此之外，其余界面全部单击 "Next" 按钮，最后单击 "Install" 按钮进行安装。

安装完成，第一次运行，可以看到图 2-8 所示的对话框。该对话框询问是否导入已有设置。

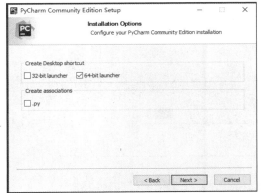

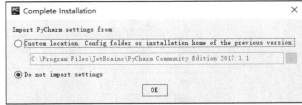

图 2-7　勾选 "64-bit launcher" 复选框 　　　　图 2-8　第一次运行 PyCharm 会询问是否导入已有设置

由于是第一次安装，因此直接单击 "OK" 按钮，出现用户协议，如图 2-9 所示。

阅读完协议以后，单击 "Accept" 按钮，PyCharm 将会正式运行，并弹出主题选择对话框，如图 2-10 所示。

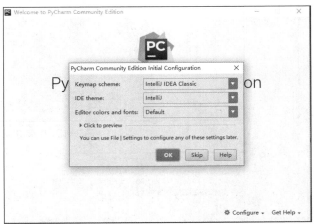

图 2-9　PyCharm 用户协议 　　　　　　　　图 2-10　选择 PyCharm 主题

保持默认，直接单击 "OK" 按钮，开始创建工程。

2.2.2　运行代码

PyCharm 是以工程为单位来管理代码的，所以第一次运行 PyCharm 的时候，它会问是创建一个工程还是打开一个工程。单击 "Create New Project" 按钮，填写工程的路径，如图 2-11 所示。将这个路径修改为一个熟悉的路径，如 "C:\MyProject\chapter2"。

PyCharm 会自动寻找 Python 的安装位置，因此第二个下拉选项不需要修改，直接单击 "Create" 按钮，工程就创建好了。

工程创建好以后，进入图 2-12 所示的界面。

在左侧窗格中右击工程的文件夹名字，选择 "New" 命令，在弹出的二级菜单中选择 "Python File" 命令，如图 2-13 所示。

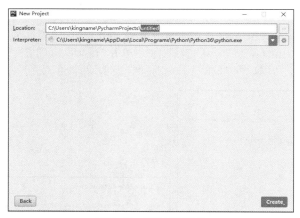

图 2-11　填写工程路径

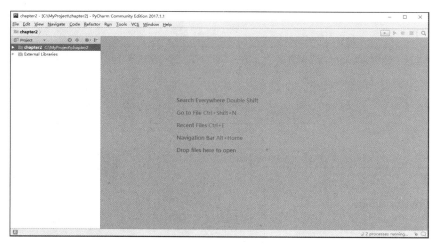

图 2-12　工程初始化界面

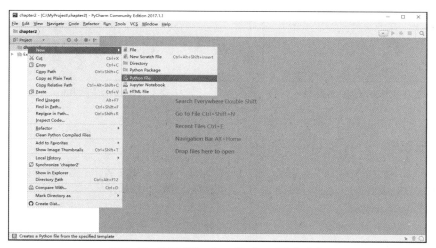

图 2-13　选择 "New" – "Python File" 命令

　　在弹出的对话框中输入文件名，并单击 "OK" 按钮，Python 文件（由于 Python 文件的扩展名为 ".py"，因此以下简称 ".py 文件"）就创建好了，如图 2-14 所示。

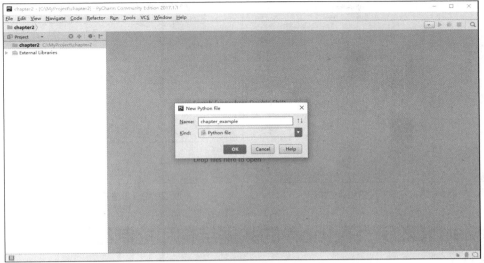

图 2-14　输入.py 文件名并单击"OK"按钮

创建完成.py 文件以后，就可以在 PyCharm 中编辑 Python 代码。Python 代码编写完成以后，需要使用 PyCharm 来运行代码。单击 PyCharm 右上角的灰色小箭头图标，选择"Edit Configurations"选项，如图 2-15 所示。

在新打开的界面中单击左上角的"+"号，选择 Python 选项，如图 2-16 所示。

图 2-15　选择"Edit Configurations"选项

图 2-16　选择"Python"选项

在弹出的对话框中，通过单击箭头所指的按钮来选择刚才创建的.py 文件，并在"Name"文本框中输入一个名字，这个名字可以任意填写，中文及英文都可以，如图 2-17 所示。

只需要修改这两个地方即可，修改以后单击"OK"按钮。

对话框关闭以后，回到 PyCharm 的窗口，右上角出现了一个三角形按钮和一个甲虫按钮，如图 2-18 所示。单击三角形按钮可运行代码，单击甲虫按钮可调试代码。

现在单击三角形按钮，程序就运行起来了，如图 2-19 所示。

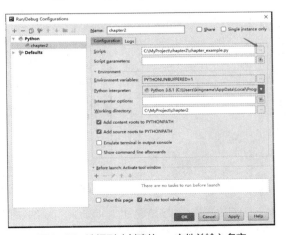

图 2-17　选择刚才创建的.py 文件并输入名字

图 2-18　三角形按钮和甲虫按钮

图 2-19　单击三角形按钮运行程序

2.3　Python 的数据结构和控制结构

V2-1　PyCharm 的
安装和使用

2.3.1　整数、浮点数和变量

1. 整数与浮点数

Python 里面的整数和数学里面的整数定义是一样的，Python 里面的浮点数可以看作是数学里面的小数。在 Python 中使用 print 函数打印一个整数或者浮点数，可以看到这个整数或者浮点数被原样打印了出来：

```
>>> print(1234)
1234
>>> print(3.14159)
3.14159
```

整数的加、减、乘可以直接在 print 中进行，也可以通过括号来改变运算的优先级：

```
>>> print(1 − 10)
−9
>>> print(3 + 2 −5 * 0)
5
>>> print((3 + 2 − 5) * 0)
0
```

在 PyCharm 中的运行效果如图 2-20 所示。

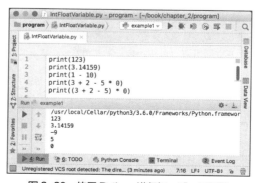

图 2-20　使用 Python 进行加、减、乘运算

上面的例子说到了整数的加、减、乘，那整数的除法呢？浮点数的加、减、乘、除呢？如果在 Python 中打印 "0.1 + 0.2" 的结果，会得到什么呢？例如下列代码：

```
>>> print(0.1 + 0.2)
0.30000000000000004
```

结果并不是 0.3，而是一个很长的浮点数。这不是 Python 的问题，Java、C 语言、C++等各种语言都有这个问题。这是由于计算机里面浮点数的储存机制导致的。有兴趣的读者可以了解一下浮点数从十进制转化为二进制的原理和结果。

由于这个原因，不应该直接使用 Python 来进行精确的计算，但是进行日常的精度不高的四则运算是没有问题的，如图 2-21 所示。在图 2-21 中，第 7 行使用#号开头的内容表示注释，Python 在运行的时候会自动忽略#号后面的内容。

2. 变量

所谓变量，可以理解为一个存放其他数据的盒子。使用变量可以减少重复输入。例如在 Python 中计算一个长方体的底面积和体积，代码如图 2-22 所示。

图 2-21　使用 Python 进行整数的除法和浮点数的
加、减、乘、除运算

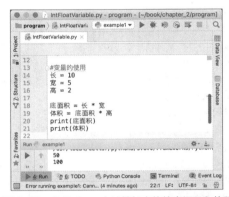

图 2-22　在 Python 中计算长方体的底面积和体积

在图 2-22 的代码中，变量在等号的左边，变量里面将要存放的值在等号的右边。等号是赋值的意思。将等号右边的值赋给左边的变量，这样变量里面的值就等于右边了。而如果等号的右边也是一个变量，那么就把等号右边的变量里面的值赋给等号左边的变量。

虽然在 Python 3 中可以使用中文作为变量名，但还是建议读者将变量名设置为英文。

```
>>> length = 10
>>> width = 5
>>> height = 2
>>> area = length * width
>>> volume = area * height
>>> print(area)
50
>>> print(volume)
100
```

2.3.2　字符串、列表、元组

1. 字符串（String）

在 Python 中，除了整数和浮点数外，还有字符串。任何被单引号或者双引号括起来的内容都可以认为是字符串。字符串也可以赋值给变量。

```
string_1 = '我是一个字符串' #字符串可以是中文或者任何其他语言
string_2 = 'I am a string'
string_3 = '' #空字符串
string_4 = ' ' #空格
```

```
string_5 = 'a' #字符串可以只有一个字母
string_6 = '123' #字符串型的数字
string_7 = '我是字符串 I am a string 12345'
string_8 = "我是用双引号括起来的字符串，我和单引号括起来的字符串没有区别"
```

从上面的 8 行代码中可以看到，字符串的内容可以是中文，可以是英文，可以是数字，可以是空格，可以是中文、英文、数字和空格的组合。

需要注意的是，字符串形式的数字和普通的数字是不一样的，它们不相等。例如如下代码：

```
string_6 = '123'
int_variable = 123
```

2. 列表（List）

列表是 Python 里面的容器之一，由方括号和方括号括起来的数据构成。里面的数据可以是整数、浮点数、字符串，也可以是另一个列表或者其他的数据结构。列表里面的每一项叫作列表的一个元素，每个元素之间使用英文逗号隔开：

```
list_1 = [1, 2, 3, 4, 5] #列表里面有5个元素，全部是数字
list_2 = ['abc', 'x', '', 'kkk'] #列表里面有4个元素，全部是字符串
list_3 = [] #空列表
list_4 = [123, 'xyz', 3.14, [1, 2, 'yy']] #由多种元素组合起来的列表
```

3. 元组（Tuple）

元组是 Python 里面的容器之一，由小括号和小括号括起来的数据构成。它的外型和列表非常像，只不过列表使用的是方括号，元组使用的是小括号。"元组"中的"元"和"二元一次方程"中的"元"是同一个意思，"组"就是组合的意思。

```
tuple_1 = (1, 2, 3, 4, 5) #元组里面有5个元素，全部为数字
tuple_2 = ('abc', 'x', '', 'kkk') #元组里面有4个元素，全部是字符串
tuple_3 = () #空元组
tuple_4 = (123, 'xyz', [1, 't', 'z'], ('o', 'pp')) #由多种元素组合起来的元组
```

元组和列表的区别：列表生成以后还可以往里面继续添加数据，也可以从里面删除数据；但是元组一旦生成就不能修改。如果它里面只有整数、浮点数、字符串、另一个元组，就既不能添加数据，也不能删除数据，还不能修改里面数据的值。但是如果元组里面包含了一个列表，那么这个元组里面的列表依旧可以变化。

2.3.3 数据的读取

之所以要把字符串、列表和元组放在一起介绍，是因为可以使用完全一样的方式从这 3 个数据结构中读取数据，如图 2-23 所示。

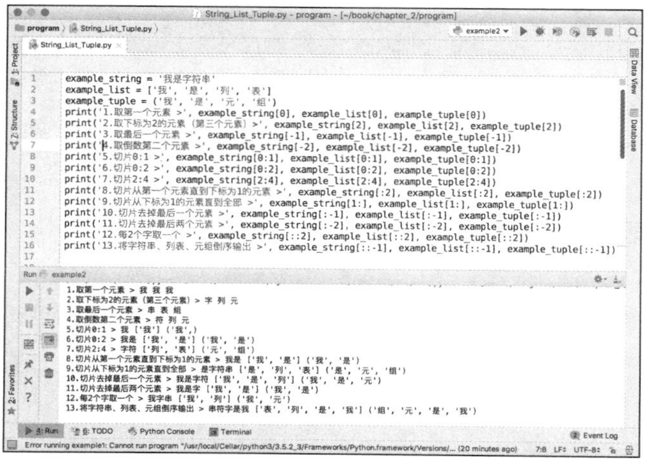

图 2-23　字符串、列表和元组的读取方法完全相同

图 2-23 中给出了 13 个例子。在这 13 个例子中，字符串、列表和元组的操作完全相同。

1. 指定下标

在大多数编程语言里面，下标都是从 0 开始的，Python 也不例外。第 0 个元素就是指最左边的元素。

```
example_string = '我是字符串'
```

在字符串中，第 0 个字符是"我"字，第 1 个字符是"是"字，以此类推。

```
example_list = ['我', '是', '列', '表']
```

在列表中，第 0 个元素是"我"字，第 1 个元素是"是"字，以此类推。

```
example_tuple = ('我', '是', '元', '组')
```

在元组中，第 0 个元素是"我"字，第 1 个元素是"是"字，以此类推。

在这 3 数据结构中，想取任何一个元素，都可以直接使用：

```
变量名[下标]
```

例如：

```
>>> print(example_string[0])
我
>>> print(example_list[1])
是
>>> print(example_tuple[2])
元
```

-1 表示最后一个元素，-2 表示倒数第 2 个元素，-3 表示倒数第 3 个元素，以此类推，所以：

```
>>> print(example_string[-1])
串
>>> print(example_list[-2])
列
>>> print(example_tuple[-3])
是
```

2. 切片操作

字符串切片以后的结果还是字符串，列表切片以后的结果还是列表，元组切片以后的结果还是元组。切片的格式为：

```
变量名[开始位置下标:结束位置下标:步长]
```

其中"开始位置下标""结束位置下标""步长"可以部分省略，但是不能全部省略。这 3 个参数对应的都是数字。切片的结果包括"开始位置下标"所对应的元素，但是不包括"结束位置下标"所对应的元素。

省略"开始位置下标"，表示从下标为 0 的元素开始计算。省略"结束位置下标"，表示直到最后一个元素且包含最后一个元素。例如：

```
>>> print(example_string[1:3]) #读取下标为1和下标为2的两个字符
是字
>>> print(example_list[:3]) #读取下标为0、1、2的3个元素
我是列
>>> print(example_tuple[2:]) #读取下标为2的元素和它后面的所有元素
元组
```

省略"开始位置下标"和"结束位置下标"，"步长"取-1，表示倒序输出，例如：

```
>>> print(example_string[::-1])
串符字是我
```

3. 拼接与修改

字符串与字符串之间可以相加，相加表示两个字符串拼接起来。例如：

```
>>> string_1 = '你好'
>>> string_2 = '世界'
>>> string_3 = string_1 + string_2
>>> print(string_3)
```

你好世界

元组与元组之间也可以相加，相加表示两个元组拼接起来。例如：

```
>>> tuple_1 = ('abc', 'xyz')
>>> tuple_2 = ('哈哈哈哈', '嘿嘿嘿嘿')
>>> tuple_3 = tuple_1 + tuple_2
>>> print(tuple_3)
('abc', 'xyz', '哈哈哈哈', '嘿嘿嘿嘿')
```

列表与列表之间也可以相加，相加表示两个列表拼接起来。例如：

```
>>> list_1 = ['abc', 'xyz']
>>> list_2 = ['哈哈哈哈', '嘿嘿嘿嘿']
>>> list_3 = list_1 + list_2
>>> print(list_3)
['abc', 'xyz', '哈哈哈哈', '嘿嘿嘿嘿']
```

特别的，可以通过列表的下标来修改列表里面的值，格式为：

变量名[下标] = 新的值

例如：

```
>>> existed_list = [1, 2, 3]
>>> existed_list[1] = '新的值'
>>> print(existed_list)
[1, '新的值', 3]
```

列表还可以单独在末尾添加元素，例如：

```
>>> list_4 = ['Python', '爬虫']
>>> print(list_4)
['Python', '爬虫']
>>> list_4.append('一')
>>> print(list_4)
['Python', '爬虫', '一']
>>> list_4.append('酷')
>>> print(list_4)
['Python', '爬虫', '一', '酷']
```

这个特性非常有用，在爬虫开发中会大量使用，一定要掌握。

元组和字符串不能添加新的内容，不能修改元组里面的非可变容器元素，也不能修改字符串里面的某一个字符。

字符串、列表和元组还有一些其他特性，它们之间的互相转化将在爬虫开发的过程中逐渐介绍。

2.3.4　字典与集合

1. 字典

字典就是使用大括号括起来的键（Key）值（Value）对（Key-Value 对）。每个键值对之间使用英文逗号分隔，每个 Key 与 Value 之间使用英文冒号分隔。例如：

dict_1 = {'superman': '超人是一个可以在天上飞的两足兽', '天才': '天才跑在时代的前面，把时代拖得气喘吁吁。', 'xx': 0, 42: '42是一切的答案'}

Key 可以使用中文、英文或者数字，但是不能重复。Value 可以是任意字符串、数字、列表、元组或者另一个字典，Value 可以重复。

可以通过 Key 来从字典中读取对应的 Value，有 3 种主要的格式：

变量名[key]

变量名.get(key)

变量名.get(key, '在找不到key的情况下使用这个值')

例如：

>>> example_dict = {'superman': '超人是一个可以在天上飞的两足兽', '天才': '天才跑在时代的前面，把时代拖得气喘吁吁。',

```
'xx': 0, 42: '42是一切的答案'}
>>> print(example_dict['天才'])
天才跑在时代的前面，把时代拖得气喘吁吁。
>>> print(example_dict.get(42))
42是一切的答案
>>> print(example_dict.get('不存在的key'))
None
>>> print(example_dict.get('不存在的key', '找不到'))
找不到
```

使用方括号的方式来读取字典的 Value 时，一定要保证字典里面有这个 Key 和它对应的 Value，否则程序会报错。使用 get 来读取，如果 get 只有一个参数，那么在找不到 Key 的情况下会得到 "None"；如果 get 有两个参数，那么在找不到 Key 的情况下，会返回第 2 个参数。

如果要修改一个已经存在的字典的 Key 对应的 Value，或者要往里面增加新的 Key-Value 对，可以使用以下格式：

```
变量名[key] = '新的值'
```

如果 Key 不存在，就会创建新的 Key-Value 对；如果 Key 已经存在，就会修改它的原来的 Value。例如：

```
>>> existed_dict = {'a': 123, 'b': 456}
>>> print(existed_dict)
{'b': 456, 'a': 123}
>>> existed_dict['b'] = '我修改了b'
>>> print(existed_dict)
{'b': '我修改了b', 'a': 123}
>>> existed_dict['new'] = '我来也'
>>> print(existed_dict)
{'b': '我修改了b', 'a': 123, 'new': '我来也'}
```

需要特别注意的是，字典的 Key 的顺序是乱的，所以不能认为先添加到字典里面的数据就排在前面。

2. 集合

集合是使用大括号括起来的各种数据，可以看作没有 Value 的字典。集合里面的元素不能重复。集合也是无序的。

```
example_set = {1, 2, 3, 'a', 'b', 'c'}
```

集合最大的应用之一就是去重。例如，把一个带有重复元素的列表先转换为集合，再转换回列表，那么重复元素只会保留一个。把列表转换为集合需要使用 set() 函数，把集合转换为列表使用 list() 函数：

```
>>> duplicated_list = [3, 1, 3, 2, 4, 6, 6, 7, 's', 's', 'a']
>>> unique_list = list(set(duplicated_list))
>>> print(unique_list)
[1, 2, 3, 4, 's', 6, 7, 'a']
```

由于集合与字典一样，里面的值没有顺序，因此使用集合来去重是有代价的，代价就是原来列表的顺序也会被改变。

2.3.5 条件语句

1. if 语句

if 这个关键字正如它的英文一样，是 "如果" 的意思，即如果什么情况发生，就怎么样。if 的用法如下：

```
if 可以判断真假的表达式或者是能被判断是否为空的数据结构:
    在表达式的条件为真时运行的代码
```

所有需要在 if 里面运行的代码都需要添加至少一个空格作为缩进，一般约定俗成用 4 个空格，从而方便人眼阅读。一旦退出缩进，新的代码就不再属于这个 if。

例如：

```
a = 1
b = 2
```

```
if a + b == 3:
  print('答案正确')
print('以后的代码与上面的if无关')
```

　　只有在 "a + b" 的值等于 3 的时候，才会打印出 "答案正确" 这 4 个字。注意这里的表达式可以是进行普通运算的表达式，也可以是后面将要讲到的函数。但是无论 a + b 的值是多少，后面那一句 "以后的代码与上面的 if 无关" 都会被打印出来。

　　if 后面的表达式可以有一个，也可以有多个。如果有多个，就使用 and 或者 or 连接。

　　（1）and 表示 "并且"，只有在使用 and 连接的所有表达式同时为真时，if 下面的内容才会运行。

　　（2）or 表示 "或者"，只要使用 or 连接的所有表达式中至少有一个为真时，if 后面的内容就会运行。

　　如下代码为 and 和 or 的使用方法：

```
if 1 + 1 == 2 and 3 + 3 == 6:
  print('答案正确')
if 1 + 1 == 5 or 3 + 3 == 6:
  print('答案正确')
```

2. 短路效应

　　（1）在使用 and 连接的多个表达式中，只要有一个表达式不为真，那么后面的表达式就不会执行。

　　（2）在使用 or 连接的多个表达式中，只要有一个表达式为真，那么后面的表达式就不会执行。

　　这个短路效应有什么作用呢？来看看下面的代码：

```
name_list = []
if name_list and name_list[100] == '张三':
  print('OK')
```

　　从一个空列表里面读下标为 100 的元素，显然会导致 Python 报错，但是像上面这样写却不会有任何问题。这是因为如果 name_list 为空，那么这个判断直接就失败了。根据短路效应，取第 100 个元素的操作根本就不会执行，也就不会报错。只有这个列表里面至少有一个元素的时候，才会进入第 2 个表达式 "name_list[100] == '张三'" 的判断。

　　同理，or 的短路效应的表达式如下：

```
if 1 + 1 == 2 or 2 + 'a' == 3 or 9 + 9 == 0:
  print('成功')
```

　　if 后面使用 or 连接了 3 个表达式，其中第 2 个表达式将数字和字符串相加。这个操作在 Python 里面显然是不合法的，一旦运行，就会导致报错。但是上面的代码运行起来却没有任何问题。这是由于第 1 个表达式 1 + 1 == 2 显然是成立的，那么后面的两个表达式根本就不会被执行。既然不会被执行，当然就不会报错。

3. 多重条件判断

　　对于多重条件的判断，需要使用 "if...elif...else..."。其中，"elif" 可以有 0 个，也可以有多个，但是 else 只能有 0 个或者 1 个。例如下面的代码：

```
answer = 2
if answer == 2:
  print('回答正确')
else:
  print('回答错误')
```

　　"if...else..." 主要用于非此即彼的条件判断。如果正确就执行第 3 行代码，如果错误就执行第 5 行代码。第 3 行和第 5 行只会执行其中之一，绝对不可能同时执行。

　　再看下面的代码：

```
name = '回锅肉'
if name == '回锅肉':
  print('15元')
elif name == '水煮肉片':
  print('20元')：
```

```
elif name == '米饭':
    print('1元')
elif name == '鸡汤':
    print('1角')
else:
    print('菜单里面没有这道菜')
```

上面这段代码实现了多重条件判断，在 name 为不同值的时候有不同的结果。如果 if 和 elif 里面的所有条件都不符合，就会执行 else 里面的情况。

请读者思考：

下面两段代码的运行结果有何不同？分别会打印出几个"OK"？

代码片段 1：

```
a = 1
b = 2
if a == 1:
    print('OK')
elif b == 2:
    print('OK')
```

代码片段 2：

```
a = 1
b = 2
if a == 1:
    print('OK')
if b == 2:
    print('OK')
```

4. 使用字典实现多重条件控制

如果有多个 if，写起来会很烦琐，例如下面这一段代码：

```
if state == 'start':
    code = 1
elif state == 'running':
    code = 2
elif state == 'offline':
    code = 3
elif state == 'unknown':
    code = 4
else:
    code = 5
```

使用 "if...elif...else..." 会让代码显得冗长。如果使用字典改写，代码就会变得非常简洁：

```
state_dict = {'start': 1, 'running': 2, 'offline': 3, 'unknown': 4}
code = state_dict.get(state, 5)
```

2.3.6　for 循环与 while 循环

所谓循环，就是让一段代码反复运行多次。例如把"爬虫"这个词打印 5 次，读者可能会先写一行代码，然后复制、粘贴：

```
print('扒虫')
print('扒虫')
print('扒虫')
print('扒虫')
print('扒虫')
```

但是粘贴完后才发现把"爬虫"写成了"扒虫"，于是又要一行代码一行代码地去修改。这样的写法，不仅增加了大量重复的代码，还会使维护和重构变得很麻烦。为了解决这个问题，就有了循环。在上面的例子中，想把"爬虫"打印 5 次，只需要两行代码：

```
for i in range(5):
    print('爬虫')
```

1. for 循环

for 循环的常见写法为：

```
for x in y:
    循环体
```

先来看看 Python 独有的 for 循环写法。

从"可迭代"的对象中获得每一个元素，代码和运行结果如图 2-24 所示。

图 2-24 所示的是 for 循环从列表中取出每一个元素。将列表换成元组或者集合再运行代码，可以发现效果一样。

for 循环也可以直接从字符串里面获得每一个字符，如图 2-25 所示。

图 2-24　读取列表中的每一个元素并打印

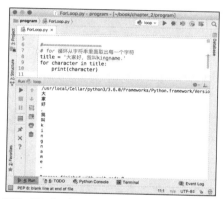

图 2-25　for 循环读取字符串里面的每一个字符

这里的每一个汉字、每一个字母、每一个标点符号都会被 for 循环分开读取。循环第 1 次得到的是"大"，第 2 次得到的是"家"，第 3 次得到的是"好"，以此类推。

在做爬虫的时候会遇到需要把列表展开的情况，常犯的一个错误就是把字符串错当成了列表展开。这个时候就会得到不正常的结果。

for 循环也可以把一个字典展开，得到里面的每一个 Key，如图 2-26 所示。

这个循环一共进行了 3 轮，每一轮可以得到字典的一个 Key。

再来看看几乎所有编程语言中都有的写法，如图 2-27 所示。

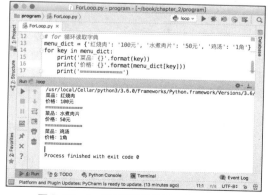

图 2-26　for 循环获取字典每一个 Key

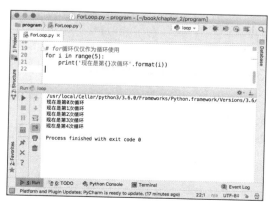

图 2-27　最常见的按次数循环

通过指定 range 里面的数字，可以控制循环的执行次数。需要特别注意的是，i 是从 0 开始的。

2. while 循环

while 循环主要用在不知道循环需要执行多少次的情况。这种情况下，要么让程序永远运行，要么在某个特定的条件下才结束，如图 2-28 所示。

图 2-28 中代码的意义为，如果 i 的值小于 10，那么就进入循环，打印一句话，然后让 i 增加 1。使用 while 循环最常遇到的问题就是循环停不下来。如果忘记让 i 增加 1，那么 i 就会永远小于 10，循环也就永远停不下来了。读者可以把第 4 行代码注释以后运行，看看会出现什么样的效果。

当然，在某些特殊的情况下，确实需要循环永远运行，这个时候需要这样写：

图 2-28 while 循环运行 10 次

```
import time
while True:
    你要执行的代码
    time.sleep(1)
```

如果要让循环永久运行，那么增加一个延迟时间是非常有必要的。time.sleep() 的参数为一个数字，单位为秒。如果不增加这个延迟时间，就会导致循环超高速运行。在爬虫的开发过程中，如果超高速运行，很有可能导致爬虫被网站封锁。

3. 跳过本次循环与退出循环

在循环的运行中，可能会遇到在某些时候不需要继续执行的情况，此时需要使用 continue 关键字来跳过本次循环。请看图 2-29 所示的代码运行结果。

当名字为"王五"的时候，跳过后面的代码。continue 只会影响到本次循环，后面的循环不受影响。

当遇到某些情况时，需要结束整个循环，这个时候需要使用 break 关键字。请看图 2-30 所示的代码。

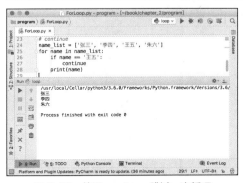

图 2-29 使用 continue 跳过一次循环

图 2-30 使用 break 提前结束整个循环

while 循环和 for 循环在使用 continue 和 break 的时候完全相同，请各位读者自行测试。

特别注意：在循环里面还有循环（循环嵌套）的时候，continue 和 break 都只对自己所在的这一层循环有效，不会影响外面的循环。

2.4 函数与类

2.4.1 函数

1. 什么是函数

2.3.1 小节讲到了变量。每用一次变量，就可以少写几十"个"字符。在 Python 里面，还有一个"函数"，每用一次函数，就可以少写很多"行"代码。

所谓的函数，就是一套定义好的流程：输入数据，得到结果。在现实生活中，函数可以体现在方方面面。对厨师来讲，每一个菜谱都是函数；对农民来讲，每一种种菜的方法都是函数；对建筑工人来讲，每一个结构的修建都是函数；对司机来讲，在不同路线上的驾驶方式也是函数……

两个函数之间可能相互独立，也可能一个函数的输入是另一个函数的输出，也可能在一个函数内部调用另一个函数。

以做菜为例：输入蒜苗、五花肉、豆瓣、豆豉、油、盐、味精等原材料，输出回锅肉，这就是"做回锅肉"函数。做一盘回锅肉有很多的步骤，每次自己做一盘回锅肉都要花掉一小时的时间。现在有一个非常厉害的做菜机器人，无论什么菜，只要在它面前演示一遍，它就会做了。于是，你只需要最后花一小时在它面前演示怎么做回锅肉，之后如果想吃了，对它喊一声"做个回锅肉"，就可以躺在床上等菜做好了。

给机器人演示做菜，就是定义函数的过程；让机器人做菜，就是调用函数；原材料是这个函数的输入参数；回锅肉是这个函数的输出。

```
回锅肉 = 做回锅肉(蒜苗，五花肉，豆瓣，豆豉，……)
```

为什么程序里面需要用到函数呢？简单粗暴一点的答案是，因为使用函数可以少写代码。

2. 函数的作用

例 2-1：现在想得到两个房间在不同情况的温度的统计信息，包括这两个房间温度的和、差、积、商、平均数。

（1）不使用函数

```
print('初始情况：')
print('温度和：{}'.format(A + B))
print('温度差：{}'.format(A − B))
print('温度积：{}'.format(A * B))
print('温度商：{}'.format(A / B))
print('温度平均值：{}'.format((A + B)/2))
print('A房间进入一个人，B房间留空以后的温度信息：')
print('温度和：{}'.format(A + B))
print('温度差：{}'.format(A − B))
print('温度积：{}'.format(A * B))
print('温度商：{}'.format(A / B))
print('温度平均值：{}'.format((A + B)/2))
print('A房间放入一块烧红的炭，B房间放入一只狗以后的温度信息：')
print('温度和：{}'.format(A + B))
print('温度差：{}'.format(A − B))
print('温度积：{}'.format(A * B))
print('温度商：{}'.format(A / B))
print('温度平均值：{}'.format((A + B)/2))
……
```

像这样的写法，每增加一个对比情况，代码就要多增加 5 行。而且如果现在在统计信息里面再加一个平方和，那么就需要在代码里面每一个显示统计信息的地方都做修改。

（2）使用函数

```
def show_temp_stastic(A, B):
    print('温度和：{}'.format(A + B))
    print('温度差：{}'.format(A − B))
    print('温度积：{}'.format(A * B))
    print('温度商：{}'.format(A / B))
    print('温度平均值：{}'.format((A + B)/2))


print('初始情况：')
show_temp_stastic(A, B)
```

```
print('A房间进入一个人，B房间留空以后的温度信息：')
show_temp_stastic(A, B)
print('A房间放入一块烧红的炭，B房间放入一只狗以后的温度信息：')
show_temp_stastic(A, B)
```

直观上看，代码量少了很多。如果想增加更多的统计信息，那么只需要直接写在函数里面就可以了，调用函数的地方不需要做任何修改。

3. 定义函数

在 Python 里面，可使用 def 这个关键字来定义一个函数。一个函数的结构一般如下：

```
def 函数名(参数1，参数2，参数3):
    函数体第一行
    函数体第二行
    函数体第三行
    …
    函数体第n行
    return 返回值
```

一个函数可以有参数，也可以没有参数。如果没有参数，函数名后面为一对空括号。如果函数有参数，参数可以有一个，也可以有很多个，参数可以是任何数据类型的。函数的参数甚至可以是另一个函数。

一个函数有至少一个返回值，可以人为指定返回任何类型的数据。如果没有人为指定，那么返回值为 None，返回值的个数可以是一个，也可以是多个。函数的返回值可以是另一个函数。

一个函数可以没有 return 语句，可以有一个 return 语句，也可以有多个 return 语句。

下面 3 种情况是等价的。

（1）没有 return。

（2）return（只有 return，后面不跟任何变量）。

（3）return None。

在函数中，可以使用 return 将里面的结果返回出来。代码一旦运行到了 return，那么函数就会结束，return 后面的代码都不会被执行。

请注意这里"return 后面的代码"的真正意思，如图 2-31 所示。

在图 2-31 所示的 func_example_1()函数中：

图 2-31　return 后面的代码

```
b = 2 + 2
print(b)
```

这两行是 return 后面的代码，这两行代码是永远不会被执行的。

但是在图 2-31 所示的 func_example_2(x)这个函数中：

```
elif 0 < x <= 1:
    return x * 10
else:
    return 100
```

虽然第 10 行有一个 return，但是第 11～14 行并不属于"return 后面的代码"，因为"if...elif...else..."形成了 3 条分支，只有每个分支内部的 return 后面的代码才不会被执行，但是各个分支之间的 return 是互不影响的。由于代码只能从上往下写，所以第 12 行虽然写在第 10 行后面，但是第 12 行在逻辑上其实是在第 10 行的旁边，因此第 12 行是可能被执行的。在逻辑上，每一个分支是并列的，如图 2-32 所示。

在一个 Python 工程中，应该保证每个函数的名字唯一。函数体就是这个函数需要执行的一系列操作。操作可能只有一行，也可能有很多行。

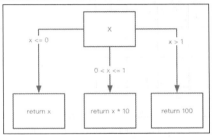

图 2-32　分支在逻辑上是并列的

一个函数只做一件事情，Python 编码规范建议一个函数的函数体不超过 20 行代码。如果超过了，说明这个函数做了不止一件事情，就应该把这个函数拆分为更小的函数。这也就暗示了在函数体里面也可以调用其他的函数。

4. 调用函数

例 2-2：接收由用户输入的通过逗号分隔的两个非零整数，计算这两个数字的和、差、积、商，并将结果返回给用户。

问题分析：这个问题其实涉及 3 个相对独立的过程。

① 得到用户输入的数据。

② 计算两个数字的和、差、积、商。

③ 将结果打印出来。

这 3 个过程可以定义成 3 个函数，分别为如下。

① get_input()。

② calc(a,b)。

③ output(result)。

（1）get_input()

这个函数没有参数，它负责接收用户的输入。这里用到了 Python 的 input 关键字，这个关键字可以接收用户输入的字符串，并将得到的字符串返回给一个变量。需要注意的是，input 返回的一定是一个字符串，所以 get_input() 这个函数不仅需要接收输入，还需要将输入的形如'10,5'的字符串转换为两个整数：10 和 5。

完整的代码如下：

```
def get_input():
  input_string = input('请输入由逗号分隔的两个非零整数:')
  a_string, b_string = input_string.split(',') #将字符串10,5变为列表['10', '5'],并分别赋值给a_string和b_string,使得a_string
  #的值为 "10" ,b_string的值为 "5"
  return int(a_string), int(b_string)
```

（2）calc(a, b)

这个函数只负责计算。对它来说，a、b 两个参数就是两个数字。它只需要计算这两个数字的和、差、积、商，并将结果保存为一个字典返回即可。

```
def calc(a, b):
  sum_a_b = a + b
  difference_a_b = a − b
  product_a_b = a * b
  quotient = a / b
  return {'sum': sum_a_b, 'diff': difference_a_b, 'pro': product_a_b, 'quo': quotient}
```

（3）output(result)

这个函数只负责输出，将 result 这个字典中的值打印到屏幕上。

```
def output(result):
  print('两个数的和为: {}'.format(result['sum']))
  print('两个数的差为: {}'.format(result['diff']))
  print('两个数的积为: {}'.format(result['pro']))
  print('两个数的商为: {}'.format(result['quo']))
```

代码运行如图 2-33 所示。

在图中的代码里面可以看到，3 个函数是按顺序独立运行的，后一个函数的输入是前一个函数的输出。数据流将 3 个函数连起来了。再来看图 2-34，运行结果和上面的是完全一样的，但是这里演示了在函数里面运行另一个函数的情况。

通过以上示例说明：函数之间可以串行运行，数据先由一个函数处理，再由另一个函数处理；函数也可以嵌套运行，在一个函数里面调用另一个函数。当然，在函数里面还可以定义函数。这就属于比较高级的用法了，这里略去不讲，有兴趣的读者可以阅读 Python 的官方文档。

图 2-33　顺序执行函数，接收用户输入并计算　　图 2-34　函数中调用函数，接收用户输入，计算和、
　　　　　和、差、积、商后输出　　　　　　　　　　　　　　　差、积、商后输出

5. 函数的默认参数

前面的例子中，函数可以有参数，也可以没有参数。如果有参数，定义函数的时候就需要把参数名都写好。有时候会有这样的情况：一个函数有很多的参数，假设有 5 个参数，其中 4 个参数在绝大多数情况下都是固定的 4 个值，只有极少数情况下需要手动修改，于是称这固定的 4 个值为这 4 个参数的默认值。如果每次调用这个函数都要把这些默认值带上，就显得非常麻烦。这种情况在 Python 开发中特别常见，尤其是在一些科学计算的第三方库中。

以前面的 get_input() 函数为例：

```
def get_input():
    input_string = input('请输入由逗号分隔的两个非零整数:')
    a_string, b_string = input_string.split(',') #将字符串10,5变为列表['10', '5']，并分别复制给a_string和#b_string，使得a_string的值为 "10" ，b_string的值为 "5"
    return int(a_string), int(b_string)
```

在这段代码中，两个整数是以英文逗号来分隔的，那么可不可以使用其他符号来分隔呢？来看一下下面这段代码：

```
def get_input(split_char):
    input_string = input('请输入由{}分隔的两个非零整数:'.format(split_char))
    a_string, b_string = input_string.split(split_char)
    return int(a_string), int(b_string)
```

来运行一下这段代码，这一次使用#号来分隔，如图 2-35 所示。

是否可以既能用英文逗号分隔，又可以用#号分隔，并且默认情况下使用英文逗号分隔呢？如果每次调用这个函数的时候都必须写成 a, b = get_input(',')，真的很麻烦，而且如果一不小心漏掉了这个参数，还会导致程序报错，如图 2-36 所示。

在 Python 里面，函数的参数可以有默认值。当调用函数的时候不写参数时，函数就会使用默认参数。请看下面的代码：

图 2-35　使用#号分隔两个数字

```
def get_input_with_default_para(split_char=','):
    input_string = input('请输入由{}分隔的两个非零整数:'.format(split_char))
    a_string, b_string = input_string.split(split_char)
    return int(a_string), int(b_string)
```

运行效果如图 2-37 所示。

图 2-36　漏掉了函数参数导致报错　　　　图 2-37　调用带有默认参数的函数的运行结果

如果调用函数 get_input_with_default_para 时不写参数，就会使用默认的逗号；如果带上了参数，那么就会使用这个参数对应的符号来作为分隔符。

函数也可以有多个默认参数，例如如下的代码：

```
def print_x_y_z(x=100, y=0, z=50):
    print('x的值为{}，y的值为{}，z的值为{}'.format(x, y, z))

print_x_y_z(1, 2, 3) #直接写上3个参数，从左到右依次赋值
print_x_y_z(6) #只写一个值的时候，优先赋值给左边的参数
print_x_y_z(y=-8) #也可以指定参数的名字，将值直接赋给指定的参数
print_x_y_z(y='哈哈', x='嘿嘿') #如果指定了参数名，那么参数顺序就无关紧要
```

运行结果如图 2-38 所示。

在调用函数的时候，如果指定了参数名，就会把值赋给这个参数；如果没有指定参数名，就会从左到右依次赋值给各个参数。

6. Python 函数的注意事项

（1）函数参数的类型决定了它的作用范围

函数外面的容器类作为参数传递到函数中以后，如果函数修改了这个容器里面的值，那么函数外面的容器也会受到影响。但是函数外面的普通变量作为参数传递到函数中，并且函数修改了这个参数的时候，外面的变量不受影响。

为了更好地理解这段话，请看图 2-39 的运行结果。在代码中演示的容器类为列表，对字典和集合同样适用。

（2）默认参数陷阱

请看下面的代码，并猜测其输出：

```
def default_para_trap(para=[], value=0):
    para.append(value)
    return para


print('第一步')
print('函数返回值：{}'.format(default_para_trap(value=100)))
print('第二步')
print('函数返回值：{}'.format(default_para_trap(value=50)))
```

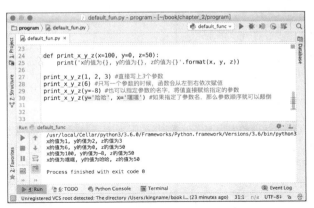

图 2-38　调用含有多个默认参数的函数的运行结果

图 2-39　函数可以修改容器类的数据
但不能修改普通变量

很多读者会认为结果应该是这样的：

第一步
函数返回值:[100]
第二步
函数返回值:[50]

但是实际情况如图 2-40 所示。

这个问题涉及 Python 底层的实现，这里不做深入讨论。为了避免这个问题的发生，对函数做以下修改：

```
def default_para_without_trap(para=[], value=0):
    if not para:
        para = []
    para.append(value)
    return para
```

运行结果如图 2-41 所示。

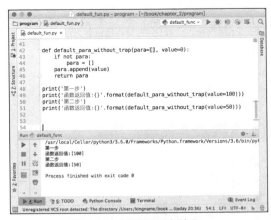

图 2-40　实际运行效果　　　　　　　　　　图 2-41　修改后的运行结果

这样写代码并运行表面上确实没有什么问题，但是逻辑上是有冗余的。因为调用 default_para_without_trap 函数的时候，其实是传了 para 这个参数的，但是传的就是一个空的列表。这个时候，在函数里面其实可以直接使用传进来的空列表，而不是再重新创建一个新的空列表。于是，代码可以进一步优化：

```
def default_para_without_trap(para=None, value=0):
  if para is None:
    para = []
  para.append(value)
return para
```

这里有一个知识点，就是当要判断一个变量里面的值是不是 None 的时候，可以使用"is"这个关键字，也可以使用"=="。一般建议使用"is"关键字，因为速度会比"=="稍微快一些。

2.4.2 类与面向对象编程

这一小节简要介绍一下面向对象编程。面向对象编程的内容繁多，多到可以专门写一本书来讲解，因此这一小节会略去大多数不必要的概念和深奥的应用，只通过几个实际的例子来讲解对象、类和类的结构，以及如何读懂和写出一个类，使读者至少达到可以看懂代码的程度。

在 Python 里面，一切都是对象。请看下面的代码：

```
a = 'abc,def'
a_prefix, a_suffix = a.split(',')
b = [1, 2, 3]
b.append(4)
b.extend([5, 6, 7])
b.pop()
c = {'x': 1, 'y': 2, 'z': 3}
c.get('x')
```

在上面的代码中，出现了好几个"xxx.yyy('zzz')"形式的语句，其中的"split""append""extend""pop""get"在面向对象编程中叫作一个对象的"方法"。代码中的"a""a_prefix""a_suffix"都是字符串对象，"b"是列表对象，"c"是字典对象。

对象有"属性"和"方法"。"属性"就是描述这个对象的各种标签，"方法"就是这个对象可以做的动作。例如，现在看这本书的你，你就是一个对象，你的名字、身高、体重、胸围……都是你的属性；你可以读书，可以做饭，可以上厕所，可以走路等，这里的"读书""做饭""上厕所""走路"都是你的方法。

对象可以只有属性没有方法，也可以只有方法没有属性。

你是一个对象，那什么是类呢？你是一个人，而人是一个类。"类"是一个泛指的概念，只能感受，但是看不到，也摸不到；而对象是具体的特定个体，看得到，也摸得到。你、你父亲、你母亲，都是对象。几乎每个男人都会成为父亲，"父亲"是一个类，但是具体到你自己的父亲，就是一个对象。

首先要有类，才能有对象。如果没有人类，怎么会有现在正在看这一行字的你？人类有眼睛，所以你才有眼睛；人类能行走，所以你才能行走。只要定义了人类可以做什么事情，那么也就定义了你能做什么事情。所以在 Python 以及其他支持面向对象的编程语言中，要创建每一个具体的对象，都需要先创建类。

1. 如何定义一个类

在 Python 中使用关键字"class"来定义一个类。类一般由以下元素构成：

* 类名；
* 父类；
* 初始化方法（在有些编程语言中叫作构造函数）；
* 属性；
* 方法。

先来看下面这一段代码：

```
class People(object):
  def __init__(self, name, age):
    self.name = name
    self.age = age
    self.jump()
```

```
    def walk(self):
        print('我的名字叫作：{}，我正在走路'.format(self.name))

    def eat(self):
        print('我的名字叫作：{}，我正在吃饭'.format(self.name))

    def jump(self):
        print('我的名字叫作：{}，我跳了一下'.format(self.name))

xiaoer = People('王小二', 18)
zhangsan = People('张三', 30)

print('=============获取对象的属性=============')
print(xiaoer.name)
print(zhangsan.age)

print('=============执行对象的方法=============')
xiaoer.walk()
zhangsan.eat()
```

运行结果如图 2-42 所示。

图 2-42　People 这个类和它生成的对象

在代码中，第 1 行定义了一个类，类名为 "People"，这个类的父类为 "object"。这种写法称为 "新式类"，其实还有一种 "经典类" 的写法，但是那种写法已经不提倡了，所以不做单独讲解。object 是 Python 内置的一个对象，开发者自己写的类需要继承于这个 object 或者继承自己写的其他类。

人是一个类，人的父类可以是 "脊椎动物"，"脊椎动物" 的父类可以是 "动物"，"动物" 的父类可以是 "生物"。这样一层一层往上推，推到最上面推不动为止。在这里，Python 初学者可以把 object 认为是这个最上面的角色。开发者自己创建的第 1 个类一般来说需要继承于这个 object，第 2 个类可以继承于第 1 个类，也可以直接继承于 object。

第 2 行称为构造函数。一旦类被初始化，就会自动执行。所以在第 16 行和 17 行初始化 People 并生成两个对象 "xiaoer" 和 "zhangsan" 的时候，构造函数里面的代码也就运行了。类可以不写构造函数。

"name" "age" 是这个类的属性，"walk" "eat" "jump" 都是这个类的 "方法"。一般来说，属性是名词，方法是动词。在类的外面，把类初始化为一个对象以后，可以使用 "对象.属性" 的格式来获得这个对象的属性；可以使用 "对象.方法名(参数)" 的格式来执行对象的方法，这很像是调用一个函数。其实可以理解为，方法就是类里面的函数。

在类的内部，如果要运行它自己的方法，那么调用的时候需要使用 "self.方法名(参数)" 的形式。如果要让一个变量在这个类的所有方法里面都能直接使用，就需要把变量初始化为 "self.变量名"。

2. 如何读懂一个类

本书要求读者至少需要达到能读懂一个类的代码并明白这个类能做什么的程度。

首先需要明白一点，是否使用面向对象编程与代码能否正常运行没有任何关系。使用面向对象编程或者使用函数都可以实现相同的功能。区别在于写代码、读代码和改代码的 "人"。面向对象编程的作用是方便代码的开发和维护。

那么如何阅读一个使用面向对象思想开发的程序呢？基本思路如下。

① 这个类有哪些属性（看外貌）。
② 这个类有哪些方法（能做什么）。
③ 这些方法在哪里被调用（做了什么）。
④ 这些方法的实现细节（怎么做的）。

例 2-3：读懂一个机器人类。

```python
class Robot(object):
  def __init__(self, name):
    self.name = name #名字
    self.height = 30 #身高30 厘米
    self.weight = 5 #体重5千克
    self.left_foot_from_earth = 0 #左脚距离地面0厘米
    self.right_foot_from_earth = 0 #右脚距离地面0厘米
    self.left_hand_from_earth = 15 #左手距离地面15厘米
    self.right_hand_from_earth = 15 #右手距离地面15厘米

  def _adjust_movement(self, part, current_value, displacement):
    """
    脚不能插到地底下，也不能离地高于15厘米。
    手不能低于身体的一半，也不能高于40厘米
    :param part: foot 或者 hand
    :param displacement: int
    :return: int
    """
    if part == 'foot':
      boundary = [0, 15]
    elif part == 'hand':
      boundary = [15, 40]
    else:
      print('未知的身体部位！')
      return
    new_value = current_value + displacement
```

```
        if new_value < boundary[0]:
            return boundary[0]
        elif new_value > boundary[1]:
            return boundary[1]
        else:
            return new_value

    def move_left_foot(self, displacement):
        left_foot_from_earth = self.left_foot_from_earth + displacement
        if left_foot_from_earth > 0 and self.right_foot_from_earth > 0:
            print('不能双脚同时离地，放弃移动左脚！')
            return
        self.left_foot_from_earth = self._adjust_movement('foot', self.left_foot_from_earth, displacement)
        self.announce()

    def move_right_foot(self, displacement):
        right_foot_from_earth = self.right_foot_from_earth + displacement
        if right_foot_from_earth > 0 and self.left_foot_from_earth > 0:
            print('不能双脚同时离地，放弃移动右脚！')
        else:
            self.right_foot_from_earth = self._adjust_movement('foot', self.right_foot_from_earth, displacement)
        self.announce()

    def move_left_hand(self, displacement):
        self.left_hand_from_earth = self._adjust_movement('hand', self.left_hand_from_earth, displacement)
        self.announce()

    def move_right_hand(self, displacement):
        self.right_hand_from_earth = self._adjust_movement('hand', self.right_hand_from_earth, displacement)
        self.announce()

    def announce(self):
        print('\n****************************')
        print('左手距离地面：{}厘米'.format(self.left_hand_from_earth))
        print('右手距离地面：{}厘米'.format(self.right_hand_from_earth))
        print('左脚距离地面：{}厘米'.format(self.left_foot_from_earth))
        print('右脚距离地面：{}厘米'.format(self.right_foot_from_earth))
        print('****************************\n')

    def dance(self):
        self.move_left_foot(14)
        self.move_right_foot(4)
        self.move_left_hand(20)
        self.move_right_hand(100)
        self.move_right_hand(-5)
        self.move_left_foot(-2)

if __name__ == '__main__':
    robot = Robot('瓦力')
    robot.dance()
```

这一大段代码看起来非常多，但只要使用了分析类的方法，就会变得非常简单。先看__init__()构造函数中定义的各个属性，了解这个类的"外貌"。这个类的属性包括名字（name）、身高（height）、体重（weight）、左右脚到地面的距离（left_foot_from_earch、right_foot_from_earch）、左右手到地面的距离（left_hand_from_earch、right_hand_from_earch）。

再看这个类有哪些方法：移动左脚（move_left_foot）、移动右脚（move_right_foot）、移动左手（move_left_hand）、移动右手（move_right_hand）、跳舞（dance）、宣布（announce），还有一个前面加了下划线的调整移动（_adjust_movement）和构造函数（__init__）。这些方法就是这个机器人可以做的动作。

接着看这些方法在哪里被调用。首先，机器人这个类被初始化为一个对象，这个对象赋值给robot这个变量。在初始化的时候，构造函数自动执行，所以__init__里面的语句都会执行，将属性初始化。

初始化以后，调用robot.dance()，让机器人跳舞。

再看dance这个方法：

- 左脚向上移动14；
- 右脚向上移动4；
- 左手向上移动20；
- 右手向上移动100；
- 右手向下移动5；
- 左脚向下移动2。

看到名字就知道方法要做什么事情。此时即使不知道手脚是如何移动的，但是也已经对整个程序的功能了解得八九不离十了。

在对整体已经有了了解的情况下，再去看每个方法的具体实现细节。有时候即便某一行使用了一个特别生僻的用法，但是只要理解了其所在方法是用来做什么的，那就能理解这个生僻用法的原理。

2.5 阶段案例——猜数游戏

2.5.1 需求分析

使用Python开发一个猜数小游戏。在游戏中，程序每一轮会随机生成一个0～1024之间的数字，用户输入猜测的数字，程序告诉用户猜大了还是猜小了。在一定次数内猜对，则本轮用户获胜，否则本轮用户失败。

每一轮开始时，程序会要求用户输入用户名。

程序会一直运行，直到用户输入"3"，停止游戏。在每一轮游戏开始前，输入"1"可以查看用户的输入历史。

1. 知识点

（1）随机生成数字，涉及Python的随机数模块。

（2）用户输入数字，程序输出结果，涉及Python的输入及输出模块。

（3）程序会自动开始下一轮，涉及Python的循环模块。

（4）判断用户的输入，涉及Python的条件判断。

（5）查询用户的输入历史，涉及Python的字典和列表。

2. 提示

如何判断每一轮猜测多少次以内算猜测成功，多少次以上算猜测失败？根据二分法的原理，假设答案的范围是M～N，那么最多猜测$\log_2(M+N)$次就能猜测出正确答案。在这个案例中，范围为0～1024，以2为底，1024的对数为10，所以最多猜测10次就能得到正确答案。

例如，答案为821，用户猜测的时候，应该按照如下逻辑进行。

（1）$(0+1024)/2=512$，猜512，程序告诉用户比答案小。

（2）$(512+1024)/2=768$，猜768，程序告诉用户比答案小。

（3）$(768+1024)/2=896$，猜896，程序告诉用户比答案大。

（4）$(768+896)/2=832$，猜832，程序告诉用户比答案大。

（5）$(768+832)/2=800$，猜800，程序告诉用户比答案小。

（6）(800 + 832) / 2 = 816，猜 816，程序告诉用户比答案小。

（7）(816 + 832) / 2 = 824，猜 824，程序告诉用户比答案大。

（8）(816 + 824) / 2 = 820，猜 820，程序告诉用户比答案小。

（9）(820 + 824) / 2 = 822，猜 822，程序告诉用户比答案大。

（10）(820 + 822) / 2 = 821，猜 821， 程序告诉用户正确。

2.5.2　核心代码构建

```python
def try_to_guess(name, answer):
    try_num = 0
    while try_num < 10:
        guess_answer = int(input('请输入一个数字： '))
        if guess_answer < answer:
            print('你输入的数字比正确答案小。')
        elif guess_answer == answer:
            print('回答正确！')
            history[name].append('成功')
            break
        else:
            print('你输入的数字比正确答案大。')
        try_num += 1
    else:
        print('猜错次数太多，失败。')
        history[name].append('失败')
```

2.5.3　调试与运行

运行以后的界面如图 2-43 所示。

输入 2 继续游戏，进入游戏界面，用户输入数字进行猜测，如图 2-44 所示。

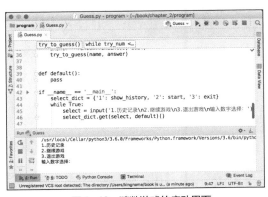

图 2-43　猜数游戏的启动界面

图 2-44　猜数游戏的进行画面

猜测完成以后，无论成功还是失败，都重新开始游戏。多次游戏以后，输入 1 可查看历史记录，如图 2-45 所示。

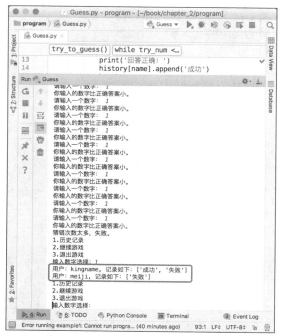

图 2-45　查看游戏历史记录

2.6　本章小结

本章首先讲解了 Python 在 Windows、Mac OS 和 Linux 中的安装，以及 Python 集成开发环境 PyCharm 的安装和使用。然后讲到了 Python 的基础知识，包括 Python 的基本数据结构和基本控制结构。最后讲到了函数和面向对象编程。这些基本概念是学习爬虫的基石，只有牢牢掌握了 Python 的基本知识，才能更有效率地开发爬虫。

2.7　动手实践

请修改阶段案例中的程序，实现自定义答案的范围。

在 **Python 3** 中计算以 **2** 为底的某个数的对数，使用如下两行代码：

```
import math
max_try_num = math.log2(1024)
```

PART03

第3章

正则表达式与文件操作

■ 在爬虫的开发中，需要把有用的信息从一大段文本中提取出来。正则表达式是提取信息的方法之一。正则表达式虽然不是最简单的也不是最高效的数据提取方法，但它是最直接的。而且在某些情况下，只有使用正则表达式才能达到目的。学好正则表达式，是开发爬虫的第一步。

通过这一章的学习，你将会掌握如下知识。

（1）正则表达式的基本符号。

（2）如何在 Python 中使用正则表达式。

（3）正则表达式的提取技巧。

（4）Python 读写文本文件和 CSV 文件。

3.1 正则表达式

正则表达式（Regular Expression）是一段字符串，它可以表示一段有规律的信息。Python 自带一个正则表达式模块，通过这个模块可以查找、提取、替换一段有规律的信息。

在一万个人里面找一个人很困难，但是在一万个人里面找一个非常"有特点"的人却很容易。假设有一个人，皮肤是绿色的，身高三米，那么即使这个人混在一万人中，其他人也能一眼找到他。这个"寻找"的过程，在正则表达式中叫作"匹配"。

在程序开发中，要让计算机程序从一大段文本中找到需要的内容，就可以使用正则表达式来实现。

使用正则表达式有如下步骤。

（1）寻找规律。

（2）使用正则符号表示规律。

（3）提取信息。

举一个例子，有下面一段话：

今天天气不错，我正在读一本爬虫开发的书。password:88886666:password，我刚刚不小心把我的密码写了出来。你能看到我的密码吗？

我发现我们都喜欢使用同样的密码，昨天我不小心看到了小红的密码password:11112222:password，难道她的其他密码也是这一个？

在她的电脑中，我发现了她的银行卡密码果然是password:33334444:password，于是我提醒她注意密码安全。

在这一段文字中一共出现了 3 个密码。这 3 个密码很有规律，它们都是 password:数字:password 这种格式的。那么，如果能把符合 password:数字:password 这种格式的内容里面的"数字"提取出来，就可以直接得到密码了。这就需要使用正则表达式来完成这个工作的第一步，发现规律。

3.1.1 正则表达式的基本符号

1. 点号 "."

V3-1 基本符号的
意义

一个点号可以代替除了换行符以外的任何一个字符，包括但不限于英文字母、数字、汉字、英文标点符号和中文标点符号。例如，有如下几个不同的字符串：

```
kingname
kinabcme
kin123me
kin我是谁me
kin嗨你好me
kin"m"me
```

这些字符串的前 3 个字符都是"kin"，后两个字符都是"me"，只有中间的 3 个字符不同。如果使用点号来表示，那么全部都可以变成 kin...me 的形式，中间有多少个字就用多少个点。

2. 星号 "*"

一个星号可以表示它前面的一个子表达式（普通字符、另一个或几个正则表达式符号）0 次到无限次。

例如，有如下几个不同的字符串：

```
如果快乐你就笑哈
如果快乐你就笑哈哈
如果快乐你就笑哈哈哈哈
如果快乐你就笑哈哈哈哈哈哈哈哈哈
```

这些字符串里面，"哈"字重复出现，所以如果用星号来表示，那么就可以全部变成：

```
如果快乐你就笑哈*
```

由于星号可以表示它前面的字符 0 次，所以即使写成"如果快乐你就笑"，没有"哈"字，也是满足这个正则表达式的。

既然星号可以表示它前面的字符，那么如果它前面的字符是一个点号呢？例如下面这个正则表达式：

如.*哈

它表示在"如"和"哈"中间出现"任意多个除了换行符以外的任意字符"。这句话看起来有点绕，用下面几个字符串来说明，它们全部都可以用上面的这个正则表达式来表示：

如哈

如果快乐哈

如果快乐你就笑哈

如果你知道1+1=2那么请计算地球的半径哈

如aklsdjfjaf哈

3. 问号"?"

问号表示它前面的子表达式 0 次或者 1 次。注意，这里的问号是英文问号。

例如下面这两个不同的字符串：

笑起来。

笑起来哈。

在汉字"来"和中文句号之间有 0 个或者 1 个"哈"字，都可以使用下面这个正则表达式来表示：

笑起来?。

问号最大的用处是与点号和星号配合起来使用，构成".*?"。通过正则表达式来提取信息的时候，用到最多的也是这个组合。

下面的所有字符串：

如哈

如果快乐哈

如果快乐你就笑哈

如果你知道1+1=2那么请计算地球的半径哈

如aklsdjfjaf哈

都可以用下面这个正则表达式来表示：

如.*?哈

那么".*"和".*?"有什么区别呢？在学习了 Python 的正则表达式以后，将通过实际的例子来进行解答。

4. 反斜杠"\"

反斜杠在正则表达式里面不能单独使用，甚至在整个 Python 里都不能单独使用。反斜杠需要和其他的字符配合使用来把特殊符号变成普通符号，把普通符号变成特殊符号。

在正则表达式里面，很多符号都是有特殊意义的，例如问号、星号、大括号、中括号和小括号。那么如果要匹配的内容里面本身就有这些符号怎么办呢？如何告诉正则表达式现在只想把问号当作普通的问号来使用呢？

有如下一段字符串：

我的密码是*12345*不包括最外层星号。

如何通过正则表达式来表示呢？如果写成：

我的密码是*.**不包括最外层星号。

此时就会出问题，因为星号本身在正则表达式里面是有特殊意义的，不能直接用星号来匹配星号。这个时候反斜杠就要登场了。反斜杠放在星号的前面，写成"*"可以把星号变成普通的字符，不再具有正则表达式的意义。因此，正则表达式可以写成：

我的密码是*.**不包括最外层星号。

反斜杠不仅可以把特殊符号变成普通符号，还可以把普通符号变成特殊符号。例如"n"只是一个普通的字母，但是"\n"代表换行符。在 Python 开发中，经常遇到的转义字符，如表 3-1 所示。

表 3-1 常见的转义字符

转义字符	意义
\n	换行符
\t	制表符

右上角：续表

转义字符	意义
\\	普通的反斜杠
\'	单引号
\"	双引号
\d	数字

在使用了反斜杠以后，反斜杠和它后面的一个字符构成一个整体，因此应该将"\n"看成一个字符，而不是两个字符。

V3-2　提取数字

5. 数字"\d"

正则表达式里面使用"\d"来表示一位数字。为什么要用字母 d 呢？因为 d 是英文"digital（数字）"的首字母。

再次强调一下，"\d"虽然是由反斜杠和字母 d 构成的，但是要把"\d"看成一个正则表达式符号整体。

如果要提取两个数字，可以使用\d\d；如果要提取 3 个数字，可以使用\d\d\d。但是如果不知道这个数有多少位怎么办呢？就需要用*号来表示一个任意位数的数字。

下面一段字符串：

```
是123455677,请记住它。
是1,请记住它。
是66666,请记住它。
```

全部都可以使用下面这个正则表达式来表示：

```
是\d*,请记住它。
```

V3-3　括号的使用

6. 小括号"()"

小括号可以把括号里面的内容提取出来。

前面讲到的符号仅仅能让正则表达"表示"一串字符串。但是如果要从一段字符串中"提取"出一部分的内容应该怎么办呢？这个时候就需要使用小括号了。

有如下一个字符串：

```
我的密码是:12345abcde你帮我记住。
```

可以看出，这里的密码左边有一个英文冒号，右边有一个汉字"你"。当构造一个正则表达式:.*?你时，得到的结果将会是：

```
:12345abcde你
```

然而，冒号和汉字"你"并不是密码的一部分，如果只想要"12345abcde"，就需要使用括号：

```
:(.*?)你
```

得到的结果就是：

```
12345abcde
```

3.1.2　在 Python 中使用正则表达式

Python 已经自带了一个功能非常强大的正则表达式模块。使用这个模块可以非常方便地通过正则表达式来从一大段文字中提取有规律的信息。

V3-4　findall 的使用

V3-5　提取文本

Python 的正则表达式模块名字为"re"，也就是"regular expression"的首字母缩写。在 Python 中需要首先导入这个模块再进行使用。导入的语句为：

```
import re
```

1. findall

Python 的正则表达式模块包含一个 findall 方法，它能够以列表的形式返回所有满足要求的字符串。

findall 的函数原型为：

re.findall(pattern, string, flags=0)

pattern 表示正则表达式，string 表示原来的字符串，flags 表示一些特殊功能的标志。

findall 的结果是一个列表，包含了所有的匹配到的结果。如果没有匹配到结果，就会返回空列表，如图 3-1 所示。

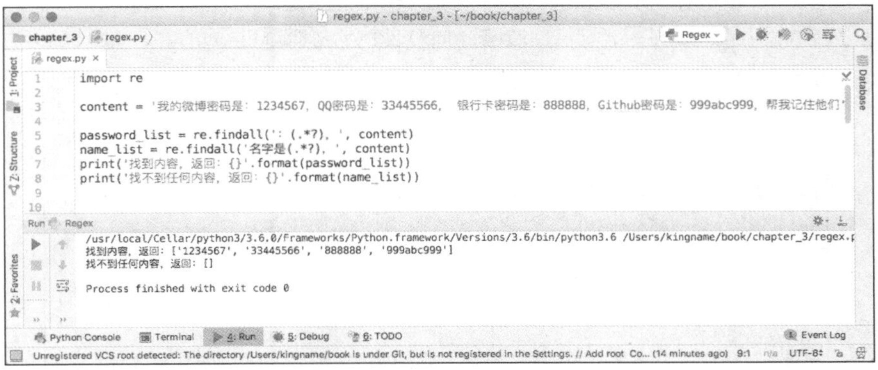

图 3-1　findall 返回的内容

当需要提取某些内容的时候，使用小括号将这些内容括起来，这样才不会得到不相干的信息。如果包含多个"(.*?)"怎么返回呢？如图 3-2 所示，返回的仍然是一个列表，但是列表里面的元素变为了元组，元组里面的第 1 个元素是账号，第 2 个元素为密码。

图 3-2　多个括号内的内容会以元组形式返回

请注意代码中的冒号和逗号，图 3-1 代码中为中文冒号和中文逗号；图 3-2 代码中为英文冒号和英文逗号。在实际使用正则表达式的过程中，中英文标点符号混淆常常会导致各种问题。特别是冒号、逗号和引号，虽然中英文看起来非常相似，但实际上中文冒号和英文冒号是不一样的，中文逗号和英文逗号也是不一样的。在某些字体里面，这种差异甚至无法察觉，因此在涉及正则表达式中的标点符号时，最好直接复制粘贴，而不要手动输入。

函数原型中有一个 flags 参数。这个参数是可以省略的。当不省略的时候，具有一些辅助功能，例如忽略大小写、忽略换行符等。这里以忽略换行符为例来进行说明，如图 3-3 所示。

在爬虫的开发过程中非常容易出现这样的情况，要匹配的内容存在换行符 "\n"。要忽略换行符，就需要使用到 "re.S" 这个 flag。虽然说匹配到的结果中出现了 "\n" 这个符号，不过总比什么都得不到强。内容里面的换行符在后期清洗数据的时候把它替换掉即可。

图 3-3　使用 re.S 作为 flag 来忽略换行符

V3-6 search 的
使用

2. search

search()的用法和 findall()的用法一样，但是 search()只会返回第 1 个满足要求的字符串。一旦找到符合要求的内容，它就会停止查找。对于从超级大的文本里面只找第 1 个数据特别有用，可以大大提高程序的运行效率。

search()的函数原型为：

```
re.search(pattern, string, flags=0)
```

对于结果，如果匹配成功，则是一个正则表达式的对象；如果没有匹配到任何数据，就是 None。如果需要得到匹配到的结果，则需要通过.group()这个方法来获取里面的值，如图 3-4 所示。

图 3-4　使用.group()来获取 search()方法找到的结果

只有在.group()里面的参数为 1 的时候，才会把正则表达式里面的括号中的结果打印出来。

.group()的参数最大不能超过正则表达式里面括号的个数。参数为 1 表示读取第 1 个括号中的内容，参数为 2 表示读取第 2 个括号中的内容，以此类推，如图 3-5 所示。

图 3-5　.group()的参数意义

V3-7 (.*)和
(.*?)的区别

3. ".*" 和 ".*?" 的区别

在爬虫开发中，.*?这 3 个符号大多数情况下一起使用。

点号表示任意非换行符的字符,星号表示匹配它前面的字符 0 次或者任意多次。所以".*"表示匹配一串任意长度的字符串任意次。这个时候必须在".*"的前后加其他的符号来限定范围，否则得到的结果就是原来的整个字符串。

如果在".*"的后面加一个问号，变成".*?"，那么可以得到什么样的结果呢？问号表示匹配它前面的符号 0 次或者 1 次。于是.*?的意思就是匹配一个能满足要求的最短字符串。

这样说起来还是非常抽象，下面通过一个实际的例子来进行说明。请看下面这一段话：

我的微博密码是：1234567，QQ密码是：33445566，银行卡密码是：888888，Github密码是：999abc999，帮我记住它们这段话有一个显著的规律，即密码是：xxxxxx，"，也就是在"密码是"这 3 个汉字的后面跟一个中文的冒号，冒号后面是密码，密码后面是中文的逗号。

如果想把这 4 个密码提取出来，可以构造以下两个正则表达式：

密码是：(.*),
密码是：(.*?),

配合 Python 的 findall 方法，得到结果如图 3-6 图所示。

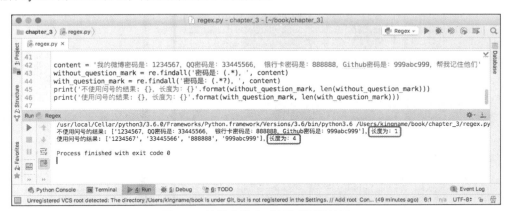

图 3-6　使用".*"和".*?"返回的结果

使用"(.*)"得到的是只有一个元素的列表，里面是一个很长的字符串。

使用第 2 个正则表达式"(.*?)"，得到的结果是包含 4 个元素的列表，每个元素直接对应原来文本中的每个密码。

举一个例子，10 个人肩并肩并排站着，使用"(.*)"取到了第 1 个人左手到第 10 个人右手之间的所有东西，而使用"(.*?)"取到的是"每个人"的左手和右手之间的东西。

一句话总结如下。

① ".*"：贪婪模式，获取最长的满足条件的字符串。

② ".*?"：非贪婪模式，获取最短的能满足条件的字符串。

3.1.3　正则表达式提取技巧

1. 不需要 compile

网上很多人的文章中，正则表达式使用 re.compile()这个方法，导致代码变成下面这样：

V3-8　正则表达式
提取技巧

```
import re
example_text = '我是kingname，我的微博账号是:kingname，密码是:12345678，QQ账号是:99999，密
码是:890abcd，银行卡账号是:000001，密码是:654321，Github 账号是:99999@qq.com，密码
是:7777love8888，请记住他们。'
new_pattern = re.compile('账号是:(.*?)，密码是:(.*?)，', re.S)
user_pass = re.findall(new_pattern, example_text)
print(user_pass)
```

这种写法虽然结果正确，但纯粹是画蛇添足，是对 Python 的正则表达式模块没有理解透彻的体现，是从其他啰嗦的编程语言中带来的坏习惯。如果阅读 Python 的正则表达式模块的源代码，就可以看出 re.compile()是完全没有必要的。

对比 re.compile()和 re.findall()在源代码中的写法，如图 3-7 所示的两个方框。

使用 re.compile()的时候，程序内部调用的是_compile()方法；当使用 re.finall()的时候，在模块内部自动先调用了_compile()方法，再调用 findall()方法。re.findall()自带 re.compile()的功能，所以没有必要使用 re.compile()。

Python 3 中正则表达式模块的源代码的入口文件为 re.py。这个文件里面的注释就是学习 Python 正则表达式模块非常好的文档，它包含了正则表达式各种符号的简单说明和这个模块内部各个方法的使用，如图 3-8 所示。

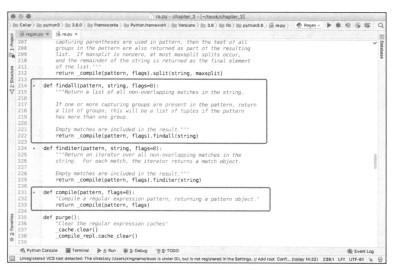

图 3-7　Python 正则表达式模块中的 re.findall() 和 re.compile()

图 3-8　Python re.py 文件自带的文档

re.py 在 Python 3 安装文件夹下面的 Lib 文件夹中。

使用 Windows 的读者可以在 Python 安装文件夹下面的 Lib 文件夹里面找到 re.py，例如：

C:\Python3.6\Lib\re.py

使用 Mac OS 的读者，可以在类似于如下路径的地方找到 re.py：

/usr/local/Cellar/python3/3.6.0/Frameworks/Python.framework/Versions/3.6/lib/re.py

使用 Linux 的读者，可以在类似于如下路径的地方找到 re.py：

/usr/lib/python3.6/re.py

2. 先抓大再抓小

一些无效内容和有效内容可能具有相同的规则。这种情况下很容易把有效内容和无效内容混在一起，如下面这段文字：

有效用户：

姓名：张三

姓名：李四

姓名：王五

无效用户：

姓名：不知名的小虾米

姓名：隐身的张大侠

有效用户和无效用户的名字前面都以"姓名："开头，如果使用"姓名: (.*?)\n"来进行匹配，就会把有效信息和无效信息混在一起，难以区分，如图 3-9 所示。

要解决这个问题，就需要使用先抓大再抓小的技巧。先把有效用户这个整体匹配出来，再从有效用户里面匹配出人名，代码和运行效果如图 3-10 所示。先抓大再抓小的思想会贯穿整个爬虫开发过程，一定要重点掌握。

图 3-9　使用"姓名: (.*?)\n"导致有效内容和
无效内容混在一起

图 3-10　代码和运行效果

3. 括号内和括号外

在上面的例子中，括号和".*?"都是一起使用的，因此可能会有读者认为括号内只能有这 3 种字符，不能有其他普通的字符。但实际上，括号内也可以有其他字符，对匹配结果的影响如图 3-11 所示。

图 3-11　括号里有无其他字符对匹配结果的影响

如果括号里面有其他普通字符，那么这些普通字符就会出现在获取的结果里面。举一个例子，如果说"左手和右手之间"，一般指的是躯干这一部分。但如果说"左手和右手之间，包括左手和右手"，那么就是指的整个人。而把普通的字符放在括号里面，就表示结果中需要包含它们。

3.2 Python 文件操作

Python 的文件操作涉及对文件的读/写与编码的处理，是学习爬虫的必备知识。

3.2.1 使用 Python 读/写文本文件

使用 Python 来读/写文本需要用到"open"这个关键字。它的作用是打开一个文件，并创建一个文件对象。

使用 Python 打开文件，有两种写法。第 1 种方式如下：

```
f = open('文件路径', '文件操作方式', encoding='utf-8')
对文件进行操作
f.close()
```

第 2 种方式，使用 Python 的上下文管理器：

```
with open('文件路径', '文件操作方式', encoding='utf-8') as f:
    对文件进行操作
```

第 1 种方式需要手动关闭文件，但是在程序开发中经常会出现忘记关闭文件的情况。第二种方法不需要手动关闭文件，只要代码退出了缩进，Python 就会自动关闭文件。

本书使用第二种写法。

1. 使用 Python 读文本文件

使用 Python 打开一个文本文件时，首先要保证这个文件是存在的。在读文件的时候，"文件操作方式"这个参数可以省略，也可以写成"r"，也就是 read 的首字母。

文件路径可以是绝对路径，也可以是相对路径。如果是绝对路径，Linux 和 Mac OS 不能直接使用"～"表示"home 目录"，因为 Python 不认识"～"这个符号。如果非要使用这个符号，需要使用 Python 的"os"模块，代码如下：

```
import os
real_path = os.path.expanduser('～/project/xxx')
```

这样，Python 就会将这种风格的路径转化为 Python 能认识的绝对路径。

相对路径是文本文件相对于现在的工作区而言的路径，并不总是相对于当前正在运行的这个 Python 文件的路径。在本章中，请读者直接将文本文件和 Python 文件放在一起，这样就可以直接使用文件名来打开文本文件。

文本文件的内容和它相对于.py 文件的位置如图 3-12 所示。

图 3-12 文本文件的内容和它相对于.py 文件的位置

使用下面的代码来打开 text.txt 文件：

```
with open('text.txt', encoding='utf-8') as f:
    通过f来读文件
```

这里有一个参数"encoding"。这个参数特别有用，它可以在打开文件的时候将文件转换为 UTF-8 编码格式，从而避免乱码的出现。这个参数只有 Python 3 有，在 Python 2 中使用这个参数会报错。如果文件是在 Windows 中创建的，并且使用 UTF-8 打开文件出现了乱码，可以把编码格式改为 GBK。

文本文件可以按行读取，也可以直接读取里面的所有内容。

读取所有行，并以列表的形式返回结果，代码如下：

```
f.readlines()
```

运行效果如图 3-13 所示。

图 3-13　使用 readlines() 读取文本所有行并以列表形式返回结果

直接把文件里面的全部内容用一个字符串返回，代码如下：

```
f.read()
```

运行结果如图 3-14 所示。

图 3-14　直接把整个文本内容以一个字符串方式返回的结果

2．使用 Python 写文本文件

使用 Python 写文件也需要先打开文件，使用如下代码来打开文件：

```
with open('new.txt', 'w', encoding='utf-8') as f:
    通过f来写文件
```

这里多出来一个参数 "w"，w 是英文 write 的首字母，意思是以写的方式打开文件。这个参数除了为 "w" 外，还可以为 "a"。它们的区别在于，如果原来已经有一个 new.txt 文件了，使用 "w" 会覆盖原来的文件，导致原来的内容丢失；而使用 "a"，则会把新的内容写到原来的文件末尾。

写文件时可以直接写一大段文本，也可以写一个列表。

直接将一大段字符串写入到文本中，可以使用下面这一行代码：

```
f.write("一大段文字")
```

把列表里面的所有字符串写入到文本中，可以使用下面这一行代码：

```
f.writelines(['第一段话', '第二段话', '第三段话'])
```

需要特别注意，写列表的时候，Python 写到文本中的文字是不会自动换行的，需要人工输入换行符才可以。代码和运行生成的文本 new.txt 如图 3-15 和图 3-16 所示。请注意代码第 8 行列表中的两个字符串，在 new.txt 的第 3 行中被拼在了一起。

图 3-15　写字符串和包含字符串的列表到文本中的代码

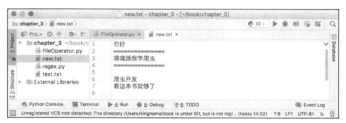

图 3-16　写文本生成的文件内容结果

3.2.2　使用 Python 读/写 CSV 文件

CSV 文件可以用 Excel 或者 Numbers 打开，得到可读性很高的表格，如图 3-17 所示。

表格 1

username	content	reply_time
幽暗的灯笼	如图	2016-05-20 01:24
q734660421	无言以对	2016-05-20 01:27
ultramanzero3	整个意大利才对	2016-05-20 09:21
drl1116	罗马、威尼斯难道不是?	2016-05-20 20:08
暮夜酱	除了主角其他都不会游泳	2016-05-21 11:47
Caps_Lockxzx	阿尼玛斯模拟而已= =	2016-05-21 12:40
无双飞将潘凤	无言以对。。	2016-05-21 16:47
帝国元帅马塞纳		2016-05-24 12:23
帝国元帅马塞纳	身为船夫不会游泳	2016-05-24 12:24
baby丶旧城失梦	想起了二太爷	2016-05-25 01:10
呵呵1287		2016-05-25 16:56
枫之唏嘘	肯威有个远房表弟叫寇马克	2016-05-25 18:11
某晨ll	23333	2016-05-29 21:11
某晨ll	2333333	2016-06-04 21:52
我是螃蟹	hhhhhhhhhhhhhhhhhhhhhhhhhhhhhhhh想起玩2的时候全都用游泳来躲追杀	2016-06-05 09:55
米小玉玉小米	我爬上船夫的船，无论离他多远，船夫都会被我挤下船，然后就不见了	2016-06-07 00:12
小小小大J	盗贼，士兵，船夫，平民，都不会游泳	2016-06-07 09:50
半斤芝麻豆	刺客1的二太爷遇水即溶。育碧看不下去，e叔就会游泳了	2016-06-12 09:22
单挑大龙77	整个威尼斯也是只有这个人会游泳	2016-06-14 02:50
狂怒玉石		2016-06-15 01:41
小赛于1	每次把他们推下水都没浮上来? 尸体去哪了? ? 沉底儿了?	2016-07-08 18:03
我的天啊	阿泰尔穷酸，酸溶于水，而EZIO有钱，富得流油，油比水轻，且不溶于水。所以阿泰尔遇水即溶，而EZIO会游泳。	2016-07-09 09:03
lin221818	上次我做任务时把npc推下水了，然后任务失败	2016-07-17 09:46

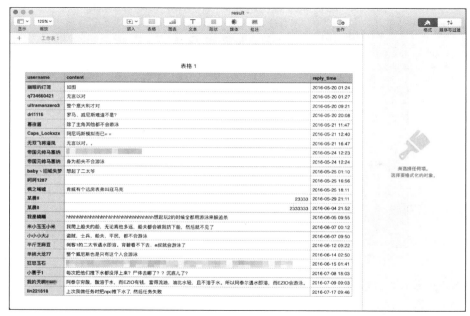

图 3-17　使用 Numbers 打开 CSV 文件

CSV 文件本质上就是文本文件，但是如果直接用文本编辑器打开，可读性并不高，如图 3-18 所示。

```
username,content,reply_time
幽暗的灯笼,如图,2016-05-20 01:24
q734660421,无言以对,2016-05-20 01:27
ultramanzero3,整个意大利才对,2016-05-20 09:21
drl1116,罗马、威尼斯难道不是? ,2016-05-20 20:08
暮夜酱,除了主角其他都不会游泳,2016-05-21 11:47
Caps_Lockxzx,阿尼玛斯模拟而已= =,2016-05-21 12:40
无双飞将潘凤,无言以对。。,2016-05-21 16:47
帝国元帅马塞纳,2016-05-24 12:23
帝国元帅马塞纳,身为船夫不会游泳,2016-05-24 12:24
baby丶旧城失梦,想起了二太爷,2016-05-25 01:10
呵呵1287,,2016-05-25 16:56
枫之唏嘘,肯威有个远房表弟叫寇马克,2016-05-25 18:11
某晨ll,23333,2016-05-29 21:11
某晨ll,2333333,2016-06-04 21:52
我是螃蟹,hhhhhhhhhhhhhhhhhhhhhhhhhhhhhhhh想起玩2的时候全都用游泳来躲追杀,2016-06-05 09:55
米小玉玉小米,我爬上船夫的船，无论离他多远，船夫都会被我挤下船，然后就不见了,2016-06-07 00:12
小小小大J,盗贼，士兵，船夫，平民，都不会游泳,2016-06-07 09:50
半斤芝麻豆,刺客1的二太爷遇水即溶。育碧看不下去，e叔就会游泳了,2016-06-12 09:22
单挑大龙77,整个威尼斯也是只有这个人会游泳,2016-06-14 02:50
狂怒玉石,2016-06-15 01:41
小赛于1,每次把他们推下水都没浮上来? 尸体去哪了? ? 沉底儿了? ,2016-07-08 18:03
我的天啊,阿泰尔穷酸，酸溶于水，而EZIO有钱，富得流油，油比水轻，且不溶于水。所以阿泰尔遇水即溶，而EZIO会游泳。,2016-07-09 09:03
lin221818,上次我做任务时把npc推下水了，然后任务失败,2016-07-17 09:46
```

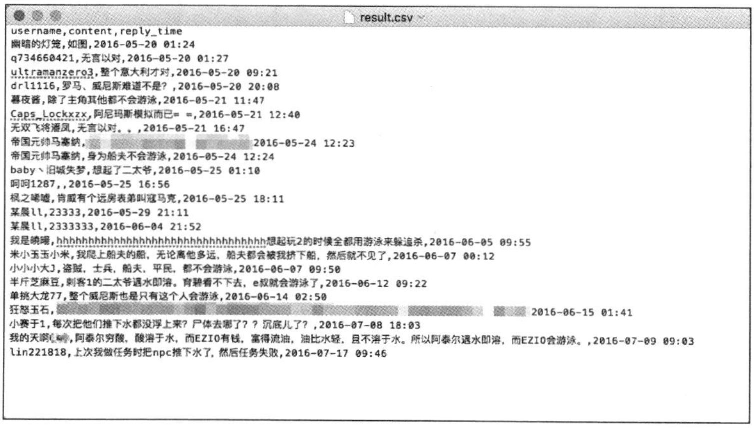

图 3-18　直接用文本编辑器打开 CSV 文件

Python 自带操作 CSV 的模块。使用这个模块，可以将 CSV 文件的内容转换为 Python 的字典，从而方便使用。

1. Python 读 CSV 文件

要读取 CSV 文件，首先需要导入 Python 的 CSV 模块：

```
import csv
```

由于 CSV 文件本质上是一个文本文件，所以需要先以文本文件的方式打开，再将文件对象传递给 CSV 模块：

```
with open('result.csv', encoding='utf-8') as f:
    reader = csv.DictReader(f)
    for row in reader:
        print(row)
```

运行结果图 3-19 所示。

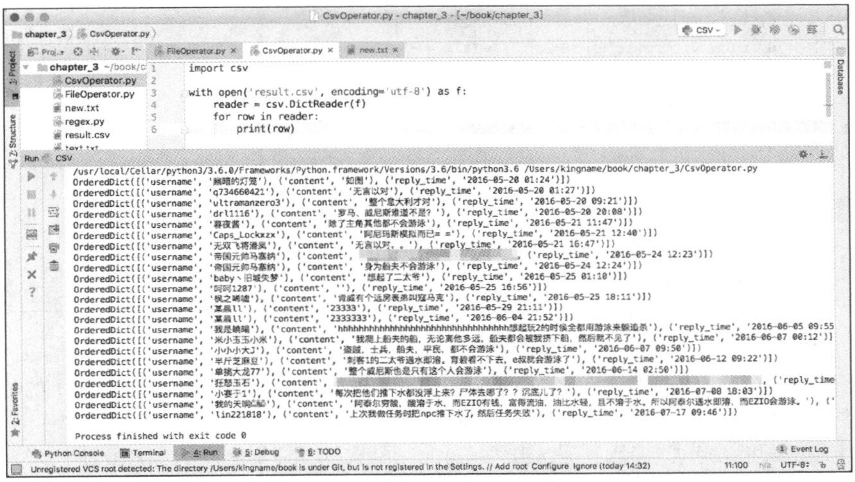

图 3-19　使用 CSV 模块打开 CSV 文件

代码中，for 循环得到的 row 是 OrderedDict（有序字典），可以直接像普通字典那样使用：

```
username = row['username']
content = row['content']
reply_time = row['reply_time']
```

运行结果如图 3-20 所示。

图 3-20　像读字典一样读 CSV 文件

短短几行代码，已经将 CSV 文件转换为字典了。

特别注意：

读取文本内容的代码必须放在缩进内部进行，否则会导致报错，如图 3-21 所示。

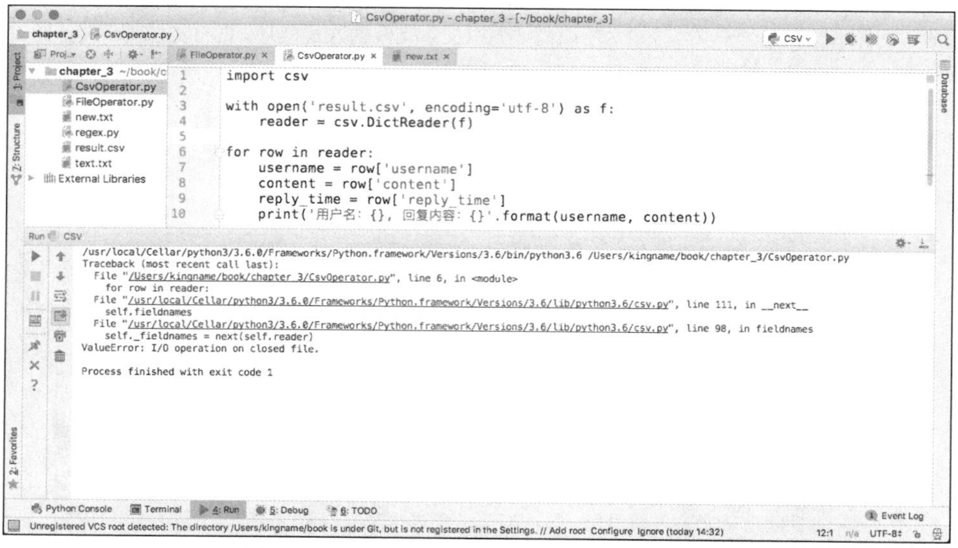

图 3-21　读取文本内容的代码必须放在缩进的里面

这是因为 f 变量里面的值是一个生成器，生成器只有在被使用（更准确的说法是被迭代）的时候才会去读文本内容。但是退出 with 的缩进以后，文件就被 Python 关闭了，这个时候当然什么都读不了。

那有没有什么办法可以绕过这个限制呢？当然是有的，那就是使用列表推导式。图 3-22 所示为使用列表推导式读取文本内容。请对比图 3-21 和图 3-22 第 4 行的不同。

图 3-22　使用列表推导式读取文本内容

2. Python 写 CSV 文件

Python 可以把一个字典写成 CSV 文件，或者把一个包含字典的列表写成 CSV 文件。Python 写 CSV 文件比读 CSV 文件稍微复杂一点，因为要指定列名。列名要和字典的 Key 一一对应。

Python 写 CSV 文件时需要用到 csv.DictWriter()这个类。它接收两个参数：第 1 个参数是文件对象 f；第 2 个参数名为 fieldnames，值为字典的 Key 列表。

写入 CSV 文件的列名行：

writer.writeheader()

将包含字典的列表全部写入到 CSV 文件中：

writer.writerows(包含字典的列表)

写入一个包含字典的列表，每一个字典对应 CSV 的一行。这些字典的 Key 必须和 fieldnames 相同。字典可以是普通的无序字典，所以不需要关心字典里面 Key 的顺序，但是不能存在 fieldnames 里面没有的 Key，也不能缺少 fieldnames 里面已有的 Key。

写入单个字典：

writer.writerow(字典)

代码如图 3-23 所示，运行结果如图 3-24 所示。Mac OS 的 Numbers 显示 CSV 文件的结果和 Excel 中显示的结果可能存在差异，但是表格里面的数据应该是一致的。

图 3-23　将包含列表的字典写入到 CSV 文件中

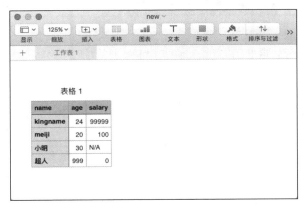

图 3-24　生成的 CSV 文件用 Numbers 打开以后的结果

3.3　阶段案例——半自动爬虫开发

所谓半自动爬虫，顾名思义就是一半手动一半自动地进行爬虫，手动的部分是把网页的源代码复制下来，自动的部分是通过正则表达式把其中的有效信息提取出来。

3.3.1　需求分析

在百度贴吧中任意寻找一个贴吧并打开一个热门帖子，将帖子的源代码复制下来，并保存为 source.txt。Python 读入这个 source.txt 文件，通过正则表达式获取用户名、发帖内容和发帖时间，并保存为 result.csv。

涉及的知识点如下。

（1）在浏览器中查看网站的源代码。

（2）使用 Python 读文本文件。

（3）正则表达式的应用。

（4）先抓大再抓小的匹配技巧。

（5）使用 Python 写 CSV 文件。

3.3.2 核心代码构建

1. 在浏览器中获取网页的源代码

以 Chrome 浏览器为例来说明如何查看网页的源代码。在网页上单击鼠标右键，选择"显示网页源代码"命令，如图 3-25 所示。

图 3-25 选择"显示网页源代码"命令

网页源代码如图 3-26 所示。这里可以复制全部的源代码，并粘贴到记事本中。

图 3-26 网页源代码

2. 获取关键信息

要获取网站的关键信息，就需要观察网页源代码的规律。通过对比每一层楼的帖子，可以发现规律，即每一层楼都是从"user name"开头的，如图 3-27 所示。

```
76                    <li class="icon">
77                        <div class="icon_relative j_user_card" data-field='{&quot;un&quot;:&quot;bu\u5b2a\u7070\u6536&quot;}'>
78                            <a style="" target="_blank" class="p_author_face " href="/home/main?
un=bu%E5%A0%AA%E7%81%B0%E6%94%B6&ie=utf-8&fr=pb"><img username="bu塔灰收" class=""
src="https://gss0.bdstatic.com/6LZ1dD3dlsgCo2Kml5_Y_D3/sys/portrait/item/67826275e5a0aae781b0e694b60326"/></a>
79                        </div>
80                    </li>
81                    <li class="d_nameplate">
82
```

图 3-27　用户名的规律

先来看用户名，从图 3-27 可以看出，用户名符合这样的规律：

username="(.*?)"

再来看发帖内容，从图 3-28 可以看出，发帖内容符合如下规律：

d_post_content j_d_post_content ">(.*?)<

```
    </ul></div><div class="d_post_content_main ">        <div class="p_content   ">        <div
class="save_face_bg_hidden save_face_bg_0"><a class="save_face_card"></a></div>        <cc>        <div
id="post_content_105306788571" class="d_post_content j_d_post_content ">真·海盗信条<img class="BDE_Smiley"
width="30" height="30" changedsize="false"
src="https://gsp0.baidu.com/5aAHeD3nKhI2p27j8IqW0jdnxx1xbK/tb/editor/images/client/image_emoticon25.png"></div><br>
</cc>        <br>        <div class="user-hide-post-down" style="display: none;">        <div
class="core_reply j_lzl_wrapper"><div class="core_reply_tail clearfix"><div class="j_lzl_r p_reply" data-
```

图 3-28　发帖内容的规律

最后来看发帖时间。请注意，从图 3-29 中可以看出，发帖时间需要应用 3.1.3 小节所提到的"括号内和括号外"技巧。由于方框框住的两段内容有着相同的开头字符串，如何把"2017-03-18 19:39"提取出来，但不要把"15楼"提取出来？这种情况下，对于正则表达式，应该在括号里面包含一些其他的要素，才能只把时间提取出来。

```
举报</a><a href="#" onclick="window.open('//tieba.baidu.com/complaint/info?
type=2&cid=0&tid=5027641314&pid=105306788571','newindow', 'height=900, width=800, toolbar =no, menubar=no, scrollbars=yes,
resizable=yes, location=no, status=no');return false;">有害信息举报</a></span></span><span class="tail-info">来自<a data-
tip="贴吧客户端时代开启, 快刷群里来!" href="http://c.tieba.baidu.com/c/s/download/pc?tab=gunliao" target="_blank">iPhone客户端</a>
<span class="tail-info">15楼</span><span class="tail-info">2017-03-18 19:39</span></div><ul class="p_props_tail
props_appraise_wrap"></ul></div></div><div class="j_lzl_container core_reply_wrapper hideLzl" style="min-height:50px">
</div><div class="l_post l_post_bright j_l_post clearfix " data-field='{&quot;author&quot;:
{&quot;user_id&quot;:1078077307,&quot;user_name&quot;:&quot;\u6211\u53ef\u80fd\u4e0d\u80fd\u5728&quot;,&quot;props&quot;:nu
```

图 3-29　发帖时间的规律

由于发帖时间总是以年开头的，因此可以在括号里面包含"2017"，这样就可以得到正确的年份信息。匹配年份的正则表达式如下：

tail-info">(2017.*?)<

3.3.3　调试与运行

完整的半自动爬虫代码如图 3-30 所示，生成的 CSV 文件如图 3-31 所示。

图 3-30　完整的半自动爬虫代码

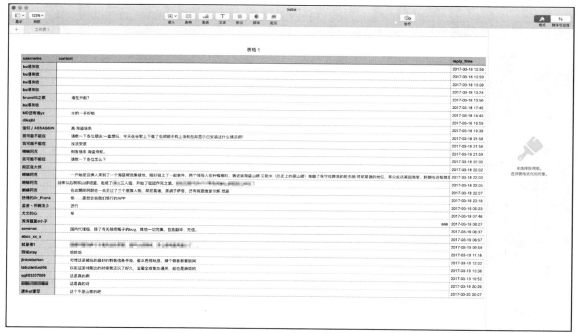

图 3-31　爬虫生成的 CSV 文件

之所以会有一些人的回帖内容是空白的，是因为他的回帖是图片，而代码里面的正则表达式只能提取文字，因此回帖内容为空。这是正常情况。

那么说来，是不是半自动爬虫已经轻轻松松被写出来了呢？先别着急，虽然这一次代码的结果没有问题，但是它的逻辑有问题。

代码的逻辑是，首先分别获取所有的用户名，接着分别获取所有的帖子内容，然后分别获取所有的回帖时间，最后"按顺序"拼在一起。爬虫认为，用户名列表（username_list）里面的第 1 个人就是帖子列表（content_list）里面的第 1 个帖子的发帖人，发帖时间刚好也是时间列表（reply_time_list）里面的第 1 个时间。这里看起来一一对应，但实际上，这仅仅是表象。

一个帖子一页是 30 楼，这 3 个列表理论上都应该有 30 个元素。那如果帖子里面，有一个人的帖子是在 2016 年回的呢？这种情况可使用如下的正则表达式：

```
reply_time_list = re.findall('class="tail-info">(2017.*?)<', source, re.S)
```

该正则表达式只能得到所有的 2017 年的回帖时间，所以 reply_time_list 的元素比其他两个列表都要少。源代码使用用户名列表的长度来作为循环的计数器，必然会导致 reply_time_list 超出范围而报错。

为了避免这个问题，就需要使用先抓大再抓小的技巧。把每一层楼看作一个"块"，先把每一层楼都抓取下来，再在此基础上从每一层楼里面分别获取用户名、帖子内容和发帖时间，如图 3-32 所示。

通过分析网站的源代码可以发现，每一层楼在源代码里面是从如下的代码开始的：

```
<div class="l_post l_post_bright j_l_post clearfix "
```

而在一层楼结束的地方，在靠近下一层楼的前面可以找一个比较特殊的字符串来作为标志。比如，下一层稍微靠前一点的地方可以看到：

```
<ul class="p_props_tail props_appraise_wrap">
```

就可以将其作为结束标志，开始和结束标志如图 3-33 所示。

对原来的代码进行修改，可以得到逻辑更加合理的新代码，如图 3-34 所示。

图 3-32　把帖子的每一层楼看作一个块

图 3-33　一层楼的开始和结束标志

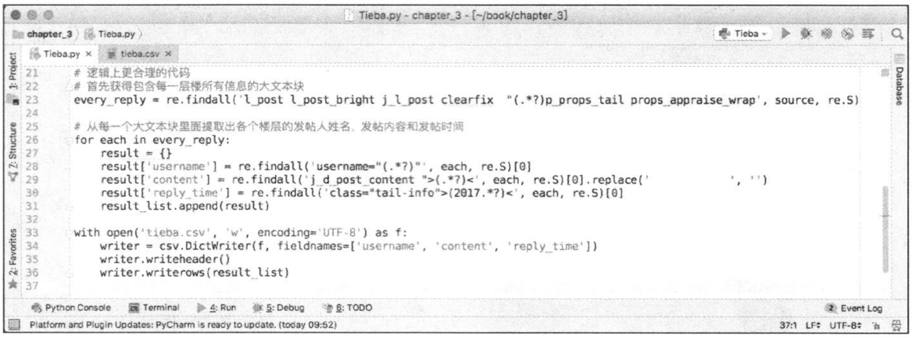

图 3-34　更合乎逻辑的半自动爬虫代码

3.4　本章小结

本章主要讲到了正则表达式和 Python 的文件操作。

正则表达式用来在一大段文字中提取需要的内容，用得最多的组合是 "(.*?)"。这个组合可以解决绝大多数的目标提取问题。

使用 Python 读/写文本文件和 CSV 文件都需要先把文件打开，在 Python 中使用 open 这个关键字来打开文件。在 Python 中，使用 CSV 这个内置的模块可以非常方便地把 CSV 文件转换成 Python 的字典，或者把 Python 的字典转换为 CSV 文件。

3.5　动手实践

在百度贴吧中寻找一个自己喜欢的贴吧，将其中一篇热门帖子的每层楼的发帖人、发帖内容和发帖时间抓取下来。

第4章

简单的网页爬虫开发

■ 在第 3 章学习完正则表达式以后，我们已经可以实现先手动把网页复制下来并保存到一个文本文件中，再用 Python 读取文本文件中的源代码，并通过正则表达式提取出感兴趣的内容。但是爬虫的数据爬取量非常大，显然不可能对每个页面都手动复制源代码，因此就有必要使用自动化的方式来获取网页源代码。

requests 是 Python 的一个第三方 HTTP（Hypertext Transfer Protocol，超文本传输协议）库，它比 Python 自带的网络库 urllib 更加简单、方便和人性化。使用 requests 可以让 Python 实现访问网页并获取源代码的功能。

使用 requests 获取网页的源代码，最简单的情况下只需要两行代码：

```
#使用requests获取源代码
import requests
source = requests.get('https://www.baidu.com').content.decode()
```

通过这一章的学习，你将会掌握如下知识。

（1）requests 的安装和使用。

（2）多线程爬虫的开发。

（3）爬虫的常见算法。

4.1 使用 Python 获取网页源代码

4.1.1 Python 的第三方库

在 Python 开发的过程中，常常需要将一些功能比较通用的代码抽离出来作为一个单独的模块，从而被多个工程调用。这种公共的模块称为 Python 的库（Library，Lib）。

Python 在发布时会自带一些由官方开发的常用的库，例如正则表达式"re"、时间"time"等。这些库称为"官方库"。而由非官方发布的库，则称为"第三方库"。

Python 之所以如此强大，正是由于它拥有非常多的第三方库。使用第三方库，可以轻易实现各种各样的功能。以获取网页内容为例，Python 其实自带了两个模块，分别是 urllib 和 urllib2。使用这两个模块也可以获取网页内容。但是这两个模块使用起来非常麻烦。而 requests 这个第三方库，让获取网页内容变得极其简单。

requests 这个库的作者给这个库取了一个副标题"HTTP for humans"，直接翻译过来就是"这才是给人用的 HTTP 库"。

Python 的第三方库需要手动安装。如果系统只有一个 Python 版本，那么手动安装第三方库时需要在 Mac OS/Linux 的终端或者 Windows 的 CMD 中执行以下命令：

```
pip install 第三方库的名字
```

需要注意的是，如果系统同时有 Python 2 和 Python 3，并且 Python 3 是后安装的，那么要为 Python 3 安装第三方库，就需要使用如下命令：

```
pip3 install 第三方库的名字
```

安装完第三方库以后，就可以在 Python 中使用了。使用第三方库，就像使用 Python 自带的库一样，首先需要使用"import"关键字将它导入，然后才能使用。

还有一点需要特别强调，开发者自己写的.py 文件的名字绝对不能和 Python 自带的模块或者已经安装的第三方库的名字相同，否则会产生问题。例如本章内容涉及 requests 和正则表达式，那么读者在测试代码的时候绝对不能自行创建名为"requests.py"或者"re.py"的文件。一旦创建，代码必定报错。

4.1.2 requests 介绍与安装

使用 pip 安装 requests，代码如下：

```
pip install requests
```

运行结果如图 4-1 所示。

pip 在线安装时可能会受到防火墙的干扰，因此也可以使用源代码安装。打开网页 https://github.com/kennethreitz/requests，单击"Clone or download"按钮，再单击"Download ZIP"按钮下载源代码，如图 4-2 所示。

图 4-1　安装 requests

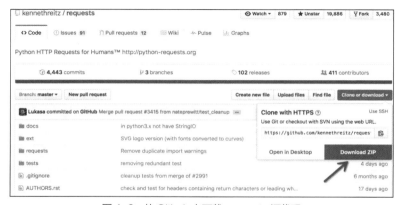

图 4-2　从 Github 上下载 requests 源代码

解压源代码，找到 setup.py，并打开 CMD 窗口或者终端，在放置这个 setup.py 文件的文件夹中执行以下代码：

```
python3 setup.py install
```

安装完成以后打开 CMD 或者终端，进入 Python 交互环境，输入以下代码

```
>>>import requests
```

如果不报错，则表示 requests 已经成功安装，如图 4-3 所示。

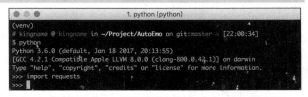

图 4-3　在 Python 交互环境验证 requests 是否安装成功

4.1.3　使用 requests 获取网页源代码

使用浏览器来访问网页，看起来只需要输入网址就可以。但其实网页有很多种打开方式，最常见的是 GET 方式和 POST 方式。在浏览器里面可以直接通过输入网址访问的页面，就是使用了 GET 方式。还有一些页面，只能通过从另一个页面单击某个链接或者某个按钮以后跳过来，不能直接通过在浏览器输入网址访问，这种网页就是使用了 POST 方式。

1. GET 方式

对于使用 GET 方式的网页，在 Python 里面可以使用 requests 的 get() 方法获取网页的源代码：

```
import requests
html = requests.get('网址')
html_bytes = html.content
html_str = html_bytes.decode()
```

V4-1　requests 的 GET 方法举例

在这 4 行代码中，第 1 行导入了 requests 库，这样代码里面才能使用。第 2 行使用 GET 方法获取了网页，得到一个 Response 对象。此时如果直接打印 HTML 变量，得到的是：

```
<Response [200]>
```

第 3 行使用 .content 这个属性来显示 bytes 型网页的源代码。

第 4 行代码将 bytes 型的网页源代码解码为字符串型的源代码。

对于上面的 4 行代码，可以将后 3 行合并，缩减为两行代码：

```
import requests
html_str = requests.get('网址').content.decode()
```

之所以需要把 bytes 型的数据解码为字符串型的数据，是因为在 bytes 型的数据类型下，中文是无法正常显示的。这个"解码"对应的英文为"decode"，因而我们需要使用 .decode() 这个方法。

这个方法的参数可以省略。在省略的时候，默认使用 UTF-8 编码格式来把 bytes 型解码为字符串型的源代码。可能有一些中文网页，它的编码格式本身不是 UTF-8，这就需要在括号里面写明目标编码格式的名字。例如：

```
html = requests.get('网址').content.decode('GBK')
html = requests.get('网址').content.decode('GB2312')
html = requests.get('网址').content.decode('GB18030')
```

编码格式有几十种，但最常见的是"UTF-8""GBK""GB2312"和"GB18030"。具体使用哪一种编码格式，需要根据实际情况来选择。大多数情况下使用"UTF-8"，但也有一些网站会使用"GBK"或者"GB2312"。读者可以每一种编码格式都测试一下，通过打印出网页的源代码，查看里面的中文是否显示正常，以中文可以正常显示为准。

例 4-1：使用 GET 方式获取网页源代码。

通过 http://exercise.kingname.info/exercise_requests_get. html 可以测试使用 requests 的 get() 方法获取网页，网页如图 4-4 所示。

使用 requests 获取这个页面的源代码，其结果如图 4-5 所示。

图 4-4　使用 GET 方式的练习页面

图 4-5　使用 requests 获取网页源代码

2. POST 方式

网页的访问方式除了 GET 方式以外，还有 POST 方式。有一些网页，使用 GET 和 POST 方式访问同样的网址，得到的结果是不一样的。还有另外一些网页，只能使用 POST 方式访问，如果使用 GET 方式访问，网站会直接返回错误信息。

例 4-2： 使用 POST 方式获取网站源代码。

以 http://exercise.kingname.info/exercise_requests_post 为例，如果直接使用浏览器访问，得到的页面如图 4-6 所示。

V4-2　requests 的
POST 方法举例

图 4-6　直接使用浏览器访问得到的页面

此时就需要使用 requests 的 post()方法来获取源代码。

post()方法的格式如下：

```
import requests
data = {'key1': 'value1',
        'key2': 'value2'}
html_formdata = requests.post('网址', data=data).content.decode()
#用formdata提交数据
```

其中，data 这个字典的内容和项数需要根据实际情况修改，Key 和 Value 在不同的网站是不一样的。而做爬虫，构造这个字典是任务之一。

还有一些网址，提交的内容需要是 JSON 格式的，因此 post()方法的参数需要进行一些修改：

```
html_json = requests.post('网址', json=data).content.decode() #使用JSON提交数据
```

这样写代码，requests 可以自动将字典转换为 JSON 字符串。

对练习网址使用两种提交方式，其结果如图 4-7、图 4-8 所示。

关于 JSON 格式，后面的章节将会有详细介绍。

图 4-7 使用 POST 方式提交 formdata 数据的结果

图 4-8 使用 POST 方式提交 JSON 数据的结果

4.1.4 结合 requests 与正则表达式

以 GET 方式为例，通过 requests 获得了网页的源代码，就可以对源代码字符串使用正则表达式来提取文本信息。GET 方式练习页面的源代码如图 4-9 所示。

例 4-3：使用 requests 与正则表达式获取 GET 练习页面的内容。

现在需要把标题和两段中文提取下来，可以通过正则表达式来实现。

① 提取标题。

```
title = re.search('title>(.*?)<', html, re.S).group(1)
```

② 提取正文，并将两段正文使用换行符拼接起来。

```
content_list = re.findall('p>(.*?)<', html, re.S)
content_str = '\n'.join(content_list)
```

完整的代码和运行效果如图 4-10 所示。

图 4-9 GET 方式练习页源代码

图 4-10 使用 requests 与正则表达式获取练习页内容

V4-3　多线程爬虫

4.2　多线程爬虫

在掌握了 requests 与正则表达式以后，就可以开始实战爬取一些简单的网址了。

但是，此时的爬虫只有一个进程、一个线程，因此称为单线程爬虫。单线程爬虫每次只访问一个页面，不能充分利用计算机的网络带宽。一个页面最多也就几百 KB，所以爬虫在爬取一个页面的时候，多出来的网速和从发起请求到得到源代码中间的时间都被浪费了。

如果可以让爬虫同时访问 10 个页面，就相当于爬取速度提高了 10 倍。为了达到这个目的，就需要使用多线程技术了。

这里有一点要强调，Python 这门语言在设计的时候，有一个全局解释器锁（Global Interpreter Lock，GIL）。这导致 Python 的多线程都是伪多线程，即本质上还是一个线程，但是这个线程每个事情只做几毫秒，几毫秒以后就保存现场，换做其他事情，几毫秒后再做其他事情，一轮之后回到第一件事上，恢复现场再做几毫秒，继续换……

微观上的单线程，在宏观上就像同时在做几件事。这种机制在 I/O（Input/Output，输入/输出）密集型的操作上影响不大，但是在 CPU 计算密集型的操作上面，由于只能使用 CPU 的一个核，就会对性能产生非常大的影响。所以涉及计算密集型的程序，就需要使用多进程，Python 的多进程不受 GIL 的影响。

爬虫属于 I/O 密集型的程序，所以使用多线程可以大大提高爬取效率。

4.2.1　多进程库（multiprocessing）

multiprocessing 本身是 Python 的多进程库，用来处理与多进程相关的操作。但是由于进程与进程之间不能直接共享内存和堆栈资源，而且启动新的进程开销也比线程大得多，因此使用多线程来爬取比使用多进程有更多的优势。multiprocessing 下面有一个 dummy 模块，它可以让 Python 的线程使用 multiprocessing 的各种方法。

dummy 下面有一个 Pool 类，它用来实现线程池。这个线程池有一个 map() 方法，可以让线程池里面的所有线程都"同时"执行一个函数。

例 4-4：计算 0～9 的每个数的平方。

在学习了 for 循环之后，代码可能会写成这样：

```
for i in range(10):
    print(i ** i)
```

这种写法当然可以得到结果，但是代码是一个数一个数地计算，效率并不高。而如果使用多线程的技术，让代码同时计算很多个数的平方，就需要使用 multiprocessing.dummy 来实现：

```
from multiprocessing.dummy import Pool


def calc_power2(num):
    return num * num


pool = Pool(3)
origin_num = [x for x in range(10)]
result = pool.map(calc_power2, origin_num)
print(f'计算0-9的平方分别为：{result}')
```

在上面的代码中，先定义了一个函数用来计算平方，然后初始化了一个有 3 个线程的线程池。这 3 个线程负责计算 10 个数字的平方，谁先计算完手上的这个数，谁就先取下一个数继续计算，直到把所有的数字都计算完成为止。

在这个例子中，线程池的 map() 方法接收两个参数，第 1 个参数是函数名，第 2 个参数是一个列表。注意：第 1 个参数仅仅是函数的名字，是不能带括号的。第 2 个参数是一个可迭代的对象，这个可迭代对象里面的每一个元素都会被函数 clac_power2() 接收来作为参数。除了列表以外，元组、集合或者字典都可以作为 map() 的第 2 个参数。

代码的运行结果如图 4-11 所示。

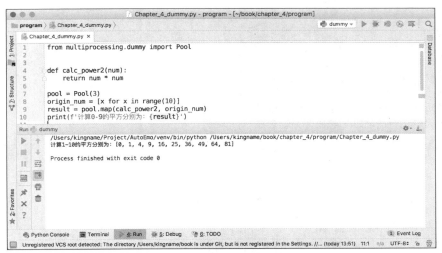

图 4-11　使用多线程计算 10 个数的平方

　　需要注意的是，这个例子仅仅用来演示多线程的使用方法。由于这个例子不涉及 I/O 操作，所以在 Python GIL 的影响下，使用 3 个线程并不会使代码的运行时间小于单线程的运行时间。

4.2.2　开发多线程爬虫

　　由于爬虫是 I/O 密集型的操作，特别是在请求网页源代码的时候，如果使用单线程来开发，会浪费大量的时间来等待网页返回，所以把多线程技术应用到爬虫中，可以大大提高爬虫的运行效率。

　　举一个例子。洗衣机洗完衣服要 50min，水壶烧水要 15min，背单词要 1h。如果先等着洗衣机洗衣服，衣服洗完了再烧水，水烧开了再背单词，一共需要 125min。但是如果换一种方式，从整体上看，3 件事情是可以同时运行的，假设你突然分身出另外两个人，其中一个人负责把衣服放进洗衣机并等待洗衣机洗完，另一个人负责烧水并等待水烧开，而你自己只需要背单词就可以了。等到水烧开，负责烧水的分身先消失。等到洗衣机洗完衣服，负责洗衣服的分身再消失。最后你自己本体背完单词。只需要 60min 就可以同时完成 3 件事。

　　当然，聪明的读者肯定会发现上面的例子并不是生活中的实际情况。现实中没有人会分身。真实生活中的情况是，人背单词的时候就专心背单词；水烧开后，水壶会发出响声提醒；衣服洗完了，洗衣机会发出"滴滴"的声音。所以到提醒的时候再去做相应的动作就好，没有必要每分钟都去检查。

　　上面的两种差异，其实就是多线程和事件驱动的异步模型的差异。本小节讲到的是多线程操作，后面的章节会讲到使用异步操作的爬虫框架。现在，读者只需要记住，在需要操作的动作数量不大的时候，这两种方式的性能没有什么区别，但是一旦动作的数量大量增长，多线程的效率提升就会下降，甚至比单线程还差。而到那个时候，只有异步操作才是解决问题的办法。

　　下面通过两段代码来对比单线程爬虫和多线程爬虫爬取百度首页的性能差异。

　　使用单线程循环访问百度首页 100 次，计算总时间，代码如下：

```python
def query(url):
    requests.get(url)


start = time.time()
for i in range(100):
    query('https://baidu.com')
end = time.time()
print(f'单线程循环访问100次百度首页，耗时：{end - start}')
```

　　使用 5 个线程访问 100 次百度首页，计算总时间，代码如下：

```python
start = time.time()
```

```
url_list = []
for i in range(100):
    url_list.append('https://baidu.com')
pool = Pool(5)
pool.map(query, url_list)
end = time.time()
print(f'5线程访问100次百度首页，耗时：{end - start}')
```

两段代码及其运行情况如图 4-12 所示。

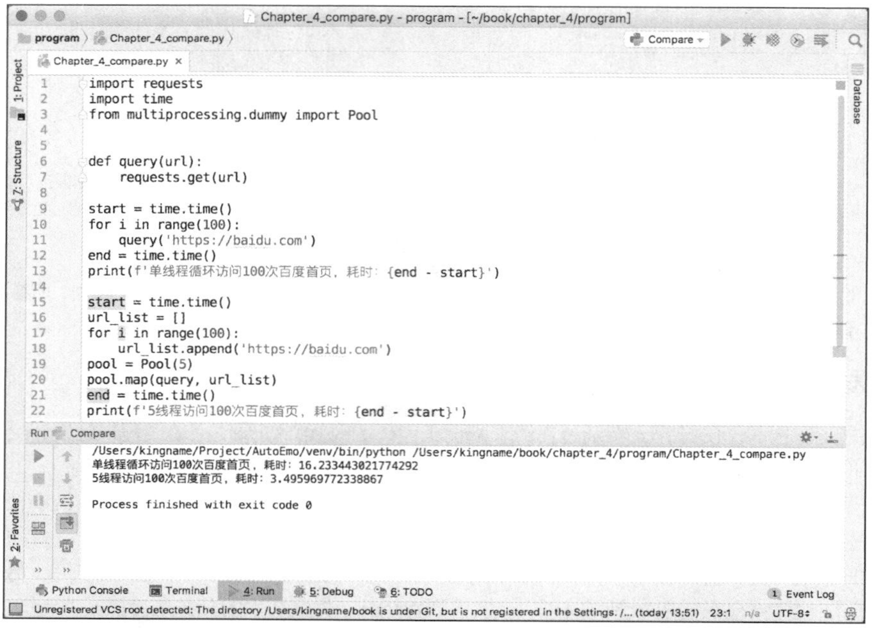

图 4-12　使用单线程和多线程爬虫访问百度首页 100 次的耗时对比

从运行结果可以看到，一个线程用时约 16.2s，5 个线程用时约 3.5s，时间是单线程的五分之一左右。从时间上也可以看到 5 个线程"同时运行"的效果。

但并不是说线程池设置得越大越好。从上面的结果也可以看到，5 个线程运行的时间其实比一个线程运行时间的五分之一要多一点。这多出来的一点其实就是线程切换的时间。这也从侧面反映了 Python 的多线程在微观上还是串行的。因此，如果线程池设置得过大，线程切换导致的开销可能会抵消多线程带来的性能提升。线程池的大小需要根据实际情况来确定，并没有确切的数据。读者可以在具体的应用场景下设置不同的大小进行测试对比，找到一个最合适的数据。

4.3　爬虫的常见搜索算法

在角色扮演类游戏中，玩家需要在游戏里领取任务。有的人喜欢一次只领取一个任务，把这个任务做完，再去领下一个任务，这就叫作深度优先搜索。还有一些人喜欢先把能够领取的所有任务一次性领取完，然后去慢慢完成，最后再一次性把任务奖励都领取了，这就叫作广度优先搜索。

4.3.1　深度优先搜索

假设图 4-13 是某在线教育网站的课程分类，需要爬取上面的课程信息。从首页开始，课程有几个大的分类，比如根据语言分为 Python、Node.js 和 Golang。每个大分类下面又有很多的课程，比如 Python 下面有爬虫、Django 和机器学习。每个课程又分为很多的课时。

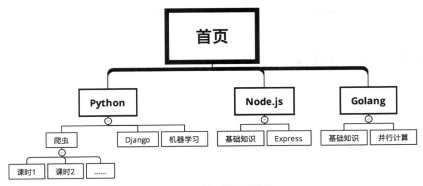

图 4-13　某网站课程分类

在深度优先搜索的情况下，爬取路线如图 4-14 所示（序号从小到大）。

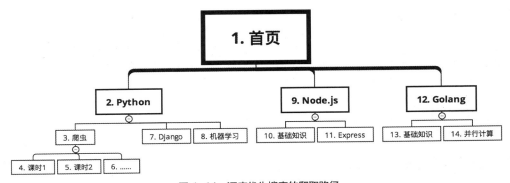

图 4-14　深度优先搜索的爬取路径

路线为"首页→Python→爬虫→课时 1→课时 2→……→课时 N→Django→机器学习→Node.js→基础知识→Express→Golang→基础知识→并行计算"。也就是说，把爬虫的所有课时都爬取完成，再爬取 Django 的所有课程，接着爬取机器学习的所有课程，之后再去爬取 Node.js 的所有信息……

4.3.2　广度优先搜索

在广度优先搜索的情况下，爬取路线如图 4-15 所示（序号从小到大）。

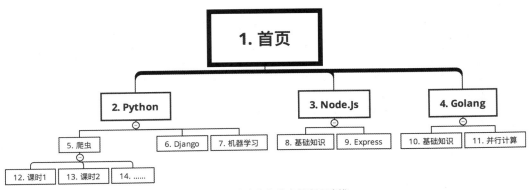

图 4-15　广度优先搜索的爬取路线

路线为"首页→Python→Node.js→Golang→爬虫→Django→机器学习→基础知识→Express→基础知识→并行计算→课时 1→课时 2→……→课时 N"。也就是说，首先爬取每个大分类的信息，然后从第 1 个大分类中爬取所有的课程信息，爬完了第 1 个大分类，再爬第 2 个大分类，直到所有大分类下面的课程信息都搞定了，再爬第一个课程的所有课时信息……

4.3.3 爬虫搜索算法的选择

在爬虫开发的过程中，应该选择深度优先还是广度优先呢？这就需要根据被爬取的数据来进行选择了。

例如要爬取某网站全国所有的餐馆信息和每个餐馆的订单信息。假设使用深度优先算法，那么先从某个链接爬到了餐馆 A，再立刻去爬餐馆 A 的订单信息。由于全国有十几万家餐馆，全部爬完可能需要 12 小时。这样导致的问题就是，餐馆 A 的订单量可能是早上 8 点爬到的，而餐馆 B 是晚上 8 点爬到的。它们的订单量差了 12 小时。而对于热门餐馆来说，12 小时就有可能带来几百万的收入差距。这样在做数据分析时，12 小时的时间差就会导致难以对比 A 和 B 两个餐馆的销售业绩。

相对于订单量来说，餐馆的数量变化要小得多。所以如果采用广度优先搜索，先在半夜 0 点到第二天中午 12 点把所有的餐馆都爬取一遍，第二天下午 14 点到 20 点再集中爬取每个餐馆的订单量。这样做，只用了 6 个小时就完成了订单爬取任务，缩小了由时间差异致的订单量差异。同时由于店铺隔几天抓一次影响也不大，所以请求量也减小了，使爬虫更难被网站发现。

又例如，要分析实时舆情，需要爬百度贴吧。一个热门的贴吧可能有几万页的帖子，假设最早的帖子可追溯到 2010 年。如果采用广度优先搜索，则先把这个贴吧所有帖子的标题和网址都获取下来，然后根据这些网址进入每个帖子里面以获取每一层楼的信息。可是，既然是实时舆情，那么 7 年前的帖子对现在的分析意义不大，更重要的应该是新的帖子才对，所以应该优先抓取新的内容。

相对于过往的内容，实时的内容才最为重要。因此，对于贴吧内容的爬取，应该采用深度优先搜索。看到一个帖子就赶紧进去，爬取它的每个楼层信息，一个帖子爬完了再爬下一个帖子。

当然，这两种搜索算法并非非此即彼，需要根据实际情况灵活选择，很多时候也能够同时使用。

4.4 阶段案例——小说网站爬虫开发

4.4.1 需求分析

从 http://www.kanunu8.com/book3/6879 爬取《动物农场》所有章节的网址，再通过一个多线程爬虫将每一章的内容爬取下来。在本地创建一个"动物农场"文件夹，并将小说中的每一章分别保存到这个文件夹中。每一章保存为一个文件，如图 4-16 所示。

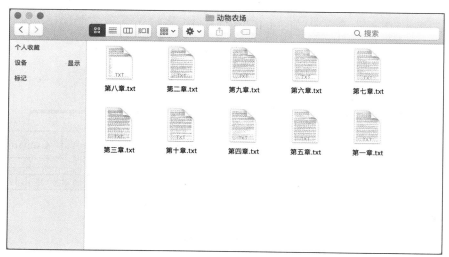

图 4-16　在本地保存爬下来的每一个章节

涉及的知识点如下。

（1）使用 requests 获取网页源代码。

（2）使用正则表达式获取内容。

（3）文件操作。

4.4.2　核心代码构建

目录页的源代码如图 4-17 所示。

图 4-17　动物农场目录页源代码

由于网址存在于`<a>`标签中，但`<a>`标签本身没有特殊的标识符来区分章节的链接和其他的普通链接，因此需要使用先抓大再抓小的技巧。以图 4-17 中的框中的"正文"开始，以框中最下面"`</tbody>`"结束，构造正则表达式，先提取出包含每一章链接的一大块内容，再对这一大块内容使用正则表达式提取出网址。由于源代码中的网址使用的是相对路径，因此需要手动拼接为绝对路径，代码如下：

```python
def get_toc(html):
    """
    获取每一章链接，储存到一个列表中并返回
    :param html: 目录页源代码
    :return: 每章链接
    """
    toc_url_list = []
    toc_block = re.findall('正文(.*?)</tbody>', html, re.S)[0]
    toc_url = re.findall('href="(.*?)"', toc_block, re.S)
    for url in toc_url:
        toc_url_list.append(start_url + url)
    return toc_url_list
```

再来看看正文。正文的源代码如图 4-18 所示。

图 4-18　正文源代码

搜索源代码中的<p>标签和</p>标签，发现它刚好有一对，正好包裹着正文。那么这样就大大降低了提取正文的难度，如图 4-19 所示。

而正文中的
标签，则没有必要用正则表达式来去除，直接使用字符串的 replace()方法把其替换为空即可。

图 4-19　在章节页源代码中搜索<p>标签

而至于章节名字，如图 4-20 所示。

图 4-20　章节名的规律

　　章节标题左边的"size="4">"在全代码里面只出现了一次,可以用来作为提取章节标题的标志。因此提取章节标题和正文的代码如下。

```
def get_article(html):
    """
    获取每一章的正文并返回章节名和正文
    :param html: 正文源代码
    :return: 章节名, 正文
    """
    chapter_name = re.search('size="4">(.*?)<', html, re.S).group(1)
    text_block = re.search('<p>(.*?)</p>', html, re.S).group(1)
    text_block = text_block.replace('<br />', '')
    return chapter_name, text_block
```

　　最后进行保存,需要创建一个文件夹来保存文件所有的章节文本,这里要使用 Python 的 os 库。这个库用来做与系统相关的操作。

　　首先需要判断一个文件夹是否存在,不存在就要创建,可使用以下代码:

```
os.makedirs('动物农场', exist_ok=True)
```

　　这里的第 1 个参数就是文件夹的名字,第 2 个参数表示如果文件夹已经存在,那就什么都不做。

　　有了文件夹以后,需要构造文件路径。在 Mac OS/Linux 系统下,文件路径使用斜杠"/"进行分隔,例如"动物农场/第一章.txt"。在 Windows 系统下,文件路径使用反斜杠"\"进行分隔,例如"动物农场\第一章.txt"。为了让代码在不同的系统里面可以通用,不推荐下面这种写法:

```
file_path = '动物农场' + '/' + '第一章.txt'
```

　　其实 Python 自带处理分隔符的方法。正确的代码应该写成:

```
file_path = os.path.join('动物农场', '第一章.txt')
```

　　使用这种写法,Python 会自动根据不同的系统使用不同的分隔符,这样可以让代码在不同的系统中通用。

　　保存文件的代码如下:

```
def save(chapter, article):
```

```
"""
将每一章保存到本地。
:param chapter: 章节名，第X章
:param article: 正文内容
:return: None
"""
os.makedirs('动物农场', exist_ok=True)
#如果没有"动物农场"文件夹，就创建一个，如果有，则什么都不做
with open(os.path.join('动物农场', chapter + '.txt'), 'w', encoding='utf-8') as f:
    f.write(article)
```

4.4.3 调试与运行

爬虫运行以后，正常情况下可以在 3s 以内结束，生成一个“动物农场”文件夹。在文件夹里有 10 个文本文件，文本文件打开以后，其内容如图 4-21 所示。

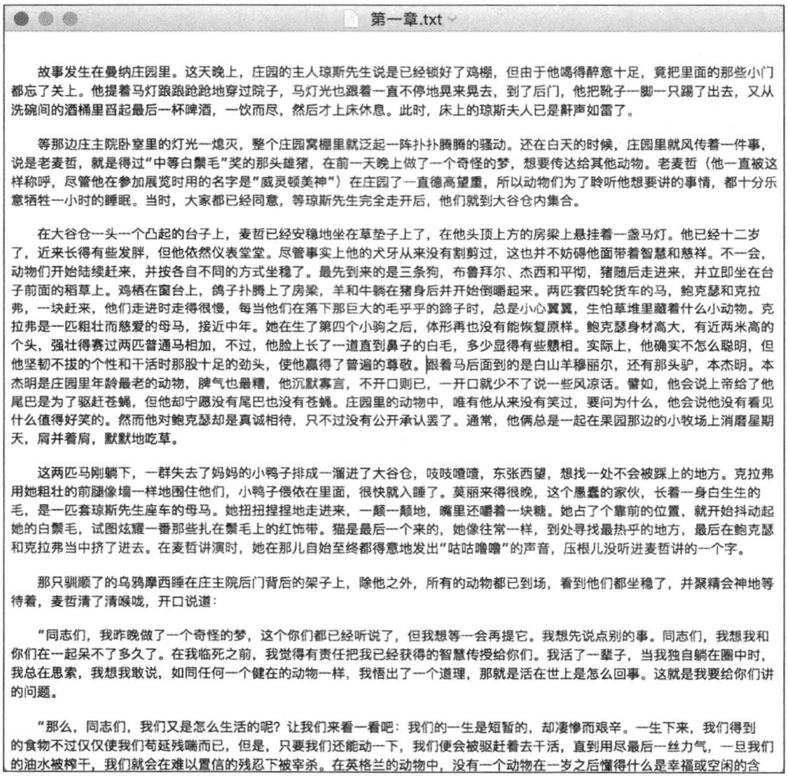
第一章.txt

故事发生在曼纳庄园里。这天晚上，庄园的主人琼斯先生说是已经锁好了鸡棚，但由于他喝得醉意十足，竟把里面的那些小门都忘了关上。他提着马灯踉踉跄跄地穿过院子，马灯光也跟着一直不停地晃来晃去，到了后门，他把靴子一脚一只踢了出去，又从洗碗间的酒桶里舀起最后一杯啤酒，一饮而尽，然后才上床休息。此时，床上的琼斯夫人已是鼾声如雷了。

等那边庄主院卧室里的灯光一熄灭，整个庄园窝棚里就泛起一阵扑扑腾腾的骚动。还在白天的时候，庄园里就风传着一件事，说是老麦哲，就是得过“中等白鬃毛”奖的那头雄猪，在前一天晚上做了一个奇怪的梦，想要传达给其他动物。老麦哲（他一直被这样称呼，尽管他在参加展览时用的名字是“威灵顿美神”）在庄园了一直德高望重，所以动物们为了聆听他想要讲的事情，都十分乐意牺牲一小时的睡眠。当时，大家都已经同意，等琼斯先生完全走开后，他们就到大谷仓内集合。

在大谷仓一头一个凸起的台子上，麦哲已经安稳地坐在草垫子上了，在他头顶上方的房梁上悬挂着一盏马灯。他已经十二岁了，近来长得有些发胖，但他依然仪表堂堂。尽管事实上他的犬牙从来没有割剪过，这也并不妨碍他面带着智慧和慈祥。不一会，动物们开始陆续赶来，并按各自不同的方式坐稳了。最先到来的是三条狗，布鲁拜尔、杰西和平彻，猪随后走进来，并立即坐在台子前面的稻草上。鸡栖在窗台上，鸽子扑腾上了房梁，羊和牛躺在猪身后并开始倒嚼起来。两匹套四轮货车的马，鲍克瑟和克拉弗，一块赶来，他们走进时走得很慢，每当他们在落下那巨大的毛乎乎的蹄子时，总是小心翼翼，生怕草堆里藏着什么小动物。克拉弗是一匹粗壮而慈爱的母马，接近中年。她在生了第四个小驹之后，体形再也没有能恢复原样。鲍克瑟身材高大，有近两米高的个头，强壮得赛过两匹普通马相加，不过，他脸上长了一道直到鼻子的白毛，多少显得有些憨相。实际上，他确实不怎么聪明，但他坚韧不拔的个性和干活时那股十足的劲头，使他赢得了普遍的尊敬。跟着马后面到的是白山羊穆丽尔，还有那头驴，本杰明。本杰明是庄园里年龄最老的动物，脾气也最糟，他沉默寡言，不开口则已，一开口就少不了说一些风凉话。譬如，他会说上帝给了他尾巴是为了驱赶苍蝇，但他却宁愿没有尾巴也没有苍蝇。庄园里的动物中，唯有他从来没有笑过，要问为什么，他会说他没有看见什么值得好笑的。然而他对鲍克瑟却是真诚相待，只不过没有公开承认罢了。通常，他俩总是一起在果园那边的小牧场上消磨星期天，肩并着肩，默默地吃草。

这两匹马刚躺下，一群失去了妈妈的小鸭子排成一溜进了大谷仓，吱吱喳喳，东张西望，想找一处不会被踩上的地方。克拉弗用她粗壮的前腿像墙一样地围住他们，小鸭子偎依在里面，很快就入睡了。莫丽来得很晚，这个愚蠢的家伙，长着一身白生生的毛，是一匹套琼斯先生座车的母马。她扭扭捏捏地走进来，一颠一颠地，嘴里还嚼着一块糖。她占了个靠前的位置，就开始抖动起她的白鬃毛，试图炫耀一番那些扎在鬃毛上的红饰带。猫是最后一个来的，她像往常一样，到处寻找最热乎的地方，最后在鲍克瑟和克拉弗当中挤了进去。在麦哲讲演时，她在那儿自始至终都得意地发出“咕咕噜噜”的声音，压根儿没听进麦哲讲的一个字。

那只驯顺了的乌鸦摩西睡在庄主院后门背后的架子上，除他之外，所有的动物都已到场，看到他们都坐稳了，并聚精会神地等待着，麦哲清了清喉咙，开口说道：

“同志们，我昨晚做了一个奇怪的梦，这个你们都已经听说了，但我想等一会再提它。我想先说点别的事。同志们，我想我和你们在一起呆不了多久了。在我临死之前，我觉得有责任把我已经获得的智慧传授给你们。我活了一辈子，当我独自躺在圈中时，我总在思索，我想我敢说，如同任何一个健在的动物一样，我悟出了一个道理，那就是活在世上是怎么回事。这就是我要给你们讲的问题。

“那么，同志们，我们又是怎么生活的呢？让我们来看一看吧：我们的一生是短暂的，却凄惨而艰辛。一生下来，我们得到的食物不过仅仅使我们苟延残喘而已，但是，只要我们还能动一下，我们便会被驱赶着去干活，直到用尽最后一丝力气，一旦我们的油水被榨干，我们就会在难以置信的残忍下被宰杀。在英格兰的动物中，没有一个动物在一岁之后懂得什么是幸福或空闲的含

图 4-21　生成的文本文件

4.5 本章小结

本章讲解了 requests 的安装和使用，以及如何使用 Python 的多进程库 multiprocessing 来实现多线程爬虫。

4.6 动手实践

在网上寻找另一个小说网址，下载感兴趣的小说。

第5章

高性能HTML内容解析

■ 完成第 4 章以后，用正则表达式从网页中提取数据应该没有什么问题了。但是，网页的源代码是一种结构化的数据，如果仅仅使用正则表达式，那么这种结构化的优势就没有被很好地利用起来。现在把正则表达式中举的那个例子再做一下演绎：有一个人，长得非常特别，身高 3 米，皮肤是绿色。如果他在你眼前，你必定可以一眼认出他。可是，现在只知道他在地球上，应该如何找到他？到全世界的每个地方都去看一下，直到遇到他为止。这种做法理论上当然没有问题，但却费时费力，而且人生苦短，可能一辈子也碰不到。但如果现在知道了他的地址"中国，北京，海淀区，XX 路，XX 号，第 3 层楼"，要找到他就易如反掌了。

通过这一章的学习，你将会掌握如下知识。

（1）HTML 基础结构。

（2）使用 XPath 从 HTML 源代码中提取有用信息。

（3）使用 Beautiful Soup4 从 HTML 源代码中提取有用信息。

5.1　HTML 基础

　　HTML 也就是前面章节提到的网页源代码，是一种结构化的标记语言。HTML 可以描述一个网页的结构信息。HTML 与 CSS（Cascading Style Sheets，层叠样式表）、JavaScript 一起构成了现代互联网的基石。

　　先以地名为例，来看 HTML 代码的结构关系：

```
<中国>
    <北京>
        <海淀区>
            <五道口>
                ××面馆
            </五道口>
        </海淀区>
        <东城区></东城区>
    </北京>
    <山东>
        <青岛></青岛>
        <烟台></烟台>
    </山东>
</中国>
```

　　在这个以地名表示 HTML 结构的例子中，出现了很多用尖括号括起来的地名，而且这些地名都是成对出现的。有<北京>就有</北京>，有<山东>就有</山东>。在 HTML 中，这叫作标签。一个标签可以表示为：

```
<标签名>
    文本
</标签名>
```

　　不加斜杠，表示标签开始；加上斜杠，表示标签结束。它们中间的部分，就是标签里面的元素。标签里面可以是另一个标签，也可以是一段文本。标签可以并列，也可以嵌套。例如<北京>与<山东>就属于并列关系。而<北京>与<海淀区>就是属于嵌套的关系。不论谁在谁旁边，不论谁包含了谁，通过 HTML 的这种表示方法，都可以轻易将不同标签的相对关系表现出来。

　　再来看一段真正的 HTML 代码的结构：

```
<html>
    <head>
        <title>测试</title>
    </head>
    <body>
        <div class="useful">
            <ul>
                <li class="info">我需要的信息1</li>
                <li class="info">我需要的信息2</li>
                <li class="info">我需要的信息3</li>
            </ul>
        </div>
        <div class="useless">
            <ul>
                <li class="info">垃圾1</li>
                <li class="info">垃圾2</li>
            </ul>
        </div>
    </body>
</html>
```

对比这一段真实的 HTML 代码和上面地名的例子，可以看到，在结构上面，它们是完全一样的。只不过在真实的 HTML 代码里面，每个标签除了标签名以外，还有"属性"。一个标签可以有 0 个、1 个或者多个属性，所以一个真正的 HTML 标签应该是下面这样的：

`<标签名 属性1="属性1的值" 属性2="属性2的值">显示在网页上的文本</标签名>`

它可以被表示成一个倒立的树形结构，如图 5-1 所示。

HTML 就是通过这样一种一层套一层的结构来描述一个网页各个部分的相对关系的。这里的<html></html>、<div></div>等都是 HTML 的标签。如果把 HTML 最外层的标签<html>当作树根，从树根上面分出了两个树枝<head>和<body>，<body>里面又分出了 class 分别为 useful 和 useless 的两个树枝<div>……正如北京在中国里面，清华大学在北京里面……因此，根据每个树枝独特的标志，一步一步找下去，就可以找到特定的信息。

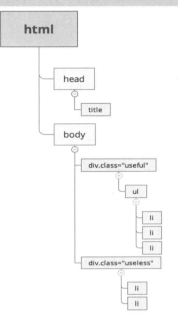

图 5-1　HTML 标签的层级关系就像树形结构

5.2　XPath

5.2.1　XPath 的介绍

XPath（XML Path）是一种查询语言，它能在 XML（Extensible Markup Language，可扩展标记语言）和 HTML 的树状结构中寻找结点。形象一点来说，XPath 就是一种根据"地址"来"找人"的语言。

用正则表达式来提取信息，经常会出现不明原因的无法提取想要内容的情况。最后即便绞尽脑汁终于把想要的内容提取了出来，却发现浪费了太多的时间。需要寻找的内容越复杂，构造正则表达式所需要花费的时间也就越多。而 XPath 却不一样，熟练使用 XPath 以后，构造不同的 XPath，所需要花费的时间几乎是一样的，所以用 XPath 从 HTML 源代码中提取信息可以大大提高效率。

在 Python 中，为了使用 XPath，需要安装一个第三方库：lxml。

5.2.2　lxml 的安装

1. 在 Mac OS 下安装 lxml

如果操作系统为 Mac OS，可以直接使用 pip。安装 lxml，如图 5-2 所示。

`pip install lxml`

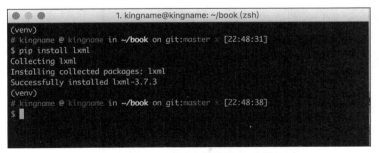

图 5-2　在 Mac OS 中直接使用 pip 安装 lxml

2. 在 Ubuntu 下安装 lxml

如果操作系统为 Ubuntu，可以使用如下命令安装 lxml：

`sudo apt-get install python-lxml`

3. 在 Windows 下安装 lxml

如果操作系统为 Windows，那么安装 lxml 的过程比较麻烦。

```
pip install lxml
```

如果直接使用上面的命令来安装，10 个人里面有 7 个人都会出问题。因为 lxml 的底层是使用 C 语言实现的，所以计算机上面需要安装 Virtual C++ 运行库。但是即便安装好了 Virtual C++ 运行库，还是有可能出问题。所以需要换一种办法。

请用浏览器打开：http://www.lfd.uci.edu/~gohlke/pythonlibs/#lxml

根据自己计算机的 Python 版本下载对应的 whl 包。例如对于 64 位的 Python 3.6，可以下载 lxml-3.7.3-cp36-cp36m-win_amd64.whl。

下载完成以后，在存放这个 whl 包的文件夹中打开 CMD，并执行以下代码：

```
pip install lxml-3.7.3-cp36-cp36m-win_amd64.whl
```

使用这种方法，10 个人中大概有 7 个可以完成安装。那么还有一些人仍然不行，怎么办呢？还有一个办法。

把 lxml-3.7.3-cp36-cp36m-win_amd64.whl 这个文件的扩展名由.whl 改为.zip，使用 WinRAR 或者 7-Zip 等解压缩工具来解压这个文件。解压以后，会得到两个文件夹，如图 5-3 所示。

图 5-3 解压后得到两个文件夹

把它们复制到 Python 安装文件夹下面的 Lib\site-packages 文件夹中即可，如图 5-4 所示。

图 5-4 把解压以后的两个文件夹复制到 Lib\site-packages 文件夹下

4. 验证 lxml 安装是否安装成功

打开 Python 的交互环境，输入 import lxml，如果不报错，就表示安装成功，如图 5-5 所示。

图 5-5　导入 lxml 不报错说明安装成功

5.2.3　XPath 语法讲解

如果要从 5.1 节的 HTML 代码中提取出以下信息，该怎么办？

我需要的信息1
我需要的信息2
我需要的信息3

在看 XPath 的用法之前，请各位读者思考，如果使用正则表达式应该要写几行代码才能实现。

如果使用 XPath，代码只有一行：

```
info = selector.xpath('//div[@class="useful"]/ul/li/text()')
```

这一行代码可以直接返回一个列表，列表中就是需要提取的 3 句话，如图 5-6 所示。

```
import lxml.html

source = '''
<html>
  <head>
    <title>测试</title>
  </head>
  <body>
    <div class="useful">
      <ul>
        <li class="info">我需要的信息1</li>
        <li class="info">我需要的信息2</li>
        <li class="info">我需要的信息3</li>
      </ul>
    </div>
    <div class="useless">
      <ul>
        <li class="info">垃圾1</li>
        <li class="info">垃圾2</li>
      </ul>
    </div>
  </body>
</html>
'''
selector = lxml.html.fromstring(source)
info = selector.xpath('//div[@class="useful"]/ul/li/text()')
print(info)
```

```
/Users/kingname/book/venv/bin/python /Users/kingname/book/chapter_5/program/Chapter_5_xpath.py
['我需要的信息1', '我需要的信息2', '我需要的信息3']
```

图 5-6　使用一行 XPath 语句获得需要的全部数据

使用 XPath 的代码如下：

```
from lxml import html
selector = lxml.fromstring('网页源代码')
info = selector.xpath('一段XPath语句')
```

其中的"网页源代码"可以使用 requests 来获取。"一段 XPath 语句"可以按照一定的规则来构造。

1. XPath 语句格式

核心思想：写 XPath 就是写地址。

获取文本：

```
//标签1[@属性1="属性值1"]/标签2[@属性2="属性值2"]/..../text()
```

获取属性值：

```
//标签1[@属性1="属性值1"]/标签2[@属性2="属性值2"]/..../@属性n
```

其中，[@属性="属性值"]不是必需的。它的作用是帮助过滤相同的标签。在不需要过滤相同标签的情况下可以省略。

2. 标签1的选取

标签1可以直接从html这个最外层的标签开始，一层一层往下找，这个时候，XPath语句是这样的：

```
/html/body/div[@class="useful"]/ul/li/text()
```

当以html开头的时候，它前面是单斜线。这样写虽然也可以达到目的，但是却多此一举。正如在淘宝买东西时，没有人会把收货地址的形式写为"地球，亚洲，中国，北京，海淀区，××路，××号"一样。地址前面的"地球，亚洲，中国"写了虽然也没错，但却没有必要。谁都知道全世界只有一个北京。而北京必定在中国，中国必定在亚洲，亚洲必定在地球上。所以，写收货地址的时候，直接写北京就可以了，前面的"地球，亚洲，中国"可以省略。XPath也是同样的道理。在XPath里面找到一个标志性的"地标"，然后从这个标志性的"地标"开始往下找就可以了。标志性的"地标"前面的标签都可以省略。

那么，如何确定应该从哪个标签开始呢？其原理就是5个字："倒着找地标"。也就是，从需要提取的内容往上找标签，找到一个拥有"标志性属性值"的标签为止。

在5.1节中的HTML代码中，需要的信息所在的标签为<li class="info">，这个标签的class属性的值为"info"。

V5-1　XPath语法讲解

那能不能用它来定位呢？答案是不能，因为在代码里，虽然需要的内容是使用这个标签包起来的，但是不需要的内容也是使用这个标签包起来的。这就说明这个标签的属性值不够独特，不能称为"拥有标志性属性值的标签"。因此，如果使用这个标签开始，就会导致需要的内容和不需要的内容混在一起。

继续往上找，发现<div class="useful">，这个标签很独特。它的class属性的值"useful"独一无二，而且需要提取的内容又都在这个<div>标签里面。所以这个标签可以称得上是"拥有标志性属性值的标签"，可以从这个标签开始来定位。于是定位的XPath就可以写成：

```
//div[@class="useful"]/ul/li/text()
```

3. 哪些属性可以省略

来细看下面这个代码片段：

```html
<div class="useful">
    <ul>
        <li class="info">我需要的信息1</li>
        <li class="info">我需要的信息2</li>
        <li class="info">我需要的信息3</li>
    </ul>
</div>
```

<ul>标签本身就没有属性，则写XPath的时候，其属性可以省略。

标签有属性，但是如果这个标签的所有属性值都相同，则可以省略属性，例如<li class="info">，所有的<li>标签都有一个class属性，值都为info，所以属性可以省略。

4. XPath的特殊情况

（1）以相同字符串开头

V5-2　XPath应用举例

有一段如下的HTML代码：

```html
<!DOCTYPE html>
<html>
<head lang="en">
    <meta charset="UTF-8">
    <title></title>
</head>
```

```
<body>
    <div id="test-1">需要的内容1</div>
    <div id="test-2">需要的内容2</div>
    <div id="testfault">需要的内容3</div>
    <div id="useless">这是我不需要的内容</div>
</body>
</html>
```

要抓取"需要的内容 1""需要的内容 2"和"需要的内容 3"，如果不指定<div>标签的属性，那么就会把"这是我不需要的内容"也提取出来。但是如果指定了<div>标签的属性，就只能提取其中一个。这个时候，就需要用 XPath 提取所有 id 以"test"开头的<div>标签。

在 XPath 中，属性以某些字符串开头，可以写为：

```
//标签[starts-with(@属性名, "相同的开头部分")]
```

例如，在上面的代码中可以构造如下 XPath：

```
//div[starts-with(@id, "test")]/text()
```

其运行结果如图 5-7 所示。

（2）属性值包含相同字符串

寻找属性值包含某些字符串的元素时，XPath 的写法格式和以某些字符串开头的写法格式是相同的，只不过关键字从"starts-with"变成了"contains"。例如提取所有属性值中包含"-key"的标签中的文本信息，其代码和运行结果如图 5-8 所示。

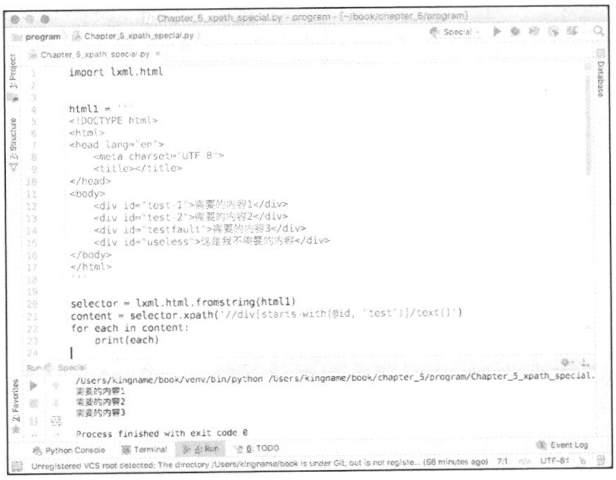

图 5-7　获取所有以 test 开头的元素

图 5-8　获取所有属性值都包含-key 的元素

目前，lxml 中的 XPath 不支持直接提取属性值以某些字符串结尾的情况。如果遇到这种情况，建议使用 contains 代替。

（3）对 XPath 返回的对象执行 XPath

XPath 也支持先抓大再抓小。还是以 5.1 节中的 HTML 代码为例，可以通过下面的代码来获取需要的信息：

```
//div[@class="useful"]/ul/li/text()
```

同时，还可以先抓取 useful 标签，再对这个标签进一步执行 XPath，获取里面子标签的文字。

```
useful = selector.xpath('//div[@class="useful"]') #这里返回一个列表
info_list = useful[0].xpath('ul/li/text()')
print(info_list)
```

运行结果如图 5-9 所示。

需要注意的是，在对 XPath 返回的对象再次执行 XPath 的时候，子 XPath 开头不需要添加斜线，直接以标签名开始即可。

图 5-9 对 XPath 返回的对象执行 XPath

（4）不同标签下的文字

有一段如下的 HTML 代码：

```
<!DOCTYPE html>
<html>
<head lang="en">
    <meta charset="UTF-8">
    <title></title>
</head>
<body>
    <div id="test3">
        我左青龙，
        <span id="tiger">
            右白虎，
            <ul>上朱雀，
                <li>下玄武。</li>
            </ul>
            老牛在当中，
        </span>
        龙头在胸口。
    </div>
</body>
</html>
```

期望把"我左青龙，右白虎，上朱雀，下玄武，老牛在当中，龙头在胸口"全部提取下来。

如果直接以下面这个 XPath 语句来进行提取：

```
//div[@id="test3"]/text()
```

那么结果如图 5-10 所示。

因为只有"我左青龙"和"龙头在胸口"这两句是真正属于这个<div>标签的文字信息。XPath 并不会自动把子标签的文字提取出来。在这种情况下，就需要使用 string(.)关键字了。首先像先抓大再抓小一样，先获取<div id="test3">这个结点，但是不获取里面的东西。接着对这个结点再使用一次 XPath，提取整个结点里面的字符串。核心代码如下：

```
data = selector.xpath('//div[@id="test3"]')[0]
```

```
info = data.xpath('string(.)')
```

运行结果如图 5-11 所示。通过结果可看到，不仅把所有文字信息都提取了出来，甚至把它们的相对位置也提取了出来。

图 5-10　直接使用 XPath 语句来提取的结果 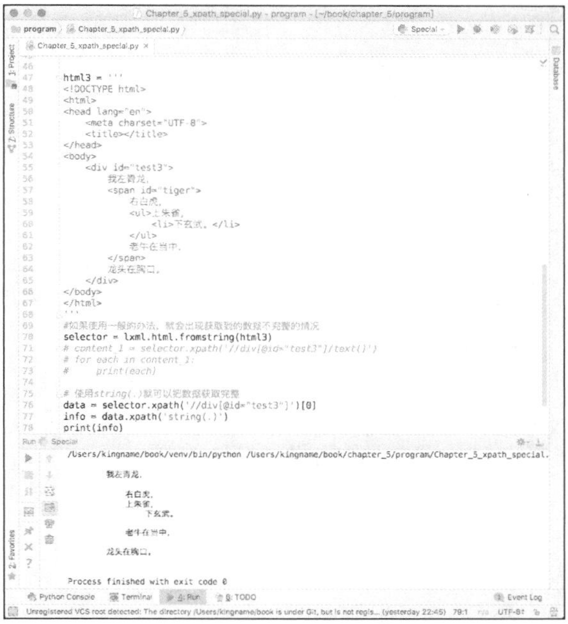　　　　图 5-11　使用 string(.)关键字获取所有文本信息

5.2.4　使用 Google Chrome 浏览器辅助构造 XPath

在构造 XPath 语句的过程中，需要寻找"标志性"的标签。但是如果遇到图 5-12 这样混乱的源代码，就不能单纯靠眼睛来看了。借助 Google Chrome 浏览器来协助分析网页结构，可以大大提高分析效率。

V5-3　XPath 技巧

图 5-12　有一些网站的源代码过于混乱不适合肉眼阅读

Google Chrome 自带的开发者工具可以将网页源代码转换为树状结构，大大提高网页的可读性。在网页上单击右键，在弹出的快捷菜单中选择"检查"命令，如图 5-13 所示。

图 5-13　在网页上单击右键，选择"检查"命令

打开开发者工具，界面如图 5-14 所示。

图 5-14　Google Chrome 的开发者工具界面

打开开发者工具后，使鼠标指针在开发者窗口中的 HTML 代码中移动，可以看到页面上不同的地方会高亮，说明当前鼠标指针指向的这个标签，就对应了网页中高亮的这一部分的代码。除了根据代码找网页位置，还可以根据网页位置找代码。单击图 5-15 方框框住的按钮，并将鼠标指针在网页上移动，可以看到开发者工具窗口中的代码随之滚动。

图 5-15　单击方框框住的按钮

选定要提取的位置以后，开发者工具窗口的代码如图 5-16 所示。

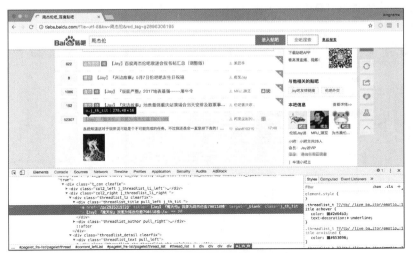

图 5-16　选定要提取位置后的开发者工具窗口

此时，开发者工具窗口高亮显示的这一行代码，即为这个帖子标题所在的 HTML 源代码的位置。在上面单击右键，选择"Copy"→"Copy XPath"命令，如图 5-17 所示。

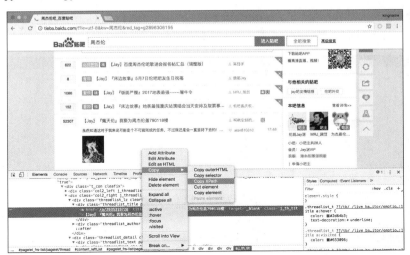

图 5-17　在高亮的源代码上单击右键并选择"Copy"→"Copy XPath"命令

寻找一个可以输入文字的地方，把结果粘贴下来，可以看到如下的 XPath 语句：

```
//*[@id="thread_list"]/li[2]/div/div[2]/div[1]/div[1]/a
```

这种写法是可以被 lxml 解析的。方括号中的数字，表示这是第几个该标签。例如//*[@id="thread_list"]/li[2]，表示在 id 为"thread_list"的标签下面的第 2 个<li>标签。注意，这里的数字是从 1 开始的，这和编程语言中普遍的从 0 开始不一样。

Google Chrome 给出的 XPath 是当前高亮的这一个标签的 XPath，被 lxml 执行以后，也只能得到这一个标签的信息。为了得到一类标签的信息，例如得到所有帖子的标题，就需要将 Google Chrome 给出的 XPath 为参考，手动构造范围更大的且更容易读的 XPath。例如，Google Chrome 给出了一个标志性的 id，它的属性值为"thread_list"，那么拥有这个属性的标签就可以作为 XPath 的起始标签。现在，在 Google Chrome 给出的这个标签和需要提取的内容之间进行人工分析，可以进一步缩小 XPath 的范围。

在开发者工具窗口中，每个标签的左边有个小箭头。通过单击小箭头可以展开或者关闭这个标签，通过这个小箭头，可以协助分析页面的 HTML 结构。请注意图 5-18 方框中的每一个<li>标签。这些方框中的<li>标签就对应了每一个帖子。

图 5-18　网页源代码中的每一个<li>标签对应一个帖子

所以只要使用 XPath 先获得每一个方框中的<li>标签，再按照先抓大再抓小的技巧，就可以轻松得到所有帖子的内容。以每个帖子的标题为例，将各个对应的小箭头展开，可以看到图 5-19 所示的方框中的树状结构。

图 5-19　帖子标题的树状结构

构造这样一个虽然很长但是仍可以读懂的 XPath：

//li[@class=" j_thread_list clearfix"]/div[@class="t_con cleafix"]/div[@class="col2_right j_threadlist_li_right "]/div[@class="threadlist_lz clearfix"]/div[@class="threadlist_title pull_left j_th_tit "]/a/text()

这个 XPath 看起来非常长，但别害怕，它之所以长，仅仅是因为网页的属性值本身很长，而这些属性值在实际写 XPath 的时候，直接从网页中复制粘贴下来就可以了。

使用 lxml 执行了这个 XPath 以后，就可以得到一个列表，这个列表中的内容是本页所有的帖子标题，如图 5-20 所示。

图 5-20 使用 XPath 获取所有帖子标题

如果需要的仅仅是帖子的标题，不需要其他内容，XPath 还可以进一步缩短为：

```
//div[@class="threadlist_title pull_left j_th_tit "]/a/text()
```

运行结果如图 5-21 所示。

图 5-21 使用更短的 XPath 语句获取所有帖子标题

5.3 Beautiful Soup4

Beautiful Soup4（BS4）是 Python 的一个第三方库，用来从 HTML 和 XML 中提取数据。Beautiful Soup4 在某些方面比 XPath 易懂，但是不如 XPath 简洁，而且由于它是使用 Python 开发的，因此速度比 XPath 慢。

本节仅介绍 BS4 最常见的使用方法。本书后续的章节均使用 XPath 来进行数据的提取。

5.3.1 BS4 的安装

使用 pip 安装 Beautiful Soup4：

```
pip install beautifulsoup4
```

安装完成，如图 5-22 所示。

注意，这里的数字"4"不能省略，因为还有一个第三方库叫作 beautifulsoup，但是它已经停止开发了。

安装完成以后打开 Python 的交互环境，输入以下代码并按 Enter 键：

```
from bs4 import BeautifulSoup
```

如果不报错，表示安装成功，如图 5-23 所示。

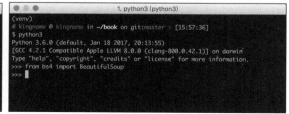

图 5-22　使用 pip 安装 Beautiful Soup4　　　　图 5-23　导入 BeautifulSoup 不报错表示安装成功

5.3.2　BS4 语法讲解

使用 Beautiful Soup4 提取 HTML 内容，一般要经过以下两步。

（1）处理源代码生成 BeautifulSoup 对象。

（2）使用 find_all()或者 find()来查找内容。

打开练习网站的 BS4 练习页面，网页的源代码如图 5-24 所示。各位读者可以直接使用 requests 获取源代码。

1.　解析源代码

解析源代码生成 BeautifulSoup 对象，使用以下代码：

```
soup = BeautifulSoup(网页源代码, '解析器')
```

这里的"解析器"，可以使用 html.parser：

```
soup = BeautifulSoup(source, 'html.parser')
```

如果安装了 lxml，还可以使用 lxml：

```
soup = BeautifulSoup(source, 'lxml')
```

2.　查找内容

查找内容的基本流程和使用 XPath 非常相似。首先要找到包含特殊属性值的标签，并使用这个标签来寻找内容。

假设需要获取"我需要的信息 2"，由于这个信息所在<li>标签的 class 属性的值为"test"，这个值本身就很特殊，因此可以直接通过这个值来进行定位，如图 5-25 所示。

```
info = soup.find(class_='test')
```

运行结果如图 5-25 所示。

```
1  <html>
2    <head>
3      <title>测试</title>
4    </head>
5    <body>
6      <div class="useful">
7        <ul>
8          <li class="info">我需要的信息1</li>
9          <li class="test">我需要的信息2</li>
10         <li class="iamstrange">我需要的信息3</li>
11       </ul>
12     </div>
13     <div class="useless">
14       <ul>
15         <li class="info">垃圾1</li>
16         <li class="info">垃圾2</li>
17       </ul>
18     </div>
19   </body>
20 </html>
```

```
from bs4 import BeautifulSoup
import requests

html = requests.get('http://exercise.kingname.info/exercise_bs_1.html').content.decode()

soup = BeautifulSoup(html, 'lxml')

info_2 = soup.find(class_='test')
print(f'使用find方法，返回的对象类型为：{type(info_2)}')
print(info_2.string)
```

```
/Users/kingname/book/venv/bin/python /Users/kingname/book/chapter_5/program/Chapter_5_bs4.py
使用find方法，返回的对象类型为：<class 'bs4.element.Tag'>
我需要的信息2

Process finished with exit code 0
```

图 5-24　BeautifulSoup 练习页面的源代码　　　　图 5-25　以 test 进行定位

由于 HTML 中的 class 属性与 Python 的 class 关键字相同，因此为了不产生冲突，BS4 规定，如果遇到要查询 class 的情况，使用 "class_" 来代替。在第 9 行的查询 HTML 代码中，class 属性的属性值为 "test" 的标签，得到 find() 方法返回的 BeautifulSoup Tag 对象。在第 11 行中，直接通过 .string 属性就可以读出标签中的文字信息。

那如果要获取 "我需要的信息 1" "我需要的信息 2" 和 "我需要的信息 3"，又应该怎么办呢？先抓大再抓小的技巧依然有用：

```python
useful = soup.find(class_='useful')
all_content = useful.find_all('li')
for li in all_content:
    print(li.string)
```

运行结果如图 5-26 所示。

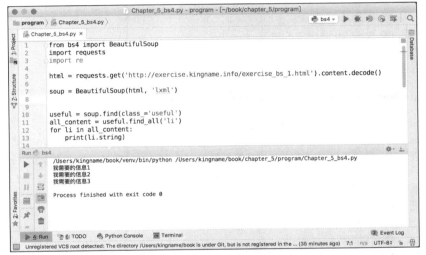

图 5-26　在 BS4 中应用先抓大再抓小的技巧

首先根据标签 <div class="useful"> 查找到有用的内容，然后在这个内容的基础上继续查找 <li> 标签下面的内容。这里用到了 find() 方法和 find_all() 方法。

find() 与 find_all() 的不同点如下。

● find_all() 返回的是 BeautifulSoup Tag 对象组成的列表，如果没有找到任何满足要求的标签，就会返回空列表。

● find() 返回的是一个 BeautifulSoup Tag 对象，如果有多个符合条件的 HTML 标签，则返回第 1 个对象，如果找不到就会返回 None。

find_all() 与 find() 的参数完全相同，以 find_all() 为例来说明。

```python
find_all( name , attrs , recursive , text , **kwargs )
```

● name 就是 HTML 的标签名，类似于 body、div、ul、li。

● attrs 参数的值是一个字典，字典的 Key 是属性名，字典的 Value 是属性值，例如：

```python
attrs={'class': 'useful'}
```

这种写法，class 就不需要加下划线。

● recursive 的值为 True 或者 False，当它为 False 的时候，BS4 不会搜索子标签。

● text 可以是一个字符串或者是正则表达式，用于搜索标签里面的文本信息，因此，要寻找所有以 "我需要" 开头的信息，还可以使用下面的写法：

```python
content = soup.find_all(text=re.compile('我需要'))
for each in content:
    print(each.string)
```

运行结果如图 5-27 所示。

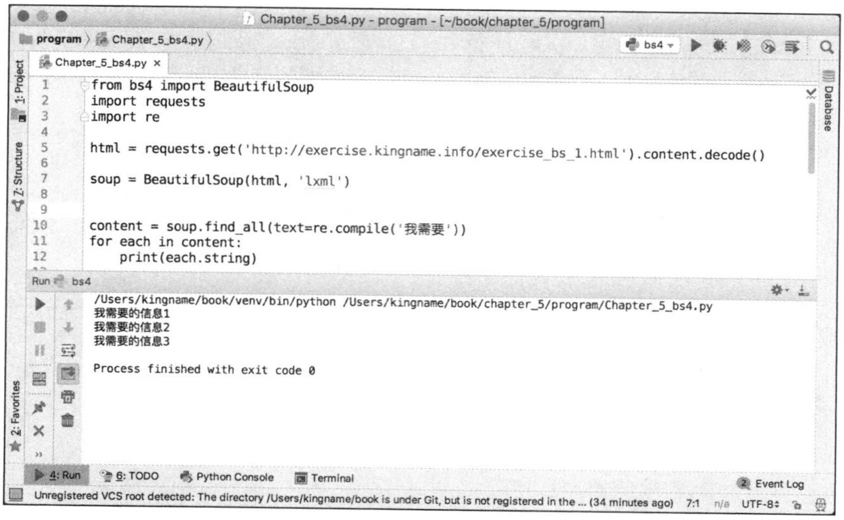

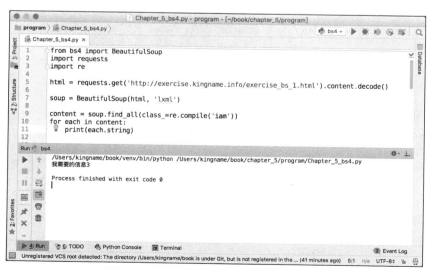

图 5-27　寻找以"我需要"开头的信息

- **kwargs 表示 Key=Value 形式的参数。这种方式也可以用来根据属性和属性值进行搜索。这里的 Key 是属性，Value 是属性值。在这里如果需要搜索 HTML 标签的 class 属性，就需要写成"class_"。大多数情况下，参数与标签配合使用，但是有时候如果属性值非常特殊，也可以省略标签，只用属性：

```
find_all('div', id='test')
find_all(class_='iamstrange')
```

这种写法也支持正则表达式。例如对于"我需要的信息3"，它的 class 属性的属性值为"iamstrange"，因此如果使用正则表达式，就可以写为：

```
content = soup.find_all(class_=re.compile('iam'))
for each in content:
    print(each.string)
```

运行结果如图 5-28 所示。

图 5-28　对属性值的搜索也可以使用正则表达式

除了获取标签里面的文本外，BS4 也可以获取标签里面的属性值。如果想获取某个属性值，可以将 BeautifulSoup Tag 对象看成字典，将属性名当作 Key，如图 5-29 所示。返回的结果为列表。

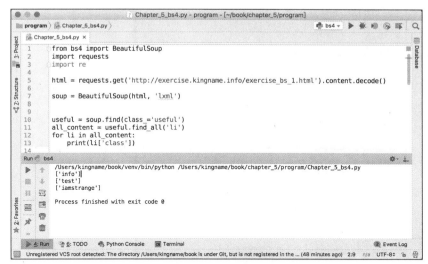

图 5-29　获取属性值

5.4　阶段案例——大麦网演出爬虫

5.4.1　需求分析

目标网站：https://www.damai.cn/projectlist.do。

目标内容：第 1 页有 10 场演出信息，每一场演出信息包括演出名称、详情页网址、演出描述、演出时间、演出地点、票价。

任务要求：使用 XPath 或者 Beautiful Soup4 完成。将结果保存为 CSV 文件。

涉及的知识点：

（1）使用 requests 获取网页源代码。

（2）使用 XPath 或者 Beautiful Soup4。

（3）使用 Python 读/写 CSV 文件。

V5-4　Beautiful Soup4 语法讲解

5.4.2　核心代码构建

通过 Google Chrome 的开发者工具可以看到网页的 HTML 结构，如图 5-30 所示。

所有的演出都在 id 为 "performList" 的<ul>标签下面，每个<li>标签对应一个演出。因此先抓大再抓小，首先获取所有演出的<li>标签：

```
item_list = selector.xpath('//ul[@id="performList"]/li')
```

使用 for 循环展开，即可分别获取每个演出的相关信息。以演出名称为例，演出名称在一个<a>标签中，这个<a>标签在<h2>标签中，这个<h2>标签又在 class 属性值为 "ri-infos" 的<div>标签中。而这个<div>标签就是前面得到的<li>标签的子标签。于是，把分析思路倒过来，就是 XPath 的写法：

```
item_list = selector.xpath('//ul[@id="performList"]/li')

for item in item_list:
    show_name = item.xpath('div[@class="ri-infos"]/h2/a/text()')
```

使用同样的方法可以分别获取其他几项内容。

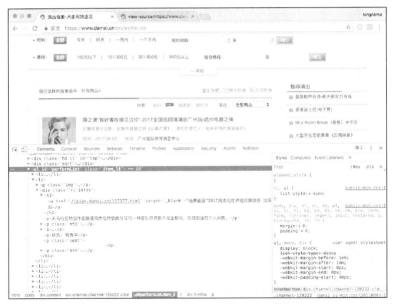

图 5-30　大麦网搜索页面的 HTML 结构

5.4.3　调试与运行

需要注意，在源代码中，演出详情页的网址以"//"开头，缺少了"https"，所以需要手动通过字符串拼接的方式把网址拼接完整。

时间包含空格和无效的换行，可以使用字符串的.strip()方法自动清除字符串开头和末尾的无效空格和换行。

完整的代码如图 5-31 所示。

```python
import requests
import lxml.html
import csv

url = 'https://www.damai.cn/projectlist.do'
source = requests.get(url).content

selector = lxml.html.fromstring(source)
item_list = selector.xpath('//ul[@id="performList"]/li')

item_dict_list = []
for item in item_list:
    show_name = item.xpath('div[@class="ri-infos"]/h2/a/text()')
    show_url = item.xpath('div[@class="ri-infos"]/h2/a/@href')
    show_description = item.xpath('div[@class="ri-infos"]/p[1]/text()')
    show_time = item.xpath('div[@class="ri-infos"]/p[@class="mt5"]/text()')
    show_place = item.xpath('div[@class="ri-infos"]/p[@class="mt5"]/span[@class="ml20"]/a/text()')
    show_price = item.xpath('div[@class="ri-infos"]/p/span[@class="price-sort"]/text()')

    item_dict = {'show_name': show_name[0] if show_name else '',
                 'show_url': 'https:' + show_url[0] if show_url else '',
                 'show_description': show_description[0] if show_description else '',
                 'show_time': show_time[0].strip() if show_time else '',
                 'show_place': show_place[0] if show_place else '',
                 'show_price': show_price[0] if show_price else ''}
    item_dict_list.append(item_dict)

with open('result.csv', 'w', encoding='utf-8') as f:
    writer = csv.DictWriter(f, fieldnames=['show_name',
                                           'show_url',
                                           'show_description',
                                           'show_time',
                                           'show_place',
                                           'show_price'])
    writer.writeheader()
    writer.writerows(item_dict_list)
```

图 5-31　大麦网爬虫完整代码

运行后在当前文件夹中生成 result.csv 文件，使用 Excel 或者 numbers 打开这个 CSV 文件，其内容如图 5-32 所示。

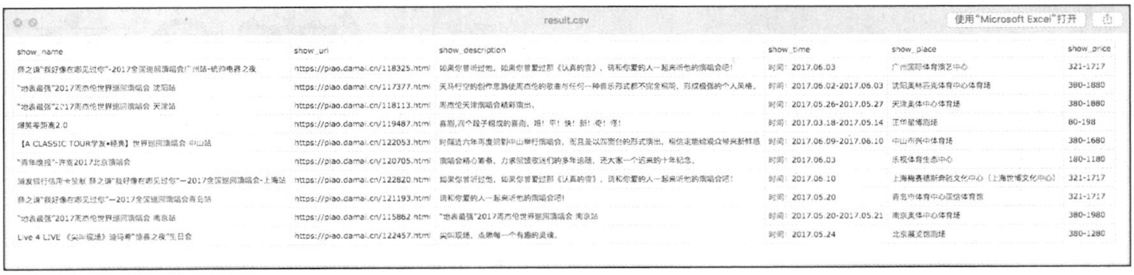
result.csv　使用"Microsoft Excel"打开

show_name	show_url	show_description	show_time	show_place	show_price
薛之谦"我好像在哪见过你"-2017全国巡回演唱会广州站-锐抑电器之夜	https://piao.damai.cn/118325.html	如果你曾听过他，如果你曾爱过那《认真的雪》，请和你爱的人一起来听他的演唱会吧！	时间：2017.06.03	广州国际体育演艺中心	321-1717
"地表最强"2017周杰伦世界巡回演唱会 沈阳站	https://piao.damai.cn/117377.html	天马行空的创作思路使周杰伦的歌曲与任何一种音乐形式都不完全相同，形成极强的个人风格。	时间：2017.06.02-2017.06.03	沈阳奥林匹克体育中心体育场	380-1880
"地表最强"2017周杰伦世界巡回演唱会 天津站	https://piao.damai.cn/118113.html	周杰伦天津演唱会精彩演出。	时间：2017.05.26-2017.05.27	天津奥体中心体育场	380-1880
爆笑零距离2.0	https://piao.damai.cn/119487.html	喜剧,四个段子组成的喜剧。难！早！快！新！奇！怪！	时间：2017.03.18-2017.05.14	正华星博剧场	80-198
【A CLASSIC TOUR学友•经典】世界巡回演唱会 中山站	https://piao.damai.cn/122053.html	时隔近六年再度回到中山举行演唱会，而且是以四面台的形式演出，相信定能给观众带来新鲜感	时间：2017.06.09-2017.06.10	中山市兴中体育场	380-1680
"青年晚报"-许嵩2017北京演唱会	https://piao.damai.cn/120705.html	演唱会精心筹备，力求回馈歌迷们的多年追随，还大家一个迟来的十年纪念。	时间：2017.06.03	乐视体育生态中心	180-1180
浦发银行信用卡呈献 薛之谦"我好像在哪见过你"—2017全国巡回演唱会-上海站	https://piao.damai.cn/122820.html	如果你曾听过他，如果你曾爱过那《认真的雪》，请和你爱的人一起来听他的演唱会吧！	时间：2017.06.10	上海梅赛德斯奔驰文化中心（上海世博文化中心）	321-1717
薛之谦"我好像在哪见过你"—2017全国巡回演唱会青岛站	https://piao.damai.cn/121193.html	请和你爱的人一起来听他的演唱会吧！	时间：2017.05.20	青岛市体育中心国信体育馆	321-1717
"地表最强"2017周杰伦世界巡回演唱会 南京站	https://piao.damai.cn/115862.html	"地表最强"2017周杰伦世界巡回演唱会 南京站	时间：2017.05.20-2017.05.21	南京奥体中心体育场	380-1980
Live 4 LIVE《尖叫现场》迪玛希"惊喜之夜"生日会	https://piao.damai.cn/122457.html	尖叫现场，点燃每一个有趣的灵魂。	时间：2017.05.24	北京展览馆剧场	380-1280

图 5-32　大麦网爬虫生成的 CSV 文件

5.5　本章小结

从网页中提取需要的信息，是爬虫开发中最重要但却最基本的操作。只有掌握并能自由运用正则表达式、XPath 与 Beautiful Soup4 从网页中提取信息，爬虫的学习才算是入门。

XPath 是一门查询语言，它由 C 语言开发而来，因此速度非常快。但是 XPath 需要经过一段时间的练习才能灵活应用。Beautiful Soup4 是一个从网页中提取数据的工具，它入门很容易，功能很强大，但是由于是基于 Python 开发的，因此速度比 XPath 要慢。读者可以自行选择喜欢的一项来作为自己主要的数据提取方式。本书选择使用 XPath，所以后面的内容都会以 XPath 来进行讲解。

在开发一个爬虫的过程中，从网页里提取数据所需要的时间不到整个开发时间的三分之一。其核心技术在于应对各种反爬虫机制并设法提高爬虫的抓取效率。而这将会是后续章节的重点，也是本书的核心内容。

5.6　动手实践

1. 使用练习网站的各个页面来练习 XPath 和 Beautiful Soup4 的使用方法。
2. 自行寻找一个网站，并通过 XPath 或者 Beautiful Soup4 获取它的内容。

PART06

第6章

Python与数据库

■ 使用爬虫可以在短时间内积累大量数据。在本书的前面章节中，数据是通过文本文件来存放的。这种方式存放少量数据没有问题，但是一旦数据量太大，就会变得难以检索，难以管理。因此，我们有必要学习使用数据库来保存、管理和检索数据。

本章将会讲解 MongoDB 和 Redis 这两个数据库。其中 MongoDB 用来保存大量数据，Redis 用于作为缓存和队列保存临时数据。

通过这一章的学习，你将会掌握如下知识。

（1）MongoDB 与 Redis 的安装。

（2）MongoDB 的增删改查操作。

（3）Redis 的列表与集合的操作。

6.1 MongoDB

MongoDB 是一款基于 C++开发的开源文档数据库，数据在 MongoDB 中以 Key-Value 的形式存储，就像是 Python 中的字典一样。使用 MongoDB 管理软件 RoboMongo，可以看到数据在 MongoDB 中的存储方式如图 6-1 所示。需要注意的是，RoboMongo 已经被 Studio 3T 所在的 3T Software Labs 收购，因此 RoboMongo 的后续版本改名为 Robo 3T。Robo 3T 与 RoboMongo 除了名字不一样以外，其他地方都是一样的。

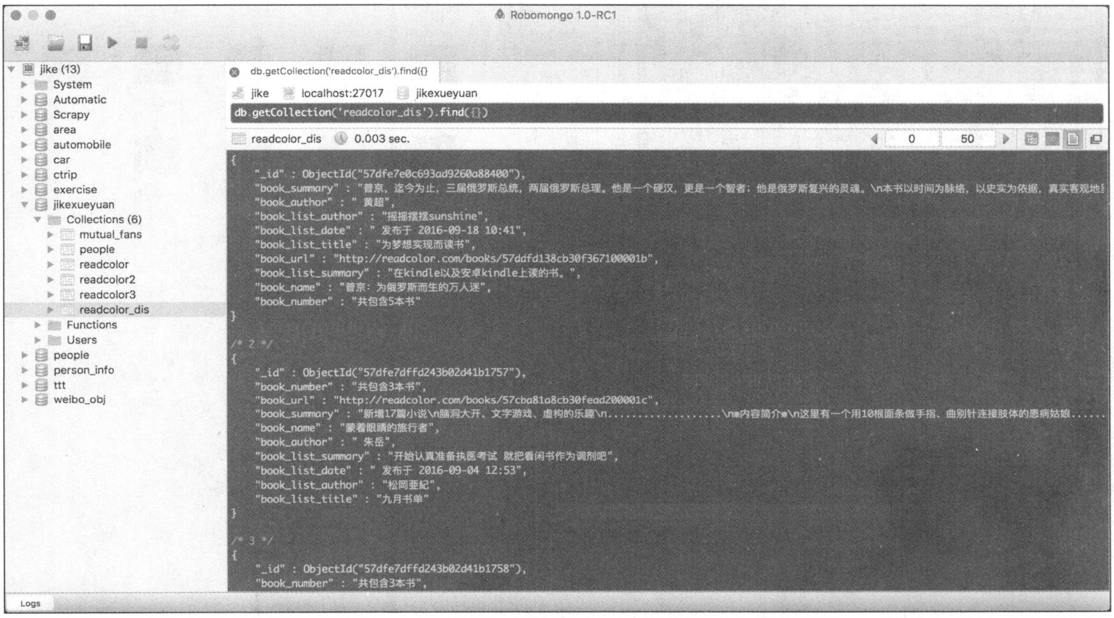

图 6-1　使用 RoboMongo 查看 MongoDB 里面数据的存储方式

6.1.1 MongoDB 的安装

1. 在 Mac OS 下安装 MongoDB

（1）Mac OS 系统下面有一个非常有名的包管理工具，即 Homebrew。如果读者的计算机上已经有了，可以使用它安装并启动 MongoDB。

```
brew update
brew install mongodb
#启动MongoDB
mongod --config /usr/local/etc/mongod.conf
```

（2）使用普通方式安装。

如果读者的 Mas OS 系统没有安装 Home brew，或者读者希望手动安装 MongoDB，那么在终端中输入以下命令来下载、解压 MongoDB 到～/book/chapter_6/program/mongodb 文件夹中。

```
cd ~/book/chapter_6/program
curl -O https://fastdl.mongodb.org/osx/mongodb-osx-x86_64-3.4.4.tgz
tar -zxvf mongodb-osx-x86_64-3.4.4.tgz
mkdir -p mongodb
cp -R -n mongodb-osx-x86_64-3.4.4/ mongodb
```

运行结果如图 6-2 所示。

在～/book/chapter_6/program/mongodb/bin 文件夹下，可以看到图 6-3 所示的各个文件。

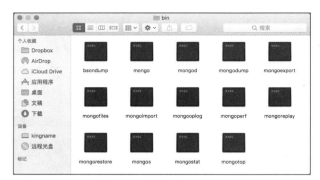

图 6-2　手动安装 MongoDB　　　　　　　　　　　　　图 6-3　MongoDB 的文件

使用这种方式，MongoDB 不会自动创建配置文件，因此需要进一步配置。在这个文件夹下面手动创建两个文件夹——"log"和"data"。使用任何一个文本编辑器编写如下内容：

```
systemLog:
  destination: file
  path: log/mongo.log
  logAppend: true
storage:
  dbPath: data
net:
  bindIp: 127.0.0.1
```

保存到～/book/chapter_6/program/mongodb/bin/mongodb.conf，配置好以后，文件结构如图 6-4 所示。

接下来的启动方式就和使用 Homebrew 安装的方式差不多了。在终端中，先进入存放 MongoDB 的文件夹，再启动 MongoDB：

```
cd book/chapter_6/program/mongodb/bin
mongod --config mongodb.conf
```

运行结果如图 6-5 所示。

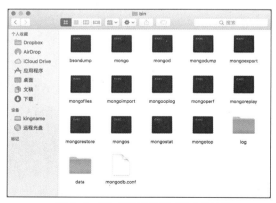

图 6-4　添加配置文件以后的文件结构

图 6-5　运行 MongoDB 的结果

运行 MongoDB 以后，不会在终端打印任何 Log。这是因为 Log 都已经被写到文件中了。因此控制台上面就什么都没有显示。这是正常现象。

2. 在 Ubuntu 下安装 MongoDB

首先添加 MongoDB 的源：

sudo apt-key adv --keyserver hkp://keyserver.ubuntu.com:80 --recv 0C49F3730359A14518585931BC711F9BA15703C6

echo "deb [arch=amd64,arm64] http://repo.mongodb.org/apt/ubuntu xenial/mongodb-org/3.4 multiverse" | sudo tee
/etc/apt/sources.list.d/mongodb-org-3.4.list

然后安装 MongoDB：

sudo apt-get update
sudo apt-get install -y mongodb-org

Ubuntu 版的 MongoDB 自带了一个配置文件，这个配置文件在/etc/mongod.conf 中，所以可以使用下面的命令来启动 MongoDB：

mongod --config /etc/mongod.conf

3. 在 Windows 下安装 MongoDB

首先从 MongoDB 官网下载 Windows 版本的 MongoDB，如图 6-6 所示。

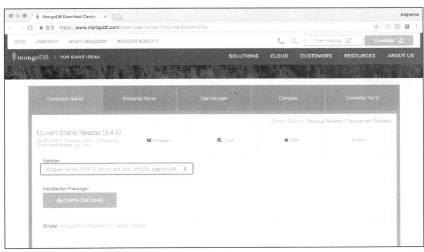

图 6-6　从 MongoDB 官网下载 Windows 版 MongoDB

接下来需要双击下载的文件，若无特殊说明，只需要单击 "Next" 按钮即可。在安装过程中，将会看到图 6-7 所示的选择安装方式界面。

单击 "Custom" 按钮，将文件的安装路径修改为 C:\Program Files\MongoDB，如图 6-8 所示。

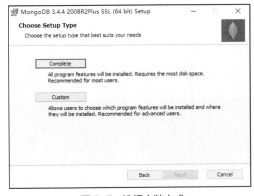

图 6-7　选择安装方式

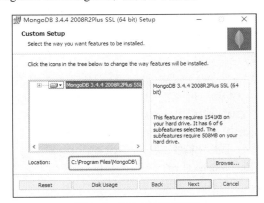

图 6-8　修改文件安装路径

单击"Next"按钮进行安装。安装完成以后，进入 C:\Program Files\MongoDB\bin，可以看到图 6-9 所示的内容。

将这里的所有文件全部复制并粘贴到 C:\MongoDB\下以方便管理。

创建存放数据的文件夹 C:\MongoDB\Data 和存放日志的文件夹 C:\MongoDB\Log。最后使用记事本创建配置文件，配置文件的内容如下：

```
systemLog:
  destination: file
  path: Log\mongo.log
  logAppend: true
storage:
  dbPath: Data
net:
  bindIp: 127.0.0.1
```

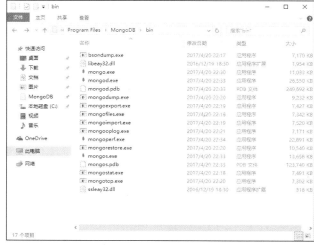

图 6-9　Windows 版 MongoDB 安装完成以后生成的文件

将配置文件放在 C:\MongoDB\mongod.conf，此时，C:\MongoDB 的内容如图 6-10 所示。

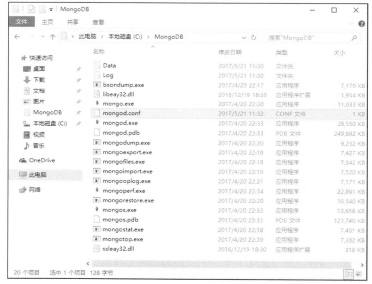

图 6-10　创建了文件夹和配置文件以后的 MongoDB 文件夹

在 C:\MongoDB 的安装文件夹中，按住 Shift 键并单击鼠标右键，选择"在此处打开命令窗口"，然后输入以下代码来启动 MongoDB：

```
mongod.exe --config mongod.conf
```

如同另外两个系统一样，运行以后虽然不会有内容在 CMD 中打印出来（如图 6-11 所示），但是 MongoDB 已经正常启动了。

4. 图形化管理工具——RoboMongo

RoboMongo 是一个跨平台的 MongoDB 管理工具，可以在图形界面中查询或者修改 MongoDB。

下载并安装，打开以后可以看到图 6-12 所示的界面。

图 6-11　MongoDB 在 Windows 中运行也不会打印任何信息

单击"Create"链接，如果 MongoDB 就在本地计算机上面运行，那只需要在"Name"这一栏填写一个名字即可，其他地方不需要修改，直接单击"Save"按钮即可，如图 6-13 所示。

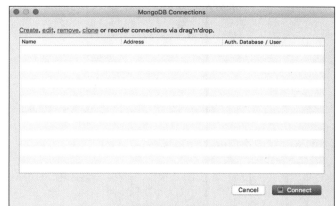

图 6-12　初次运行 RoboMongo 的界面

图 6-13　如果数据库就在本地计算机，只需要在 Name 一栏随便取个名字即可

回到图 6-12 所示的界面，单击"Connect"按钮就可以连接 MongoDB 了。

数据在 MongoDB 中的存储格式如图 6-14 所示。

图 6-14　数据在 MongoDB 中的存储格式

数据在 MongoDB 中是按照"库（ Database ）"—"集合（ Collections ）"—"文档（ Document ）"的层级关系来存储的。如果使用 Python 的数据结构来做类比的话，文档相当于一个字典，集合相当于一个包含了很多字典的列表，库相当于一个大字典，大字典里面的每一个键值对都对应了一个集合，Key 为集合的名字，Value 就是一个集合。

既然 MongoDB 和 Python 的关系那么近，那么 Python 里面的数据是否可以非常方便地插入到 MongoDB 呢？MongoDB 中的数据又能否非常方便地读到 Python 中呢？答案是能。这就需要用到 PyMongo 这个第三方库来实现了。

V6-1 RoboMongo 的介绍

6.1.2 PyMongo 的安装与使用

PyMongo 模块是 Python 对 MongoDB 操作的接口包，能够实现对 MongoDB 的增删改查及排序等操作。

1. PyMongo 的安装

直接使用 pip 安装：

```
pip install pymongo
```

安装的结果如图 6-15 所示。

注意事项

直接使用 pip 安装可能会遇到网络问题导致安装失败，因此，对于 Windows 系统可以访问 http://www.lfd.uci.edu/~gohlke/pythonlibs/。

在这个网站上找到 PyMongo，并将 whl 包下载到本地，然后使用以下命令安装：

```
pip install 下载下来的whl文件名
```

安装完成后，打开 Python 的交互环境，输入以下代码并按 Enter 键，如果不报错，就表示安装成功，如图 6-16 所示。

```
import pymongo
```

图 6-15　使用 pip 安装 PyMongo

图 6-16　导入 PyMongo 不报错就表示安装成功

2. PyMongo 的使用

（1）使用 PyMongo 初始化数据库

要使用 PyMongo 操作 MongoDB，首先需要初始化数据库连接。如果 MongoDB 运行在本地计算机上，而且也没有修改端口或者添加用户名及密码，那么初始化 MongoClient 的实例的时候就不需要带参数，直接写为：

```
from pymongo import MongoClient
client = MongoClient()
```

如果 MongoDB 是运行在其他服务器上面的，那么就需要使用"URI（Uniform Resource Identifier，统一资源标志符）"来指定连接地址。MongoDB URI 的格式为：

```
mongodb://用户名:密码@服务器IP或域名:端口
```

例如：

```
from pymongo import MongoClient
client = MongoClient('mongodb://kingname:12345@45.76.110.210:27019')
```

如果没有设置权限验证，就不需要用户名和密码，那么可以写为：

```
from pymongo import MongoClient
client = MongoClient('mongodb://45.76.110.210:27019')
```

PyMongo 初始化数据库与集合有两种方式。

方式 1：

```
from pymongo import MongoClient
client = MongoClient()
database= client.Chapter6
collection = database.spider
```

V6-2　MongoClient
指定 IP 与端口

需要注意，使用方式 1 的时候，代码中的"Chapter6"和"spider"都不是变量名，它们直接就是库的名字和集合的名字。

方式 2：

```
from pymongo import MongoClient
client = MongoClient()
database = client['Chapter6']
collection = database['spider']
```

使用方式 2 时，在方括号中指定库名和集合名。这种情况下，方括号里除了直接写普通的字符串以外，还可以写一个变量。例如：

```
db_name = 'Chapter6'
col_name = 'spider'
database = client[db_name]
collection = client[col_name]
```

方式 1 和方式 2 是完全等价的。但是当需要批量操作数据库的时候，方式 2 的优越性就能体现出来。因为可以将多个数据库的名字或者是多个集合的名字保存在列表中，然后使用循环来进行操作：

```
database_name_list = ['db1', 'db2', 'db3', 'db4']
for each_db in database_name_list:
    database = client[each_db]
    collection = database.test
    ...
```

这样就可以很方便地操作多个数据库了。对于同一个数据库里面的多个集合，也可以使用这个方法来操作。

默认情况下，MongoDB 只允许本机访问数据库。这是因为 MongoDB 默认没有访问密码，出于安全性的考虑，不允许外网访问。

如果需要从外网访问数据库，那么需要修改安装 MongoDB 时用到的配置文件 mongod.conf。使用任意文本编辑器打开这个配置文件，就可以看到它的内容，如图 6-17 所示。

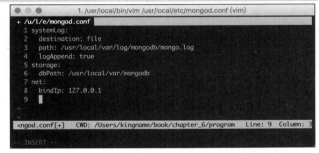

图 6-17　MongoDB 配置文件内容

其中，"bindIp"这一项的默认值为 127.0.0.1，也就是只允许本机访问。如果需要从其他计算机访问这个 MongoDB，那么老版本的 MongoDB 就需要把这个 IP 地址修改为运行 MongoDB 这台计算机的 IP 地址，而新版本的 MongoDB 需要把这个 IP 地址修改为 0.0.0.0。

修改配置文件以后重新启动 MongoDB，这样其他计算机就可以访问 MongoDB 了。此时，PyMongo 初始化数据库连接的代码就要做相应的修改，例如，MongoDB 运行在 45.76.110.210 这台计算机的 27017 端口上，那么 PyMongo 的代码就要修改为：

```
from pymongo import MongoClient
client = MongoClient('mongodb://45.76.110.210:27017 ')
database = client['Chapter6']
collection = database ['spider']
```

建议在非必要情况下不允许外网访问 MongoDB。

V6-3 开启 MongoDB 外网访问权限

（2）插入数据

MongoDB 的插入操作非常简单。用到的方法为 insert（参数），插入的参数就是 Python 的字典。插入一条数据的代码如下。

```
from pymongo import MongoClient
client = MongoClient()
database = client['Chapter6']
collection = database ['spider']
```

```
data = {'id': 123, 'name': 'kingname', 'age': 20, 'salary': 999999}
collection.insert(data)
```

运行后，通过 RoboMongo 可以看到数据库中的数据，如图 6-18 所示。

MongoDB 会自动添加一列 "_id"，这一列里面的数据叫作 ObjectId，ObjectId 是在数据被插入 MongoDB 的瞬间，通过一定的算法计算出来的。因此，_id 这一列就代表了数据插入的时间，它不重复，而且始终递增。通过一定的算法，可以把 ObjectId 反向恢复为时间。

将多个字典放入列表中，并将列表作为 insert()方法的参数，即可实现批量插入数据，代码如下。

```
more_data = [
    {'id': 2, 'name': '张三', 'age': 10, 'salary': 0},
    {'id': 3, 'name': '李四', 'age': 30, 'salary': -100},
    {'id': 4, 'name': '王五', 'age': 40, 'salary': 1000},
    {'id': 5, 'name': '外国人', 'age': 50, 'salary': '未知'},
]
collection.insert(more_data)
```

运行结果如图 6-19 所示。

图 6-18　插入一条数据以后的集合

图 6-19　批量插入数据以后的集合

在爬虫开发中，主要用 MongoDB 来存储数据。所以爬虫主要用到的 MongoDB 方法就是这个 insert()方法。

（3）普通查找

MongoDB 的查找功能对应的方法是：

```
find(查询条件, 返回字段)
find_one(查询条件, 返回字段)
```

两个参数的类型均为 Python 字典，参数可以省略。其中，find_one()一次只返回一条信息。因此用得最多的是 find()这个方法。

普通查询方法有以下 3 种写法。

```
content = collection.find()
content = collection.find({'age': 29})
content = collection.find({'age': 29}, {'_id': 0, 'name': 1, 'salary': 1})
```

假设当前 MongoDB 中的全部内容如图 6-20 所示。

在不写 find()方法的参数时，表示获取指定集合中所有内容的所有字段。运行结果如图 6-21 所示，即调试模式窗口中 content 的内容。

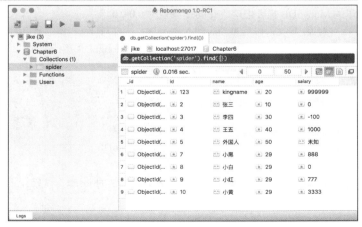

图 6-20　当前数据库 spider 集合下的内容

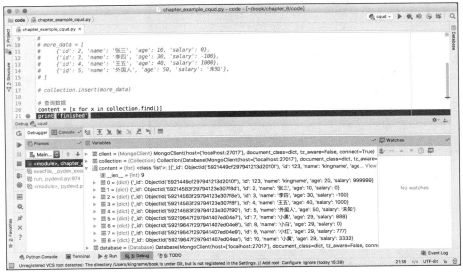

图 6-21　不写 find() 参数，返回所有数据

从图 6-21 可以看到，返回的数据有 9 条，也就是目前数据库里面的所有内容。

在 find() 中添加第 1 个参数，只查询所有年龄为 29 岁的人，代码和运行结果如图 6-22 所示，即调试模式中的 content 内容。

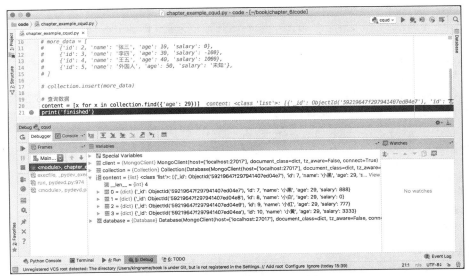

图 6-22　查询所有年龄为 29 岁的人

从图 6-22 可以看到，返回的数据只有 4 条，也就是所有"age"为 29 的记录。

通过 find() 的第 2 个参数可以限定需要返回哪些内容，运行结果如图 6-23 所示，即调试窗口中的 content 内容。

从图 6-23 可以看到，返回的数据只有 4 项，并且每项里面只有 name 和 salary 的内容。

find() 方法的第 2 个参数指定返回内容。这个参数是一个字典，Key 就是字段的名称，Value 是 0 或者 1，0 表示不返回这个字段，1 表示返回这个字段。其中 _id 比较特殊，必须人工指定它的值为 0，这样才不会返回。而对于其他数据，应该统一使用返回，或者统一使用不返回。例如：

```
collection.find({}, {'name': 1, 'salary': 1})
collection.find({}, {'age': 0})
```

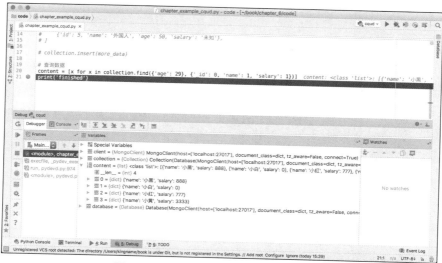

图 6-23　限定只返回 name 和 salary 的内容

但是下面这种写法就不够规范了：

collection.find({}, {'name': 1, 'age': 0})

这种写法会导致程序报错，而且后面的 "'age': 0" 也是多此一举。因为一旦指定了哪些字段要返回，那么没有被指定的自然就是不返回的，所以 "'age': 0" 从逻辑上说，加和不加的效果是一样的，但是从语法上说，PyMongo 不允许这样写。

只有 _id 是一个例外，必须要指定 "'_id': 0"，才不会返回，否则默认都要返回。

在上面的代码中，出现了列表推导式：

content = [x for x in collection.find({'age': 29}, {'_id': 0, 'name': 1, 'salary': 1})]

这里之所以用列表推导式，是为了让数据在调试模式的窗口中直观地显示出来。因为 find() 方法返回的是一个可以迭代的 PyMongo 对象，这个对象可以被 for 循环展开。展开以后可以得到很多个字典。每个字典对应一条记录。所以这个列表推导式也可以改写为 for 循环：

content_obj = collection.find({'age': 29}, {'_id': 0, 'name': 1, 'salary': 1})
content = []
for each in content_obj:
    content.append(each)

（4）逻辑查询

PyMongo 也支持大于、小于、大于等于、小于等于、等于、不等于这类逻辑查询。

它们对应的关键词如表 6-1 所示。

表 6-1　PyMongo 的逻辑查询符号和意义

符号	意义
$gt	大于
$lt	小于
$gte	大于等于
$lte	小于等于
$eq	等于
$ne	不等于

它们的用法为：

```
collection.find({'age': {'$gt': 29}}) #查询所有age > 29的记录
collection.find({'age': {'$gte': 29, '$lte': 40}})  #查询29 ≤ age ≤ 40的记录
collection.find({'salary': {'$ne': 29}}) #查询所有salary不等于29的记录
```

以查询所有 age 大于等于 29 岁、小于等于 40 岁的记录为例，运行结果如图 6-24 所示。

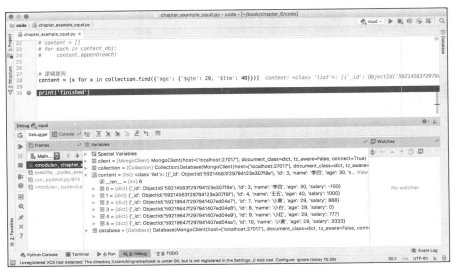

图 6-24　查询所有 29≤age≤40 的记录

（5）对查询结果排序

MongoDB 支持对查询到的结果进行排序。排序的方法为 sort()。它的格式为：

```
handler.find().sort('列名', 1或-1)
```

查询一般和 find() 配合在一起使用。例如：

```
collection.find({'age': {'$gte': 29, '$lte': 40}}).sort('age', -1)
collection.find({'age': {'$gte': 29, '$lte': 40}}).sort('age', 1)
```

首先查询所有年龄大于等于 29 岁、小于等于 40 岁的记录，然后按年龄来进行排序。sort() 方法接收两个参数：第 1 个参数指明需要以哪一项进行排序；第 2 个参数 -1 表示降序，1 表示升序。上面两行代码的运行结果分别如图 6-25、图 6-26 所示。

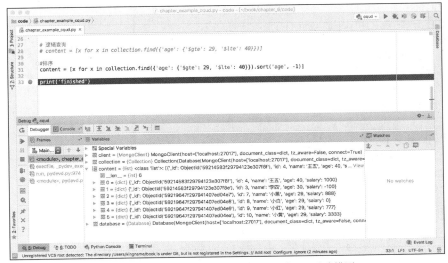

图 6-25　查询 29≤age≤40 的记录并对 age 降序排列

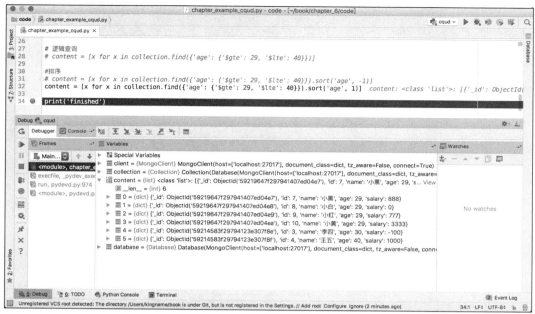

图 6-26　查询所有 29≤age≤40 的记录并对 age 升序排列

（6）更新记录

更新可使用 update_one()和 update_many()方法。它们的格式为：

```
collection.update_one(参数1，参数2)
collection.update_many(参数1，参数2)
```

前者只更新一条信息，后者更新所有符合要求的信息。这里的参数 1 和参数 2 都是字典，都不能省略。参数 1 用来寻找需要更新的记录，参数 2 用来更新记录的内容。请看代码：

```
col.update_one({'age': 20}, {'$set':{'name': 'kingname'}})
col.update_many({'age': 20}, {'$set':{'age': 30}})
```

第 1 行代码的作用是，将**第 1 个**年龄为 20 岁的人的名字改为 kingname。

第 2 行代码的作用是，将**所有**年龄为 20 岁的人的年龄**全部**改为 30。

注意这里的第 1 个参数，在 find()里面可以用到的逻辑查询在这里也可以使用。

（7）删除记录

删除可使用 delete_one()和 delete_many()方法。它们的格式为：

```
collection.delete_one(参数)
collection.delete_many(参数)
```

这里的参数都是字典，不建议省略。delete_one()方法只删除一条记录，delete_many()删除所有符合要求的记录。

```
col.delete_one({'name': 'kingname'})
col.delete_many({'name': 'kingname'})
```

第 1 行代码删除第 1 个名字叫作 kingname 的人。

第 2 行代码删除所有名字叫作 kingname 的人。

（8）对查询结果去重

去重使用 distinct()方法，其格式为：

```
collection.distinct('列名')
```

这个方法返回一个去重后的列表。在图 6-20 中可以看到年龄这一列中有很多个 29 岁。现在想查看一下有多少个不同的年龄，就可以使用 distinct()方法。其运行结果如图 6-27 所示，调试窗口中的变量 content 包含了去重以后的年龄信息。

V6-4　PyMongo
使用演示

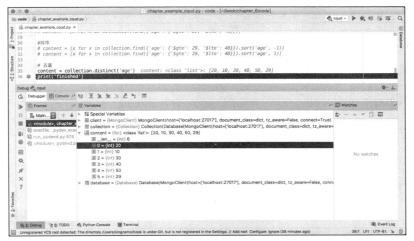

图 6-27　对年龄去重后的结果

6.1.3　使用 RoboMongo 执行 MongoDB 命令

通过 PyMongo 能执行的绝大多数命令可以原样照搬到 RoboMongo 中执行，并且得到的结果比在 Python 中运行的结果更加直观。

在 RoboMongo 中双击打开一个集合，可以在图 6-28 所示的方框框住的位置输入 MongoDB 的相关命令。

例如要查询所有年龄大于等于 29 岁、小于等于 40 岁的记录，只需要修改 find() 方法的参数即可，如图 6-29 所示。

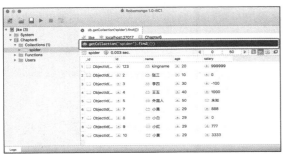

图 6-28　在方框框住的位置输入 MongoDB 的各种命令

图 6-29　在 RoboMongo 中查询所有 29≤age≤40 的记录

也可以使用 distinct() 函数来实现去重，如图 6-30 所示。

排序功能也可以正常使用，如图 6-31 所示。

图 6- 30　在 RoboMongo 中使用 distinct() 函数实现去重

图 6-31　在 RoboMongo 中对查询的结果排序

需要注意的是，在 RoboMongo 中，sort()方法接收的参数是一个字典，字典的 Key 为将要排序的项，Value 为 1 或者-1。这一点是和 PyMongo 不同的。

update()和删除数据的 remove()，在 RoboMongo 中也是可以正常使用的。但是建议通过 Python 来实现，以避免重要数据丢失。

6.2　Redis

在开始介绍 Redis 之前，请读者思考一个问题：如何设计一个开关，实现在不结束程序进程的情况下，从全世界任何一个有网络的地方既能随时暂停程序，又能随时恢复程序的运行。

最简单的方法就是用数据库来实现。在能被程序和控制者访问的服务器中创建一个数据库，数据库名为"Switch_DB"。数据库里面创建一个集合"Switch"，这个集合里面只有一个记录，就是"Status"，它只有两个值，"On"和"Off"，如图 6-32 所示。

程序每秒钟就读一次数据库，发现 Status 为 "Off"时就暂停运行，发现"Status"为"On" 时就继续运行。如果控制者想让程序暂停运行，就去数据库里面把"Status"修改为"Off"，反之如果想让程序恢复运行，就去数据库里面把"Status"修改为"On"。

图 6-32　创建数据库并设置参数

进一步，如果程序能每秒钟把一些关键变量的值更新到数据库中，那么控制者就可以通过这些关键变量来监控程序的运行状况，从而判断程序运行是否正常。

再进一步，如果程序的一些关键变量的值是实时从数据库里面读出来的，那么如果控制者想改变程序的一些行为，只需要修改这几个关键变量的值就可以了。例如爬虫的目标页面的网址是从数据库里面实时读出来的，那么如果想临时增加几个新的网址，只需要把网址添加到数据库中即可，不需要重启爬虫。

这个例子说明，数据库可以作为一个媒介来实现人与程序或者程序与程序的沟通。

要实现上面的需求，使用 MongoDB 就可以做到。但是这一节的主角是 Redis。Redis 是一个基于内存的数据库，它的速度远远快过 MongoDB，而且 Redis 比 MongoDB 还要简单。

6.2.1　环境搭建

1. 在 Mac OS 下安装 Redis

使用 Homebrew 安装：

```
brew update
brew install redis
#运行Redis
redis-server /usr/local/etc/redis.conf
```

2. 在 Ubuntu 下安装 Redis

在 Ubuntu 下安装 Redis，需要下载 Redis 的源代码并进行编译。

```
wget http://download.redis.io/releases/redis-3.2.1.tar.gz
tar xzf redis-3.2.1.tar.gz
cd redis-3.2.1
make
#运行解压以后的文件夹下面的src文件夹中的redis-server文件启动redis服务
src/redis-server
```

3. 在 Windows 下安装 Redis

Redis 没有 Windows 的官方安装包，但是有第三方的安装包。从 https://github.com/ServiceStack/redis-windows/

raw/master/downloads/redis-latest.zip 下载第三方 Redis 并解压后，使用 CMD 进入解压以后的文件夹并运行命令 redis-server.exe redis.windows.conf 启动 Redis。

6.2.2　Redis 交互环境的使用

与 MongoDB 不一样，要使用 Redis 的各种简单功能，只需要使用 Redis 自带的交互环境即可，没有必要安装一个第三方的客户端。在安装了 Redis 以后，先启动 Redis-Server，接着启动 Redis 的交互环境。对于使用 Homebrew 安装 Redis 的 Mac OS，进入 Redis 交互环境非常简单，打开终端输入 redis-cli，并按 Enter 键即可。对于 Ubuntu 和 Windows，需要先在终端或者 CMD 下进入 Redis 的安装文件夹，然后在里面运行命令 redis-cli 来启动 Redis 的交互环境。

在交互环境中，使用 keys *可以查看当前有多少的 "Key"，如图 6-33 所示。

在 Redis 中有多种不同的数据类型。不同的数据类型有不同的操作方法。在爬虫开发的过程中主要会用到 Redis 的列表与集合，因此本小节讲解这两种数据类型不同的操作方式。

图 6-33　在 Redis 交互环境中查看当前的 Key

（1）列表

Redis 的列表是一个可读可写的双向队列，可以把数据从左侧或者右侧插入到列表中，也可以从左侧或者右侧读出数据，还可以查看列表的长度。从左侧写数据到列表中，使用的关键字为 "lpush"，这里的 "l" 为英文 "left"（左）的首字母。使用方法为：

lpush key value1 value2 value 3…

例如，下面的写法都是正确的：

lpush chapter_6 "url"
lpush test "hello" "world"

如果想从列表左侧读出数据，使用的关键字为 "lpop"，这里的 "l" 也是 "left" 的首字母。例如：

lpop chapter_6

lpop 一次只会读最左侧的一个数据，并且在返回数据的时候会把这个数据从列表中删除。这一点和 Python 列表的 pop 是一样的。

列表的右侧操作和左侧操作完全一致。只不过需要使用关键字 "rpush" 和 "rpop"。这里的 "r" 对应英文 "right"（右）的首字母。

rpush test "superman"
rpush test "man" "hello"
rpop chapter_6

如果想查看一个列表的长度，可使用关键字为 "llen"。这个关键字的第 1 个 "l" 对应的是英文 "list"（列表）的首字母。其运行结果如图 6-34 所示。

如果不删除列表中的数据，又要把数据读出来，就需要使用关键字 "lrange"，这里的 "l" 对应的是英文 "list" 的首字母。"lrange" 的使用格式为：

lrange key start end

其中，start 为起始位置，end 为结束位置。例如：

lrange chapter_6 0 3

读取 chapter_6 这个列表中下标从 0～3 的 4 个值，并显示到屏幕上，如图 6-35 所示。

图 6-34　查看列表长度

图 6-35　使用 lrange 读取下标为 0、1、2、3 的 4 个数据

需要特别注意的是，在 Python 中，切片是左闭右开区间，例如，test[0:3]表示读列表的第 0、1、2 个共 3 个值。但是 lrange 的参数是一个闭区间，包括开始，也包括结束，因此在图 6-35 中会包含下标为 0、1、2、3 的 4 个值。

（2）集合

Redis 的集合与 Python 的集合一样，没有顺序，值不重复。往集合中添加数据，使用的关键字为 "sadd"。这里的 "s" 对应的是英文单词 "set"（集合）。使用格式为：

```
sadd key value1 value2 value3
```

例如：

```
sadd test_set "http://baidu.com"
sadd test_set 1 2 3 3 3 3
```

运行结果如图 6-36 所示。

命令执行完成以后，返回的数字表示有多少个数据被插入到集合中。例如第 2 句插入了 1、2、3、3、3、3，由于 3 出现了 4 次，所以实际上真正进到集合里面的数据只有 1、2、3 这 3 个数。

由于集合里面的数据是没有顺序的，所以也就不存在 "左" 和 "右"。因此插入数据到集合只有 "sadd" 这一个关键字。

从集合中读数据，使用的关键字为 spop，使用方法为：

```
spop key count
```

其中，count 表示需要读多少个值出来。如果省略 count，表示读一个值。例如：

```
spop test_set
spop test_set 2
```

运行结果如图 6-37 所示。

图 6-36　往集合中添加数据

图 6-37　从集合中读取数据

spop 也会在读了数据以后将数据从集合中删除。在爬虫的开发过程中，Redis 的集合一般用于去重的操作，因此很少会把数据从里面读出来。要判断一个网址是否已经被爬虫爬过，只需要把这个网址 sadd 到集合中，如果返回 1，表示这个网址还没有被爬过，如果返回 0，表示这个网址已经被爬过了。

如果需要查看集合中有多少个值，可以使用关键字 scard。它的使用格式为：

```
scard key
```

例如：

```
scard test_set
scard url
```

6.2.3　Redis-py

1. 安装 Redis-py

使用 pip 安装：

```
pip install redis
```

安装结果如图 6-38 所示。

安装完成以后，打开 Python 交互环境，输入以下代码并按 Enter 键，如果没有报错，则表示安装成功。

```
import redis
```

2. 使用 Redis-py

在 Python 中使用 Redis-py，只需要简单的两步：连接 Redis，

图 6-38　使用 pip 安装 Redis-py

操作 Redis。

（1）连接 Redis

在 Python 中连接 Redis，只需要两行代码。

```
import redis
client = redis.StrictRedis()
```

如果 Redis 安装在本地，而且没有修改端口，也没有设置密码，那么上面两行就足够了。如果要连接远程服务器的 Redis，那么只需要填写参数即可。

```
import redis
client = redis.StrictRedis(host='192.168.22.33', port=2739, password='12345')
```

这 3 个参数都不是必需的。如果没有设置密码，就可以省略 password 这个参数；如果没有改端口，就可以省略 port 这个参数。

（2）操作 Redis

操作 Redis 所用到的方法、单词拼写和 Redis 交互环境完全一致。例如，要往 Redis 的列表左侧添加一个数字，只需要写如下的代码：

```
import redis
client = redis.StrictRedis()
client.lpush('chapter_6', 123)
```

上面 3 行代码的作用就是先连接 Redis，再把 123 这个数字放到名为 "chapter_6" 的列表的左侧。

同理，如果需要查看一个列表的长度，其代码为：

```
client.llen('chapter_6')
```

或者需要从一个列表右侧读一个值，代码可以写为：

```
value = client.lpop('chapter_6')
```

对于集合，操作方式同理，例如：

```
client.sadd('test_set', 'www.baidu.com') #往集合中添加一个网址
url = client.spop('url') #从集合中读一个值
length = client.scard('url') #查看集合的长度
```

V6-5　Redis-py 的
使用

6.3　MongoDB 的优化建议

6.3.1　少读少写少更新

虽然 MongoDB 相比于 MySQL 来说，速度快了很多，但是频繁读写 MongoDB 还是会严重拖慢程序的执行速度。以插入数据为例，对于相同的数据，进行逐条插入和批量插入，速度差异非常显著，其速度效率对比如图 6-39 所示。

同样是插入 10000 条数据，逐条插入耗时约 3.7s，批量插入耗时约 0.2s。这个差距看起来已经很显著了吧。这还只是在本地测试的数据，如果使用远程的 MongoDB 服务器且数据量足够大，这个时间差甚至可以高达数小时。

建议把要插入到 MongoDB 中的数据先统一放到一个列表中，等积累到一定量再一次性插入。

对于读数据，在内存允许的情况下，应该一次性把数据读入内存，尽量减少对 MongoDB 的读取操作。

在某些情况下，更新操作不得不逐条进行，例如，

图 6-39　逐条插入与批量插入速度效率对比

对于图 6-40 所示的一个集合"Data_bat"，需要将 time 这一列的值延后一天。"2017-07-10"变为"2017-07-11"，"2017-07-09"变为"2017-07-10"，以此类推。

如果使用常规操作，需要一条一条更新，如图 6-41 所示。

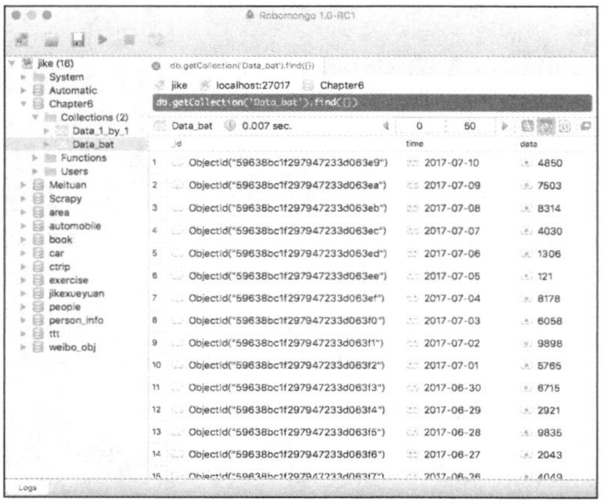

图 6-40　time 这一列必须逐条更新

图 6-41　在 Python 中逐条更新数据

首先把所有数据读入内存，根据_id 查找每一条记录后再逐一更新。每一条数据都不一样，似乎没有办法批量更新。

对于这种情况，是否有办法优化呢？答案当然是有，那就是不更新！这句话的意思是说，不要执行"更新"这个动作。把更新这个动作改为插入。这样就可以实现批量更新的效果了。具体来说，就是把数据批量插入到一个新的 MongoDB 集合中，再把原来的集合删除，最后将新的集合改为原来集合的名字。如图 6-42 所示，把更新操作改为插入操作，耗时约为逐条更新的十分之一。

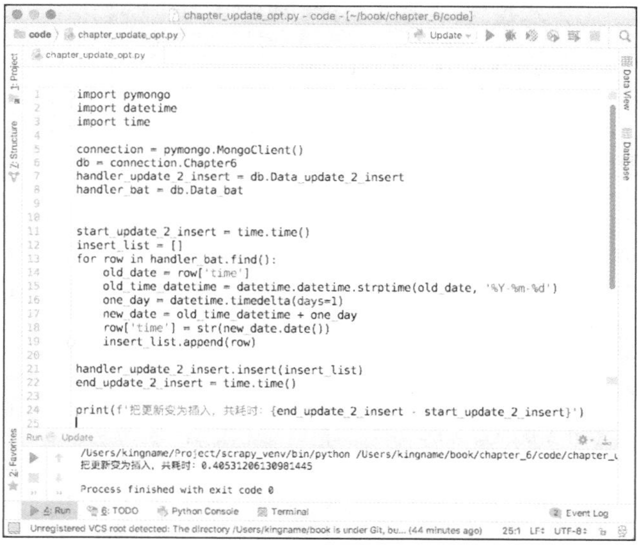

图 6-42　把更新操作改为插入操作

6.3.2　能用 Redis 就不用 MongoDB

在什么情况下可以使用 Redis 来代替 MongoDB 呢？举一个最常见的例子：判断重复。例如爬取百度贴吧，在帖子列表页可以爬到每个帖子的标题和详情页的网址。如果对某一个帖子有兴趣，就从详情页网址爬进去抓取这个帖子的详细信息。由于需要节省资源，提高抓取速度，因此决定每天只爬新增加的帖子，已经爬过的帖子就不再重复爬取。

解决这个问题，其实要实现的功能很简单。在保存数据的时候，把每个帖子的网址也保存到数据库中。爬虫在爬详情页之前，先去 MongoDB 中查看这个 URL 是否已经存在。如果已经存在就不爬详情页；如果不存在，就继续爬这个帖子的详情页。这种办法当然可以实现这个需求，但是由于在前面已经说了，频繁读/写 MongoDB 是非常浪费时间的，因此这种办法效率并不高。

为了提高效率，就需要引入 Redis。由于 Redis 是基于内存的数据库，因此即使频繁对其读/写，对性能的影响也远远小于频繁读/写 MongoDB。在 Redis 中创建一个集合"crawled_url"，爬虫在爬一个网址之前，先把这个网址 sadd 到这个集合中。如果返回为 1，那么表示这个网址之前没有爬过，爬虫需要去爬取详情页。如果返回 0，表示这个网址之前已经爬过了，就不需要再爬了。示例代码片段如下：

```
…
for url in url_list: #url_list为在贴吧列表页得到的每一个帖子的详情页网址列表
    if client.sadd('crawled_url', url) == 1:
        crawl(url)
…
```

6.4　阶段案例

6.4.1　需求分析

目标网站：http://dongyeguiwu.zuopinj.com/5525/。

目标内容：小说《白夜行》第一章到第十三章的正文内容。

任务要求：编写两个爬虫，爬虫 1 从 http://dongyeguiwu.zuopinj.com/5525/获取小说《白夜行》第一章到第十三章的网址，并将网址添加到 Redis 里名为 url_queue 的列表中。爬虫 2 从 Redis 里名为 url_queue 的列表中读出网址，进入网址爬取每一章的具体内容，再将内容保存到 MongoDB 中。

涉及的知识点：

（1）使用 requests 获取网页源代码。

（2）使用 XPath 从网页源代码中提取数据。

（3）使用 Redis 与 MongoDB 读/写数据。

6.4.2　核心代码构建

使用 XPath 获取每一章的网址，再将它们添加到 Redis 中。其核心代码如下：

```
url_list = selector.xpath('//div[@class="book_list"]/ul/li/a/@href')
for url in url_list:
    client.lpush('url_queue', url)
```

对于爬取正文的爬虫，只要发现 Redis 里的 url_queue 这个列表不为空，就要从里面读出网址，并爬取数据。因此，其代码如下：

```
content_list = []
while client.llen('url_queue') > 0:
    url = client.lpop('url_queue').decode()
    source = requests.get(url).content

    selector = html.fromstring(source)
    chapter_name = selector.xpath('//div[@class="h1title"]/h1/text()')[0]
    content = selector.xpath('//div[@id="htmlContent"]/p/text()')
    content_list.append({'title': chapter_name, 'content': '\n'.join(content)})
handler.insert(content_list)
```

6.4.3 调试与运行

爬虫 1 运行结束以后，Redis 中应该会出现一个名为 url_queue 的列表，执行以下代码：

```
llen url_queue
```

此时，程序返回 13，如图 6-43 所示。

爬虫 2 运行结束以后，Redis 中的 url_queue 会消失，同时 MongoDB 中会保存小说每一章的内容，如图 6-44 所示。

图 6-43　爬虫 1 一共爬到了 13 个章节的 URL　　　　图 6-44　爬取下来的结果

6.5　本章小结

本章主要讲解了 MongoDB 与 Redis 的使用。其中，MongoDB 主要用来存放爬虫爬到的各种需要持久化保存的数据，而 Redis 则用来存放各种中间数据。通过减少频繁读/写 MongoDB，并使用 Redis 来弥补 MongoDB 的一些不足，可以显著提高爬虫的运行效率。

6.6　动手实践

如果爬虫 1 把 10000 个网址添加到 url_queue 中，爬虫 2 同时运行在 3 台计算机上，请观察能实现什么效果。

第7章

异步加载与请求头

■ 如果读者在本世纪初就接触过互联网,那么应该会记得,那个时候每单击一个链接,浏览器就会短暂地"白屏"一两秒,然后才会进入一个新的页面。不同的页面,网址也是不一样的。

随着技术的不断进步,现在不少网站已经引入了异步加载技术,单击新的链接以后,几乎看不到"白屏"的现象了。而且更神奇的是,单击了链接,网页的内容已经发生了改变,但是网址竟然没有变。

通过这一章的学习,你将会掌握如下知识。

(1)抓取异步加载的数据。

(2)伪造 HTTP 请求头。

(3)模拟浏览器获取网站数据。

7.1 异步加载

7.1.1 AJAX 技术介绍

AJAX 是 Asynchronous JavaScript And XML 的首字母缩写，意为异步 JavaScript 与 XML。使用 AJAX 技术，可以在不刷新网页的情况下更新网页数据。使用 AJAX 技术的网页，一般会使用 HTML 编写网页的框架。在打开网页的时候，首先加载的是这个框架。剩下的部分将会在框架加载完成以后再通过 JavaScript 从后台加载。

如何判断一个网页有没有使用 AJAX 技术呢？请访问 http://exercise.kingname.info/exercise_ajax_1.html，这个页面用浏览器访问的结果如图 7-1 所示。

但是如果检查它的源代码，会发现源代码里面并没有网页上面显示的这两段文字，如图 7-2 所示。

图 7-1 异步加载练习页面 1

图 7-2 使用异步加载技术的网页，数据不在源代码中

像这种网页上面存在的某些文字，在源代码中却不存在的情况，绝大部分都是使用了异步加载技术。

7.1.2 JSON 介绍与应用

JSON 是一种格式化字符串。JSON 字符串与 Python 的字典或者列表非常相似，仅存在一些细微差别。

为什么需要 JSON 这种字符串呢？举一个例子：一个会英语不会德语的中国人，和一个会英文不会中文的德国人，他们可以使用英语愉快地交谈。英语在他们的交流中扮演了一个中介的角色。JSON 在网络通信里面就是这个中介。

JSON 的全称是 JavaScript Object Notation，是一种轻量级的数据交换格式。网络之间使用 HTTP 方式传递数据的时候，绝大多数情况下传递的都是字符串。因此，当需要把 Python 里面的数据发送给网页或者其他编程语言的时候，可以先将 Python 的数据转化为 JSON 格式的字符串，然后将字符串传递给其他语言，其他语言再将 JSON 格式的字符串转换为它自己的数据格式。

为了直观地观察一个 JSON 格式的字符串，先在 Python 中初始化一个字典：

```
person = {
'basic_info': {'name': 'kingname',
          'age': 24,
          'sex': 'male',
          'merry': False},
'work_info': {'salary': 99999,
          'position': 'engineer',
          'department': None}
}
```

Python 中处理 JSON 格式字符串的库，名字为 json。为了将这个字典转换为 JSON 格式的字符串，需要先导入这个库：

```
import json
```

使用下面这一行代码可以将字典转换为 JSON 格式字符串：

```
person_json = json.dumps(person)
```

打印出 person_json，可以看到转换以后的 JSON 格式字符串为：

```
{"basic_info": {"name": "kingname", "age": 24, "sex": "male", "merry": false}, "work_info": {"salary": 99999, "position": "engineer", "department": null}}
```

Python 的 None，在 JSON 中会变成 null；Python 的 True 和 False 在 JSON 中会变成 true 和 false；JSON 的字符串总是使用双引号，中文在 JSON 中会变成 Unicode 码。除此以外，Python 字典和 JSON 字符串都是一样的。为了让 JSON 格式的字符串更便于人阅读，可以进行缩进。使用如下代码可为 JSON 格式的字符串添加 4 个空格的缩进：

```
person_json_indent = json.dumps(person, indent=4)
```

可以得到：

```
{
    "basic_info": {
        "name": "kingname",
        "age": 24,
        "sex": "male",
        "merry": false
    },
    "work_info": {
        "salary": 99999,
        "position": "engineer",
        "department": null
    }
}
```

不仅是字典，Python 中的列表或者包含字典的列表，也可以转换为 JSON 格式的字符串，如图 7-3 所示。

如果要把 JSON 格式的字符串转换为 Python 的字典或者列表，只需要使用一行代码即可：

```
person_dict = json.loads(person_json_indent)
```

这里得到的 person_dict 就是一个字典，可以像使用普通字典一样来使用它，如图 7-4 所示。

图 7-3　将包含字典的列表转换为 JSON 格式的字符串　　图 7-4　把 JSON 格式的字符串转换为字典

7.1.3　异步 GET 与 POST 请求

使用异步加载技术的网站，被加载的内容是不能在源代码中找到的。对于这种情况，应该如何抓取被加载的内容呢？

为了解决这个问题，就需要使用 Google Chrome 浏览器的开发者模式。在网页上单击右键，选择"检查"命令，然后定位到"Network"选项卡，如图 7-5 所示。

接下来需要刷新网页。在 Windows 下，按 F5 键或者单击地址栏左边的"刷新"按钮，

V7-1　JSON 的
生成与解析

在 Mac OS 下，按 Shift+Command+R 组合键或者单击地址栏左边的"刷新"按钮。刷新以后，可以看到"Network"选项卡下面出现了一些内容，如图 7-6 所示。

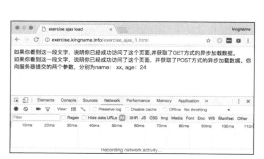

图 7-5　打开 Google Chrome 开发者工具　　图 7-6　刷新网页以后，"Network"选项卡下出现的内容

单击"Network"选项卡下面出现的"ajax_1_backend"和"ajax_1_postbackend"，并定位到"Response"选项卡，可以看到这里出现了网页上面的内容，如图 7-7 和图 7-8 所示。

图 7-7　被异步加载的数据之一，使用 GET 方式　　图 7-8　被异步加载的数据之二，使用 POST 方式

再选择"Headers"选项卡，可以看到这个请求使用 GET 方式，发送到 http://exercise.kingname.info/ajax_1_backend，其头部信息如图 7-9 所示。

于是，尝试使用 requests 发送这个请求，即可成功获取到网页上的第 1 条内容，如图 7-10 所示。

图 7-9　使用 GET 方式的异步请求的头部信息　　图 7-10　使用 requests 获得被异步加载的信息

对于网页中的第 2 条内容，查看"Headers"选项卡，可以看到，这是使用 POST 方式向 http://exercise.kingname. info/ajax_1_postbackend 发送请求，并以 JSON 格式提交数据，其头部信息如图 7-11 所示。

使用 requests 发送这个请求，也成功地获取了网页上面的第 2 条信息。通过修改请求的数据内容，还能够修改网页的返回内容，如图 7-12 所示。

图 7-11 使用 POST 方式的异步请求的头部信息

图 7-12 使用 requests 模拟发送 POST 请求获取第 2 条异步加载内容

7.1.4 特殊的异步加载

7.1.3 小节中介绍的是最常见、最简单的异步加载情况，但并非所有的异步加载都会向后台发送请求。打开 AJAX 的第 2 个练习页面，可以看到页面上有图 7-13 所示的内容。

分析 Chrome 开发者工具的"Network"选项卡下面的内容，可以看到整个页面的打开过程并没有尝试请求后台的行为。其中的 exercise_ajax_2.html 就是这个页面自身，而 jquery-3.2.1.min.js 是 jQuery 的库，都不是对后台的请求。打开网页源代码可以看到，确实没有"天王盖地虎"这几个汉字，如图 7-14 所示。

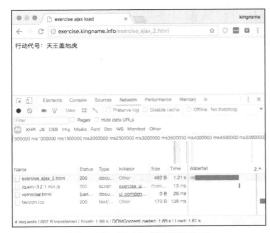

图 7-13 异步加载练习页面 2

图 7-14 网页源代码中确实没有网页中的内容

那么这个页面上的汉字到底是从哪里加载进来的？这种情况称为伪装成异步加载的后端渲染。数据就在源代码里，但却不直接显示出来。注意，源代码最下面的 JavaScript 代码，其中有一段：

{"code": "\u884c\u52a8\u4ee3\u53f7\uff1a\u5929\u738b\u76d6\u5730\u864e"}

其外形看起来有点像 JSON 格式的字符串。尝试使用 Python 去解析，发现可以得到网页上面的内容，如图 7-15 所示。

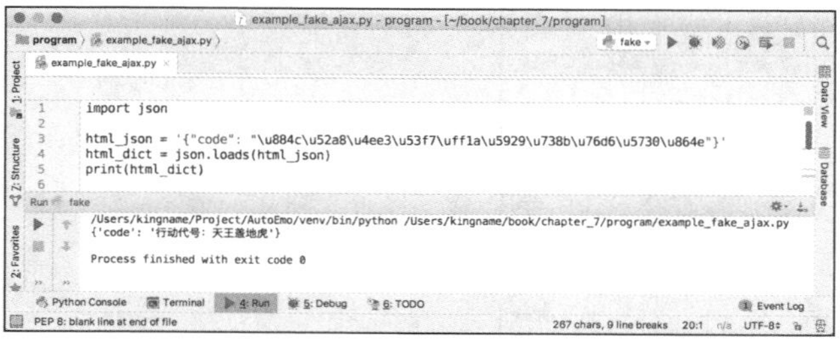

图 7-15　解析 JSON 字符串得到网页上显示的内容

这种假的异步加载页面，其处理思路一般是使用正则表达式从页面中把数据提取出来，然后直接解析。对于异步加载练习页面 2，完整的处理代码为：

```
import json
import requests
import re


url = 'http://exercise.kingname.info/exercise_ajax_2.html'
html = requests.get(url).content.decode()

code_json = re.search("secret = '(.*?)'", html, re.S).group(1)
code_dict = json.loads(code_json)
print(code_dict['code'])
```

运行后的结果如图 7-16 所示。

图 7-16　获取假异步加载的数据

7.1.5　多次请求的异步加载

还有一些网页，显示在页面上的内容要经过多次异步请求才能得到。第 1 个 AJAX 请求返回的是第 2 个请求的参数，第 2 个请求的返回内容又是第 3 个请求的参数，只有得到了上一个请求里面的有用信息，才能发起下一个请求。

打开异步加载练习页 3，页面内容如图 7-17 所示。

通过分析 Chrome 开发者工具的请求，不难发现这一条信息是通过向 http://exercise.kingname.info/

图 7-17　异步加载练习页面 3

ajax_3_postbackend 这个地址发送 POST 请求得到的，如图 7-18 所示。

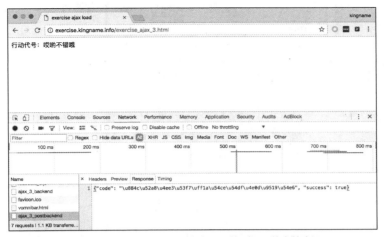

图 7-18　通过 Chrome 开发者工具找到页面信息的来源

其中，返回的 JSON 格式的字符串经过 Python 解析，可以得到页面上的文字，如图 7-19 所示。

图 7-19　使用 Python 解析发现请求返回的内容确实是页面内容

在"Headers"选项卡查看这个 POST 请求的具体参数，在 body 里面发现两个奇怪的参数 secret1 和 secret2，如图 7-20 所示。

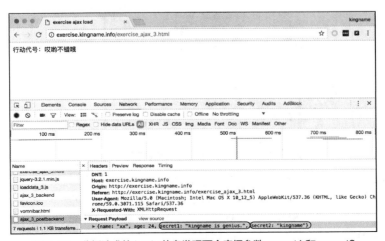

图 7-20　分析请求的 body 信息发现两个奇怪参数 secret1 和 secret2

到目前为止，一切看起来都和 7.1.3 小节中的 POST 请求一样。但是在 7.1.3 小节里面提交的参数是可以随便修改的，那么在这里如果随便修改会怎么样呢？尝试修改 secret1 和 secret2，发现 POST 请求无法得到想要的结果，如图 7-21 所示。

在这个例子中，secret1 和 secret2 是固定不变的，因此可以人工从 Chrome 的开发者工具中复制出来使用。而在实际的爬虫开发过程中，类似于 secret1 和 secret2 的这种参数在每次请求的时候都不一样，因此不能手动复制。那么遇到这种情况应该如何处理呢？这个时候就需要考虑这两个参数能不能直接从源代码里面找到？如果源代码里面找不到，那是不是从另一个异步的请求中返回的？

打开这个练习页的源代码，在源代码中可以找到 secret_2，如图 7-22 所示。虽然在 POST 参数中，名字是 secret2，而源代码中的名字是 secret_2，不过从值可以看出这就是同一个参数。

图 7-21　修改 secret1 或者 secret2 发现不能得到想要的结果　　　　图 7-22　在源代码中找到 secret_2

源代码里面没有 secret1，因此就要考虑这个参数是不是来自于另一个异步请求。继续在开发者工具中查看其他请求，可以成功找到 secret1，如图 7-23 所示。注意，它的名字变为了 "code"，但是从值可以看出这就是 secret1。不少网站也会使用这种改名字的方式来迷惑爬虫开发者。

图 7-23　在另一个异步请求里面发现了 secret1

这一条请求就是一个不带任何参数的 GET 请求，请求的头部信息如图 7-24 所示。

对于这种多次请求才能得到数据的情况，解决办法就是逐一请求，得到返回结果以后再发起下一个请求。具体到这个例子中，那就是先从源代码里面获得 secret2，再通过 GET 请求得到 secret1，最后使用 secret1 和 secret2 来获取页面上显示的内容。

使用 Python 来实现这个过程，代码和运行结果如图 7-25 所示。

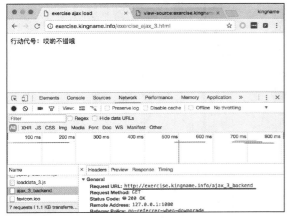

图 7-24　获得 secret1 的请求的头部信息

图 7-25　使用 Python 模拟多次异步请求并获得页面上的值

7.1.6　基于异步加载的简单登录

网站的登录方式有很多种，其中有一种比较简单的方式，就是使用 AJAX 发送请求来进行登录。请打开 AJAX 第 4 个练习页 http://exercise.kingname.info/exercise_ajax_4.html，这个页面实现了简单的登录功能。页面打开以后的效果如图 7-26 所示。

根据输入框中的提示，使用用户名"kingname"和密码"genius"进行登录，可以看到登录成功以后弹出图 7-27 所示的提示框。

图 7-26　使用异步加载实现的登录页面

图 7-27　登录成功后弹出的提示框

对于这种简单的登录功能，可以使用抓取异步加载网页的方式来进行处理。在 Chrome 开发者工具中可以发现，当单击"登录"按钮时，网页向后台发送了一条请求，如图 7-28 所示。

图 7-28　登录过程实际上是一个异步的请求

　　这条请求返回的内容就是"通关口令"。再来看看这个请求发送了哪些数据，如图 7-29 所示。

图 7-29　登录请求发送的数据

　　这就是使用 POST 方式的最简单的 AJAX 请求。使用获取 POST 方式的 AJAX 请求的代码，就能成功获取到登录以后返回的内容，如图 7-30 所示。

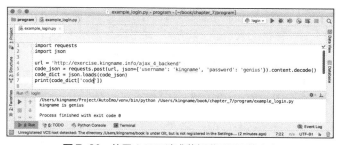

图 7-30　使用 AJAX 请求获得登录返回的内容

7.2　请求头（Headers）

7.2.1　请求头的作用

　　使用计算机网页版外卖网站的读者应该会发现这样一个现象：第一次登录外卖网页的时候会让你选择当前所在的商业圈，一旦选定好之后关闭浏览器再打开，网页就会自动定位到先前选择的商业圈。

又比如，例如携程的网站，使用计算机浏览器打开的时候，页面看起来非常复杂多样，如图 7-31 所示。但同一个网址，使用手机浏览器打开时，网址会自动发生改变，而且得到的页面竟然完全不同，如图 7-32 所示。

图 7-31　计算机网页版携程首页

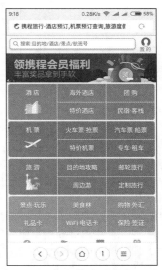

图 7-32　手机版携程首页

网站怎么知道现在是计算机浏览器还是手机浏览器在访问这个页面呢？网站怎么能记住地理位置呢？这就要归功于 Headers 了。Headers 称为请求头，浏览器可以将一些信息通过 Headers 传递给服务器，服务器也可以将一些信息通过 Headers 传递给浏览器。电商网站常常应用的 Cookies 就是 Headers 里面的一个部分。

7.2.2　伪造请求头

打开练习页 http://exercise.kingname.info/exercise_headers.html，使用 Chrome 的开发者工具监控这个页面的网页请求，可以看到图 7-33 所示的内容。

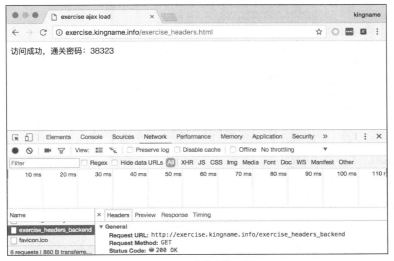

图 7-33　请求头练习页

页面看起来像是发起了一个普通的 GET 方式的异步请求给 http://exercise.kingname.info/exercise_headers_backend。使用 requests 尝试获取这个网址的返回信息，结果如图 7-34 所示。

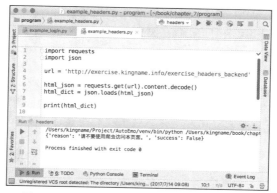

图 7-34 使用 requests 访问请求头练习页面失败

可以看到，使用 requests 向后台发送请求以后，并没有像前几节一样直接获取到 Chrome 页面上应该出现的内容。相反，网页发现了这次请求是通过爬虫进行的。为什么网站能够知道这次是爬虫访问而不是正常的浏览器访问呢？

以前，爬虫和网站的对话是：

爬虫："喂，把××页面的内容给我。"
网站："好的，××页面的内容是：kingname is handsome, brilliant……"

但是在这一次，爬虫和网页的对话是：

爬虫："喂，把××页面的内容给我。"
网站："你头上写着'我是爬虫'，我怎么可能把真正的数据给你。"
爬虫（一脸茫然）："……"

为什么网站会认为爬虫的"头上"写着"我是爬虫"呢？现在把视角切换到网站的后台，看一看浏览器访问网站和 requests 访问网站有什么不同。

使用浏览器访问网站的时候，网站可以看到一个名称为 Headers（请求头）的东西，它的内容如图 7-35 所示。

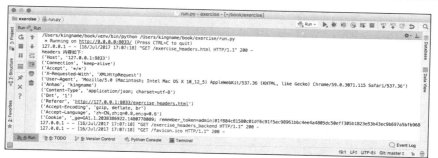

图 7-35 使用浏览器访问网站后台显示的 Headers 信息

如果使用 requests 访问，请求头的内容如图 7-36 所示。

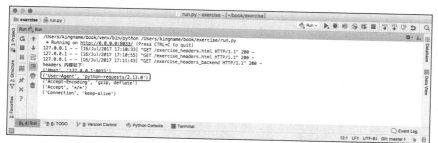

图 7-36 使用 requests 访问网站，后台显示的 Headers 信息

　　注意对比图 7-35 和图 7-36 中使用 Chrome 访问的情况下请求头里面的内容和使用 requests 访问服务器时请求头里面的内容。它们不论在项数还是在内容上，差异都很大。更有甚者，在使用 requests 访问的时候，User-Agent 这一项的内容直接就是 "python-requests/2.13.0"，如图 7-36 所示。网站得到这一项，立刻就知道是爬虫了。

　　为了解决这个问题，就需要给爬虫"换头"。把浏览器的头安装到爬虫的身上，这样网站就不知道谁是谁了。要换头，首先就需要知道浏览器的头是什么样的。因此需要在 Chrome 浏览器开发者工具的"Network"选项卡的 Request Headers 里面观察这一次请求的请求头，如图 7-37 所示。

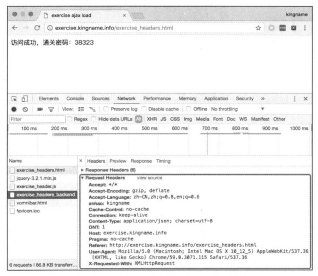

图 7-37　浏览器发起的请求的头部信息

　　在 requests 里面，设置请求头的参数名称为"headers"，它的值是一个字典。带有请求头的请求，使用 requests 的发送格式为：

html = requests.get(url, headers=字典).content.decode()

html = requests.post(url, json=xxx, headers=字典).content.decode()

　　代码中的字典就对应了浏览器中的请求头。在爬虫里面创建一个字典，将 Chrome 的请求头的内容复制进去，并调整好格式，发起一个带有 Chrome 请求头的爬虫请求，可以发现请求获得成功，如图 7-38 所示。

```python
import requests
import json

url = 'http://exercise.kingname.info/exercise_headers_backend'

headers = {
    'Accept': '*/*',
    'Accept-Encoding': 'gzip, deflate, br',
    'Accept-Language': 'zh-CN,zh;q=0.8,en;q=0.6',
    'anhao': 'kingname',
    'Connection': 'keep-alive',
    'Content-Type': 'application/json; charset=utf-B',
    'DNT': '1',
    'Host': 'exercise.kingname.info',
    'Referer': 'http://exercise.kingname.info/exercise_headers.html',
    'User-Agent': 'Mozilla/5.0 (Macintosh; Intel Mac OS X 10_12_5) AppleWebKit/537.36 (KHTML, like Gecko) Chrome/59.0.3071.115 Safari/537.36',
    'X-Requested-With': 'XMLHttpRequest',
}
html_json = requests.get(url, headers=headers).content.decode()
html_dict = json.loads(html_json)

print(html_dict)
```

```
/Users/kingname/Project/AutoEmo/venv/bin/python /Users/kingname/book/chapter_7/program/example_headers.py
{'code': '访问成功, 通关密码: 38323', 'success': True}

Process finished with exit code 0
```

图 7-38　更换了 Chrome 头部以后爬虫访问成功

虽然对于某些网站，在请求头里面只需要设置 User-Agent 就可以正常访问了，但是为了保险起见，还是建议把所有项目都带上，这样可以让爬虫更"像"浏览器。例如本练习，如果仅仅设置 User-Agent 的话，会得到图 7-39 所示的返回信息。

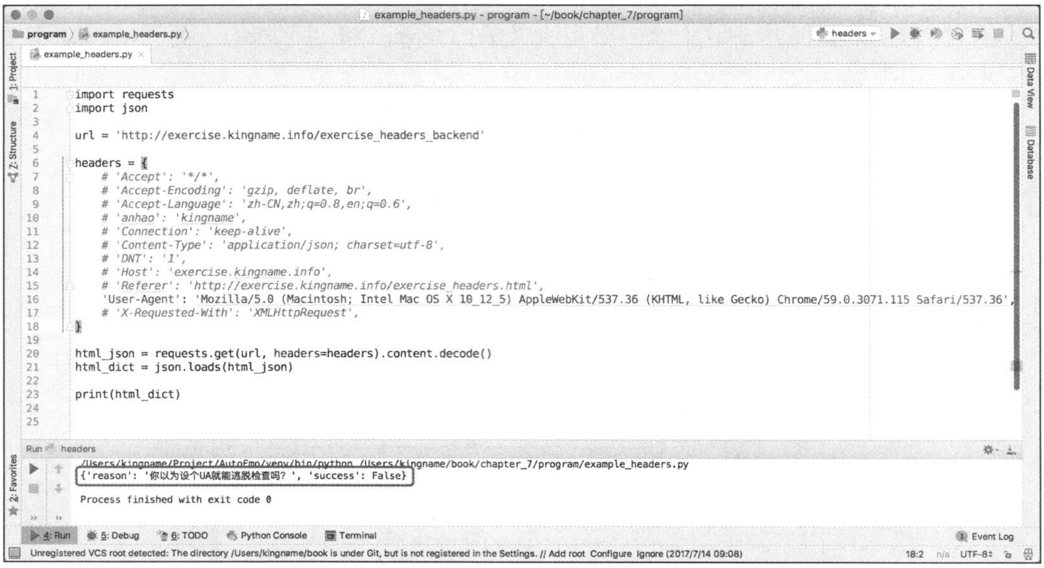

图 7-39　仅仅修改 User-Agent 是不能骗过练习网站的

7.3　模拟浏览器

有一些网站在发起 AJAX 请求的时候，会带上特殊的字符串用于身份验证。这种字符串称为 Token。为了简单起见，请打开练习页面，这个页面在发起 AJAX 请求的时候会在 Headers 中带上一个参数 ReqTime；在 POST 发送的数据中会有一个参数 sum，如图 7-40 所示。

图 7-40　较为复杂的异步加载练习页面

多次刷新页面，可以发现 ReqTime 和 sum 一直在变化。如果 requests 只固定使用某个 ReqTime 与 sum 的组合来发起请求，就会出现图 7-41 所示的返回信息。

不难看出 ReqTime 是精确到毫秒的时间戳，即使使用 Python 生成了一个时间戳，也不能得到网页上面的内容，如图 7-42 所示。

 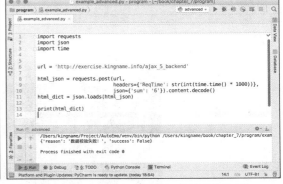

图 7-41　如果使用固定的参数就会导致爬虫爬不到数据　　　图 7-42　仅仅修改时间戳是不能让爬虫成功的

这就说明 ReqTime 与 sum 存在某种一一对应的关系，所以如果不知道如何把它们对应起来，也就无法通过 requests 发送请求来获得数据。这种一一对应的算法会写在网站的某一个 JavaScript 文件中，所以只要读懂了网站的 JavaScript 代码，就能使用 Python 模拟这种算法，构造出总是正确的 ReqTime 和 sum 的组合。但是网站的 JavaScript 一般都经过了代码混淆，要读懂需要比较深厚的 JavaScript 功底。如果一个网站只需要爬一次，或者对爬取速度没有要求，那么可以通过另一种方式来解决这种问题。

7.3.1　Selenium 介绍

虽然在网页的源代码中无法看到被异步加载的内容，但是在 Chrome 的开发者工具的 "Elements" 选项卡下却可以看到网页上的内容，如图 7-43 所示。

图 7-43　在开发者工具的 "Elements" 选项卡下可以看到被加载的内容

这就说明 Chrome 开发者工具 "Elements" 选项卡里面的 HTML 代码和网页源代码中的 HTML 代码是不一样的。在开发者工具中，此时显示的内容是已经加载完成的内容。如果能够获得这个被加载的内容，那么就能绕过手动构造 ReqTime 和 sum 的过程，可以直接使用 XPath 来获得想要的内容。

这种情况下，就需要使用 Selenium 操作浏览器来解析 JavaScript，再爬取被解析以后的代码。Selenium 是一个网页自动化测试工具，可以通过代码来操作网页上的各个元素。Selenium 是 Python 中的第三方库，可以实现用 Python 来操作网页。

7.3.2 Selenium 安装

使用 pip 安装 Selenium：

```
pip install selenium
```

安装情况如图 7-44 所示。

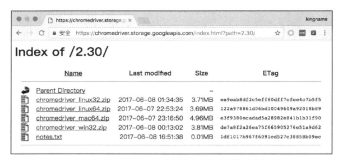

图 7-44　安装 Selenium

下载 ChromeDriver，根据自己的系统选择合适的版本，如图 7-45 所示。

Index of /2.30/

Name	Last modified	Size	ETag
Parent Directory		–	
chromedriver_linux32.zip	2017-06-08 01:34:35	3.71MB	ea9eab8df2c5eff60dff7cfee4c7b5f5
chromedriver_linux64.zip	2017-06-07 22:53:24	3.69MB	122a978861d06bd10049609a92018b89
chromedriver_mac64.zip	2017-06-07 23:16:50	4.96MB	e3f9380ecadad5a28982e841b1b31f90
chromedriver_win32.zip	2017-06-08 00:13:02	3.81MB	de7a8f2a26ea75f665905276e51a9d62
notes.txt	2017-06-08 16:51:38	0.01MB	1df1017b967f6091cd527c38858b09ec

图 7-45　根据自己的系统选择合适的版本

下载下来的是一个.zip 压缩文件，解压以后是一个可执行文件。对于 Mac OS 和 Linux，这个可执行文件就是 chromedriver，没有后缀名。对于 Windows，这个可执行文件的名称为 chromedriver.exe。

ChromeDriver 是 Chrome 浏览器的一个驱动程序，因此要使 ChromeDriver 正常工作，还必须保证计算机上有 Google Chrome 浏览器。如果没有的话，百度搜索并下载即可。

Selenium 需要使用 WebDriver 才能处理网页，这里的 WebDriver 可以理解为浏览器或者浏览器驱动程序。它可以是 Firefox，可以是 Chrome，也可以是 PhantomJS。其中前两者是有界面的，在处理网页的时候会弹出一个浏览器窗口，使用者可以很直观地看到网页的内容是如何被自动操作的。而 PhantomJS 是没有界面的，因此适合在服务器上使用。

本书以 ChromeDriver 为例来做讲解，把操作 ChromeDriver 的代码修改一行即能够实现操作 PhantomJS。

7.3.3 Selenium 的使用

1. 获取源代码

将 chromedriver 与代码放在同一个文件夹中以方便代码直接调用。初始化 Selenium 只需要两行代码，导入 Selenium 库，再指定 WebDriver，如图 7-46 所示。

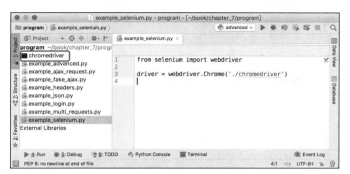

图 7-46　初始化 Selenium

第 3 行代码指定了 Selenium 使用 ChromeDriver 来操作 Chrome 解析网页，括号里的参数就是 ChromeDriver 可执行文件的地址。

如果要使用 PhantomJS，只需要修改第 3 行代码即可：

```
driver = webdriver.PhantomJS('./phantomjs')
```

同样，需要将 PhantomJS 的可执行文件与代码放在一起。

需要特别提醒的是，如果 chromedriver 与代码不在一起，可以通过绝对路径来指定，例如：

```
driver = webdriver.Chrome('/usr/bin/chromedriver')
```

使用 Windows 的读者在写这个参数的时候，要注意反斜杠的问题。"\" 这个符号叫作反斜杠，在 Windows 中作为路径的分隔符。但是由于转义字符也是反斜杠，所以如果把 Windows 下面的代码写为下面这样就会出问题。

```
driver = webdriver.Chrome('C:\server\chromedriver.exe')
```

因此，使用 Windows 的读者可在路径字符串左引号的左边加一个 "r" 符号，将代码写为：

```
driver = webdriver.Chrome(r'C:\server\chromedriver.exe')
```

这样 Python 就能正确处理反斜杠的问题。

初始化完成以后，就可以使用 Selenium 打开网页了。要打开一个网页只需要一行代码：

```
driver.get('http://exercise.kingname.info/exercise_advanced_ajax.html')
```

代码运行以后会自动打开一个 Chrome 窗口，并在窗口里面自动进入这个网址对应的页面。一旦被异步加载的内容已经出现在了这个自动打开的 Chrome 窗口中，那么此时使用下列代码：

```
html = driver.page_source
```

就能得到在 Chrome 开发者工具中出现的 HTML 代码，如图 7-47 所示。

图 7-47　在 ChromeDriver 加载页面完成以后可以得到加载以后的源代码

2. 等待信息出现

图 7-47 所示的代码第 6 行设置了一个 5s 的延迟，这是由于 Selenium 并不会等待网页加载完成再执行后面的代码。它只是向 ChromeDriver 发送了一个命令，让 ChromeDriver 打开某个网页。至于网页要开多久，Selenium 并不关心。由于被异步加载的内容会延迟出现，因此需要等待它出现以后再开始抓取。

假设设置为 time.sleep(5)，即强制等待 5s，但是网页只用了 1s 就加载完成了，那么剩下的 4s 就浪费了。如果网页需要 10s 才加载完成，那么只等 5s 又不够，内容不全。

为了让 Selenium 智能地等待网页加载完成，就需要使用"WebDriverWait""By"和"expected_conditions"这 3 个关键字。来看看下面这一段代码：

```
from selenium import webdriver
from selenium.webdriver.support.ui import WebDriverWait
from selenium.webdriver.common.by import By
from selenium.webdriver.support import expected_conditions as EC

driver = webdriver.Chrome('./chromedriver')

try:
    WebDriverWait(driver, 30).until(EC.presence_of_element_located((By.CLASS_NAME, "content")))
except Exception as _:
    print('网页加载太慢，不想等了。')

print(driver.page_source)
```

请读者直接从英语的角度来猜一下这段代码的意思。

关键字 WebDriverWait 会阻塞程序的运行，它的第 2 个参数 30 表示最多等待 30s。在这 30s 内，每 0.5s 检查一次网页。

until 在英文中的意思为"直到"，所以 WebDriverWait 会在 30s 内不停地检查网页元素，直到某个条件满足才会继续运行后面的代码。如果等待的内容始终不出现，那么 30s 以后就会抛出一个超时的 Exception。

而这个被等待的条件，就是 expected_conditions，其中，expected 的英文含义为"期待"，conditions 的英文意思为"条件"。所以这个关键字表示期待某个条件。而这个条件就是"presence_of_element_located"，其中的"located"是"locate"的被动式，表示"被定位的"，"presence"的英文意思是"出现"。所以这个方法的作用是"被定位的元素出现"。而被定位的元素怎么定位呢？通过"By"这个关键字来指定 class 为"content"的这个元素。

所以这段代码的意思是："等待网页加载，直到 class 为 content 的 HTML 元素出现，如果 30s 都等不到，就抛出异常"。

期望的条件除了某个元素出现以外，也可能是某个元素的 text 里面出现了某些文本：

```
WebDriverWait(driver, 30).until(EC.text_to_be_present_in_element((By.CLASS_NAME, "content"), '通关'))
```

这句代码的意思是：等待网页加载，直到 class 为 content 的 HTML 元素里面的文本中包含了"通关"两个汉字。

By 除了指定 class 以外，还可以指定很多其他的属性，例如：

```
By.ID
By.NAME
```

当然，也可以使用 XPath，即：

```
By.XPATH
```

例如：

```
EC.presence_of_element_located((By.XPATH, '//div[@class="content"]'))
```

特别提醒："presence_of_element_located"的参数是一个元组，元组第 0 项为 By.XX，第 1 项为具体内容。"text_to_be_present_in_element"的参数有两个：第 1 个参数为一个元组，元组第 0 项为 By.xx，第 1 项为具体标签内容；第 2 个参数为部分或全部文本，又或者是一段正则表达式。

3．在网页中获取元素

在网页中寻找需要的内容，可以使用类似于 Beautiful Soup4 的语法：

```
element = driver.find_element_by_id("passwd-id") #如果有多个符合条件的，返回第1个
element = driver.find_element_by_name("passwd") #如果有多个符合条件的，返回第1个
element_list = driver.find_elements_by_id("passwd-id") #以列表形式返回所有的符合条件的element
element_list = driver.find_elements_by_name("passwd") #以列表形式返回所有的符合条件的element
```

也可以使用 XPath：

```
element = driver.find_element_by_xpath("//input[@id='passwd-id']")
#如果有多个符合条件的，返回第1个
element = driver.find_elements_by_xpath("//div[@id='passwd-id']")
#以列表形式返回所有的符合条件的element
```

但是有以下两点需要特别注意。

（1）如果能找到元素，"find_element_by_xxx" 返回的内容是一个 Element 对象；如果找不到元素，那么 "find_element_by_xxx" 将会抛出一个 Exception。因此如果不确定元素是否存在，那么必须使用 "try...except Exception" 把 "find_element_by_xxx" 包起来。而如果使用 "find_elements_by_xxx"，那么返回的是一个列表，列表里面是 0 个、1 个或者多个 Element 对象。也就是说，即使找不到元素，也会返回一个空列表，程序不会抛出异常。

（2）如果使用 XPath，无论是 "find_element_by_xpath" 还是 "find_elements_by_xpath"，只要是想获取 HTML 标签里面的文本信息，那么就不能在 XPath 的末尾加上 "text()"。必须先使用 "find_element_by_xpath" 定位到文本所在的标签，然后读取返回的 Element 对象的 ".text" 属性；或者使用 for 循环展开 "find_elements_by_xpath" 返回的列表，得到每一个 Element 对象并读取它们的 ".text" 属性。如果把代码写为：

```
comment = driver.find_element_by_xpath('//div[@class="content"]/text()')
comments = driver.find_elements_by_xpath('//div[@class="content"]/text()')
```

程序就会报错。正确的写法应该是：

```
comment = driver.find_element_by_xpath('//div[@class="content"]')
print(comment.text)


comment = driver.find_elements_by_xpath('//p[starts-with(@id, "content_")]')
for each in comment:
  print(each.text)
```

对于练习网站，使用 XPath 获取网页的内容，运行结果如图 7-48 所示。

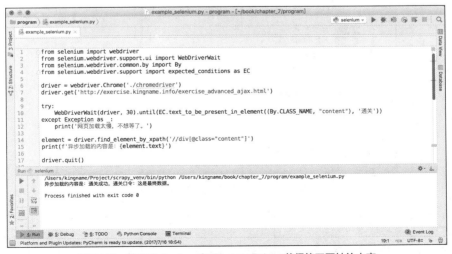

图 7-48　使用 Selenium 和 ChromeDriver 获得练习网站的内容

7.4 阶段案例

在乐视网上寻找一个视频，爬取视频的评论信息。

7.4.1 需求分析

目标网站：http://www.le.com。
目标内容：爬取视频评论。
涉及的知识点：
（1）分析网站的异步加载请求。
（2）使用 requests 发送请求。

7.4.2 核心代码构建

在乐视网上打开一个视频，可以看到其部会评论页面如图 7-49 所示。

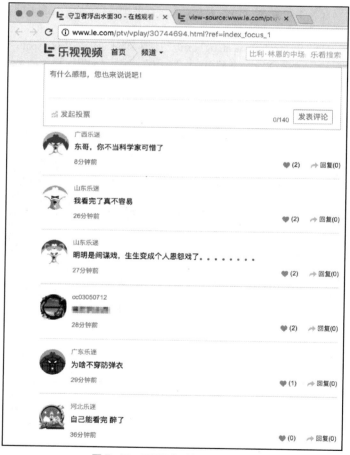

图 7-49 乐视网部分视频评论页面

通过使用 Chrome 的开发者工具分析页面的异步加载请求，可以发现评论所在的请求如图 7-50 所示。
可以使用 Python 来模拟这个请求，从而获取视频的评论信息。
在请求的 URL 里面有两个参数：vid 和 pid。这两个参数在网页的源代码里面都可以找到，如图 7-51 所示。

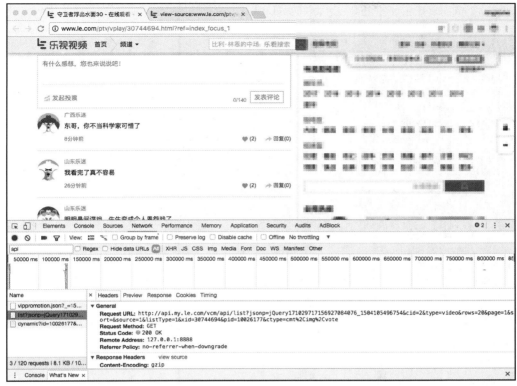

图 7-50　使用 Chrome 开发者工具观察评论的异步加载请求

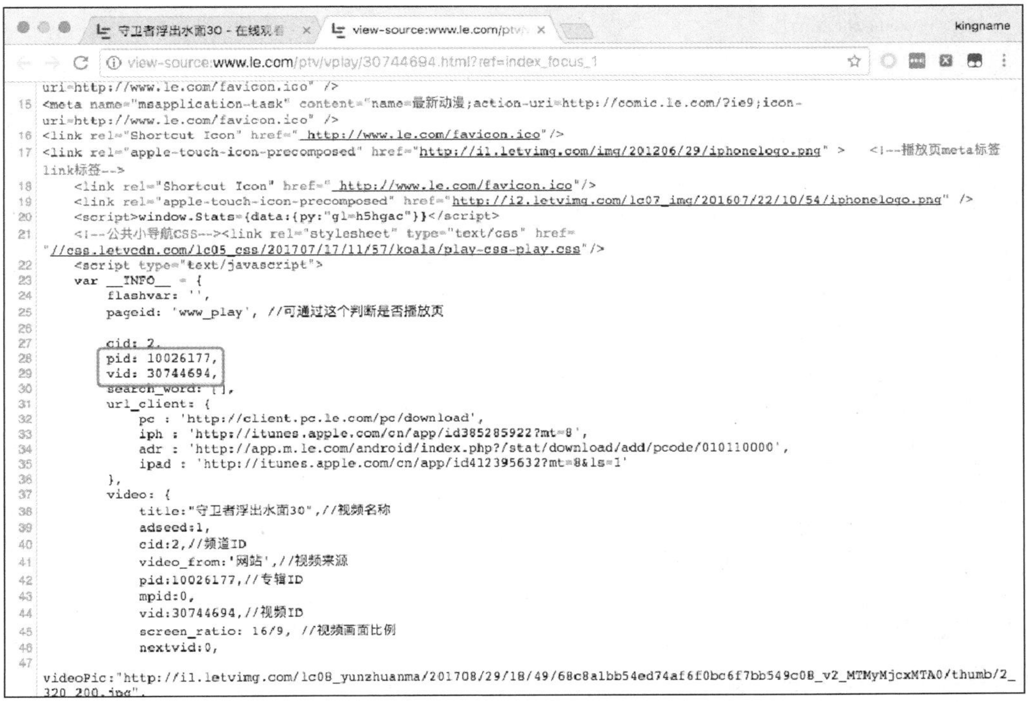

图 7-51　在网页源代码里面寻找 pid 和 vid

　　爬虫首先访问视频页面，通过正则表达式获取 vid 和 pid，并将结果保存到 "necessary_info" 这个类属性对应的字典中。核心代码如下：

```
def get_necessary_id(self):
  source = self.get_source(self.url, self.HEADERS)
  vid = re.search('vid：(\d+)', source).group(1)
  pid = re.search('pid：(\d+)', source).group(1)
  self.necessary_info['xid'] = vid
  self.necessary_info['pid'] = pid
```

　　访问评论的接口，用 Python 发起请求，获得评论数据。核心代码如下：

```
def get_comment(self):
  url = self.COMMENT_URL.format(xid=self.necessary_info['xid'],
                     pid=self.necessary_info['pid'])
  source = self.get_source(url, self.HEADERS)
  source_json = source[source.find('{')：-1]
  comment_dict = json.loads(source_json)
  comments = comment_dict['data']
  for comment in comments:
    print(f'发帖人：{comment["user"]["username"]}，评论内容：{comment["content"]}')
```

　　代码中，提前定义的 self.COMMENT_URL 和 self.HEADERS 如图 7-52 所示。

图 7-52　在代码中提前定义好 self.COMMENT_URL 和 self.HEADERS

7.4.3　调试与运行

　　在爬虫中，带上通过 Chrome 浏览器从评论页面复制而来的 Headers 再发起请求，可以减少爬虫被网站封锁的概率。

　　爬虫的运行结果如图 7-53 所示。

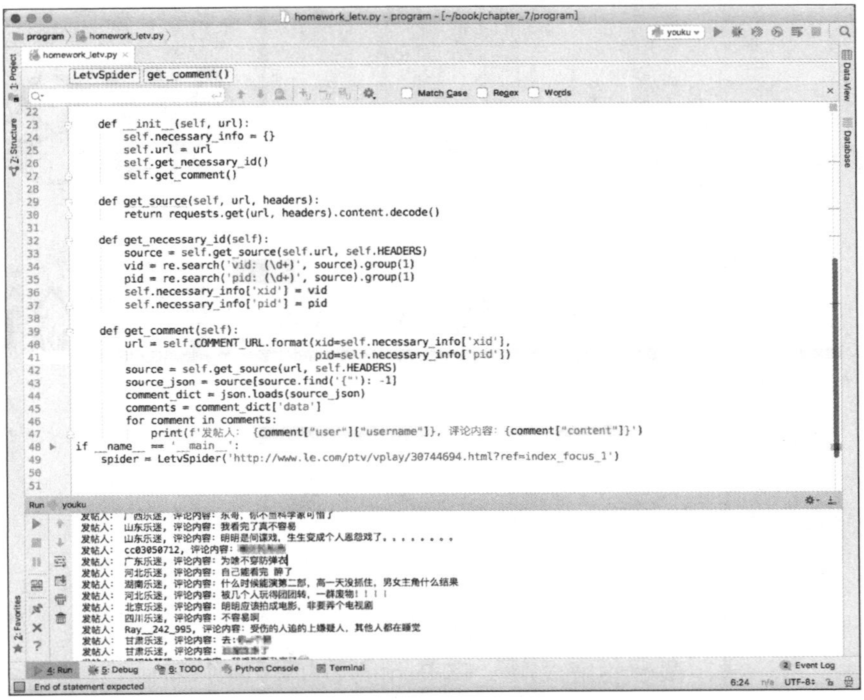

图 7-53　乐视网视频评论爬虫运行结果

7.5　本章小结

本章主要介绍了使用爬虫获取异步加载网页的各种方法。对于普通的异步加载，可以使用 requests 直接发送 AJAX 请求来获取被加载的内容。发送的请求中可能包含一些特殊的值，这些值来自网页源代码或者另一个 AJAX 请求。

在发送请求时需要注意，应保持 requests 提交的请求头与浏览器的请求头一致，这样才能更好地骗过网站服务器达到获取数据的目的。

对于比较复杂的异步加载，现阶段可以先使用 Selenium 和 ChromeDriver 来直接加载网页，然后就能从被加载的网页中直接获取到需要的内容。

7.6　动手实践

寻找并爬取一个使用异步加载技术的网站。

第8章

模拟登录与验证码

■ 到目前为止，本书所涉及的网页都是不需要登录的。但是在互联网上存在大量需要登录才能访问的网站，要爬取这些网站，就需要学习爬虫的模拟登录。

对于一个需要登录才能访问的网站，它的页面在登录前和登录后可能是不一样的。如果直接使用 requests 去获取源代码，只能得到登录以前的页面源代码。

通过这一章的学习，你将会掌握如下知识。

（1）使用 Selenium 操作浏览器实现自动登录网站。

（2）使用 Cookies 登录网站。

（3）模拟表单登录网站。

（4）爬虫识别简单的验证码。

8.1 模拟登录

以知乎为例来进行说明。在登录状态下访问知乎，看到的首页如图 8-1 所示。

图 8-1　登录以后看到的知乎首页

但是如果没有登录，访问知乎首页会自动跳转到登录页面，看到的是图 8-2 所示的页面。

图 8-2　没有登录的情况下访问首页会自动跳转到登录页面

如果使用 requests 直接获取知乎首页，可以看到源代码明显是未登录状态的，如图 8-3 所示。

模拟登录有多种实现方法，使用 Selenium 操作浏览器登录和使用 Cookies 登录虽然简单粗暴，但是有效。使用模拟提交表单登录虽然较为麻烦，但可以实现自动化。

8.1.1 使用 Selenium 模拟登录

使用 Selenium 来进行模拟登录，整个过程非常简单。流程如下。

（1）初始化 ChromeDriver。

（2）打开知乎登录页面。

（3）找到用户名的输入框，输入用户名。

（4）找到密码输入框，输入用户名。

（5）手动单击验证码。

（6）按下 Enter 键。

以上过程，若使用 Selenium，一般情况下只需要不到 20 行代码就可以完成：

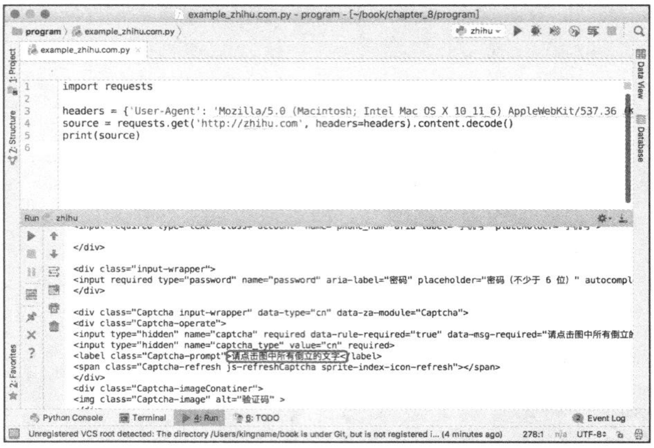

图 8-3　使用 requests 直接访问知乎只能得到未登录状态的源代码

```
from selenium import webdriver
from selenium.webdriver.common.keys import Keys
import time

driver = webdriver.Chrome('./chromedriver') #填写你的chromedriver的路径
driver.get("https://www.zhihu.com/#signin")

elem = driver.find_element_by_name("account") #寻找账号输入框
elem.clear()
elem.send_keys("xxx@gmail.com") #输入账号
password = driver.find_element_by_name('password') #寻找密码输入框
password.clear()
password.send_keys("12345678") #输入密码
input('请在网页上点击倒立的文字，完成以后回到这里按任意键继续。')
elem.send_keys(Keys.RETURN) #模拟键盘回车键
time.sleep(10) #这里可以直接sleep，也可以使用上一章讲到的等待某个条件出现
print(driver.page_source)
driver.quit()
```

上面的代码就是使用 Selenium 登录知乎的全部代码，包括空行一共 18 行。

学习了第 7 章 Selenium 的用法，这里的代码看起来就很轻松了。程序首先打开知乎的登录页面，然后使用"find_element_by_name"分别找到输入账号和密码的两个输入框。这两个输入框的 name 属性值分别为"account"和"password"，如图 8-4 所示。

图 8-4　知乎登录界面账号和密码输入框的 name 属性

在 Selenium 中可以使用 send_keys()方法往输入框中输入字符串。

在输入了密码以后，验证码框就会弹出来。知乎使用的验证码为点击倒立的文字，这种验证码不容易自动化处理，因此在这个地方让爬虫先暂停，手动点击倒立文字。爬虫中的 input()语句会阻塞程序，直到在控制台按下 Enter 键，爬虫才会继续运行，如图 8-5 所示。

图 8-5　让爬虫暂停等待，读者手动点击验证码

接下来，爬虫模拟按下 Enter 键的动作，触发知乎的登录行为，实现登录。登录成功以后，界面如图 8-6 所示。

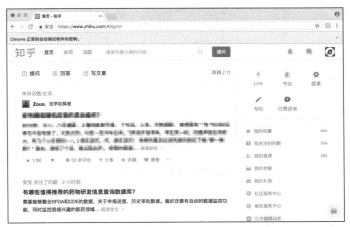

图 8-6　在 Selenium 打开的 Chrome 中登录知乎

无论是使用 Selenium 来运行异步加载的网站，还是模拟登录，代码少，效果好，看起来简直完美。但是 Selenium 的缺点就是它的速度太慢了。如果一个网页有很多图片又有很多的异步加载，那么使用 Selenium 处理完成一个网页要十几秒甚至几十秒。而且如果是在服务器上使用 PhantomJS 作为 WebDriver，还会出现内存泄漏的问题，爬虫轻轻松松就会把服务器内存撑爆。因此，Selenium 不适合用于大规模的爬虫开发。

虽然 Selenium 和 WebDriver 不适合做主力，但是用其来做辅助操作，却有意想不到的效果。

V8-1　使用 Selenium 模拟登录知乎

8.1.2　使用 Cookies 登录

Cookie 是用户使用浏览器访问网站的时候网站存放在浏览器中的一小段数据。Cookie 的复数形式 Cookies 用来表示各种各样的 Cookie。它们有些用来记录用户的状态信息；有些用来记录用户的操作行为；还有一些，具有

现代网络最重要的功能：记录授权信息——用户是否登录以及用户登录哪个账号。

为了不让用户每次访问网站都进行登录操作，浏览器会在用户第一次登录成功以后放一段加密的信息在 Cookies 中。下次用户访问，网站先检查 Cookies 有没有这个加密信息，如果有并且合法，那么就跳过登录操作，直接进入登录后的页面。

通过已经登录的 Cookies，可以让爬虫绕过登录过程，直接进入登录以后的页面。

在已经登录知乎的情况下，打开 Chrome 的开发者工具，定位到"Network"选项卡，然后刷新网页，在加载的内容中随便选择一项，然后看右侧的数据，从 Request Headers 中可以找到 Cookie，如图 8-7 所示。

图 8-7　在 Chrome 开发者工具中查看 Cookie

请注意这里一定是"Request Headers"，不要选成了"Response Headers"。

只要把这个 Request Headers 的内容通过 requests 提交，就能直接进入登录以后的知乎页面了，如图 8-8 所示。由于登录以后的知乎页面的 HTML 代码全部缩在了一行，所以在 PyCharm 里面看起来不太方便。不过从输出的部分文字可以证明，确实已经是登录以后的页面。

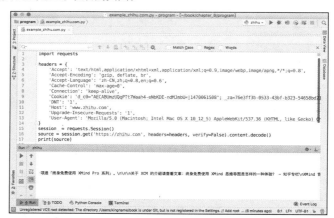

图 8-8　复制登录后的 Headers，可以让 requests 直接以登录后的身份获取知乎首页源代码

可以看到，使用 Cookie 来登录网页，不仅可以绕过登录步骤，还可以绕过网站的验证码。

在图 8-8 所示的代码中，使用了 requests 的 Session 模块。所谓 Session，是指一段会话。网站会把每一个会话的 ID（Session ID）保存在浏览器的 Cookies 中用来标识用户的身份。requests 的 Session 模块可以自动保存网站返回的一些信息。其实在前面章节中使用的 requests.get()，在底层还是会先创建一个 Session，然后用 Session 去访问。但是每调用一次 requests.get()，都会创建一个新的 Session。对服务器来说，就像是每次都新开一个浏览器来访问。这个行为其实和正常人的行为是不一致的。如果直接使用 Session 模块，那么每次都用这个 Session 去访问，对服务器来说，这个行为就像是在一个浏览器窗口中通过单击链接进入其他页面。这个行为更像人的行为。在 requests

的官方文档中也建议，如果多次对同一个网站发送请求，那么应该使用 Session 模块，它会带来显著的性能提升。

对于 HTTPS 的网站，在 requests 发送请求的时候需要带上 verify=False 这个参数，否则爬虫会报错。带上这个参数以后，爬虫依然会报一个警告，这是因为没有 HTTPS 的证书。不过这个警告不会影响爬虫的运行结果。对于有强迫症的读者，可以参考相关内容为 requests 设置证书，从而解除这个警告。

8.1.3 模拟表单登录

在第 7 章通过 POST 提交请求解决了 AJAX 版登录页面的爬取。但是在现实中，有更多的网站是使用表单提交的方式来进行登录的。这一小节将要讲解如何解决表单登录的问题。

首先打开练习页会自动打开登录页面，如图 8-9 所示。

图 8-9　登录练习页

这个登录页面和第 7 章中的 AJAX 登录的页面非常相似。但是这里多了一个"自动登录"复选框。输入用户名 kingname，密码 genius，勾选"自动登录"复选框并单击"登录"按钮，可以看到登录成功后的页面，如图 8-10 所示。

图 8-10　登录练习页成功后的页面

根据前面的经验，遇到这种问题应首先打开 Chrome 的开发者工具并监控登录过程。然而，仔细观察会发现登录请求的那个网址只会在"Network"选项卡中存在 1s，然后就消失了。"Network"选项卡下面只剩下登录成功后的页面所发起的各种网络请求，如图 8-11 所示。

图 8-11　在"Network"选项卡中，登录这个动作发起的请求一闪而过

这是因为表单登录成功以后会进行页面跳转，相当于开了一个新的网页，于是新的请求就会直接把旧的请求覆盖。为了避免这种情况，需要在 Chrome 的开发者工具的 "Network" 选项卡中勾选 "Preserve log" 复选框，再一次登录就可以看到登录过程，如图 8-12 所示。

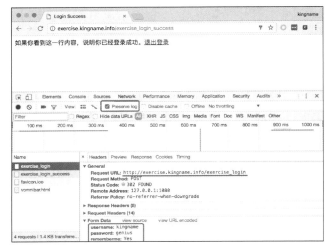

图 8-12　勾选 "Preserve log" 复选框

此时可以看到 Status Code 是 302，说明这里有一个网页跳转，也就证明了之前为什么登录以后看不到登录的请求。

使用 requests 的 Session 模块来模拟这个登录，其运行结果如图 8-13 所示。

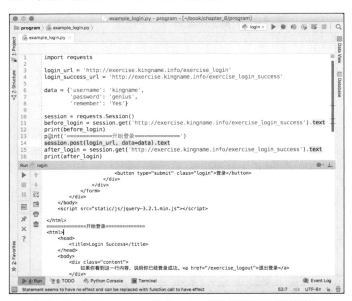

图 8-13　使用 requests 的 Session 模块模拟登录过程的结果

代码第 10 行使用 Session 模块初始化了一个实例，实例变量的名字为 session。此时可以想象成刚刚打开了一个浏览器。第 11 行代码的作用是在登录之前访问登录成功以后才能显示的页面，requests 会自动跳转到登录页面，before-login 变量中保存的是登录页的源代码。此时可以想象成在浏览器里直接访问本来需要登录才能访问的页面，于是浏览器自动跳转到登录页。第 14 行使用 Session 模块登录，登录成功以后服务器会返回登录成功的 Cookies，这个 Cookies 会被自动保存到 session 这个实例中。此时，这个假想的浏览器已经完成了登录，服务器把 Cookies

保存到了浏览器中。于是，第 15 行再执行一次与第 11 行完全一样的代码，通过 session 访问网址，可以直接得到登录后的页面网址。

请读者测试一下，如果不使用 Session，而是使用 requests.get() 和 requests.post()，那么登录完成以后再像第 15 行一样单独请求一次网址，登录后的页面源代码还能正常打印出来吗？

对于其他的网站，整个流程是完全一样的，只是 POST 提交的参数各有不同。有些网址只需要 POST 提交用户名和密码就可以了，而另外一些网址，可能还需要从源代码里面提取更多的参数。

8.2 验证码

既然说到登录，就不能不提验证码了。现在需要验证码的登录越来越多，那么对于简单的验证码，应该如何使用爬虫来进行识别呢？这就是这一节要讲到的问题。

8.2.1 肉眼打码

对于一次登录就可以长时间使用的情况，只需要识别一次验证码即可。这种情况下，与其花时间开发一个自动识别验证码的程序，不如直接肉眼识别。肉眼识别验证码有两种情况，借助浏览器与不借助浏览器。

1. 借助浏览器

在模拟登录中讲到过 Cookies，通过 Cookies 能实现绕过登录，从而直接访问需要登录的网站。因此，对于需要输入验证码才能进行登录的网站，可以手动在浏览器登录网站，并通过 Chrome 获取 Cookies，然后使用 Cookies 来访问网站。这样就可以实现人工输入一次验证码，然后很长时间不再登录。

有一些网站的验证码是通过单击或者拖动滑块来验证的。对于这种网站，目前最简单的办法就是使用 Cookies 来登录，其他方式都不好用。

2. 不借助浏览器

对于仅仅需要识别图片的验证码，可以使用这种方式——先把验证码下载到本地，然后肉眼去识别并手动输入给爬虫。

手动输入验证码的一般流程如下。

（1）爬虫访问登录页面。

（2）分析网页源代码，获取验证码地址。

（3）下载验证码到本地。

（4）打开验证码，人眼读取内容。

（5）构造 POST 的数据，填入验证码。

（6）POST 提交。

需要注意的是，其中的（2）、（3）、（4）、（5）、（6）步是一气呵成的，是在爬虫运行的时候做的。绝对不能先把爬虫程序关闭，肉眼识别验证码以后再重新运行。

打开验证码练习页面 http://exercise.kingname.info/exercise captcha.html，可以看到在这个页面需要输入验证码，如图 8-14 所示。

图 8-14　验证码练习页面

打开源代码页面，可以看到验证码的地址，如图 8-15 所示。

图 8-15　在源代码中找到验证码的地址

源代码给出的是一个相对路径，所以图片的实际网址为网站域名+相对路径，即 http://exercise.kingname.info/static/captcha/1500558784.9632132.png。文件名一看就是使用 Python 的 time.time()生成的时间戳。在知道了图片的网址以后，就可以使用 requests 将验证码下载下来，再肉眼识别。一旦验证码被识别了出来，那么剩下的工作就和一般的 POST 提交没有什么两样了。

识别验证码的完整代码如图 8-16 所示。

图 8-16　肉眼识别验证码的完整代码

如果有一百个人同时访问网站，就会有一百个不同的验证码，那么网站怎么知道谁应该输入哪个验证码呢？验证码一定和每个人的浏览器有一个一一对应的关系。这种一一对应，可能是通过 Cookies 来实现的，也可能是通过 Session 来实现的。所以，当使用浏览器访问验证码页面的时候，网站一定会往浏览器里面写一些验证信息。这就决定了在处理这个验证码识别问题的时候，一定要使用 Session 模块，绝对不能使用 requests.get()直接访问，否则代码量会增加不少。

代码第 7、8 行，初始化 Session 模块为 session 实例，并使用 session.get()来访问验证码页面。此时网站返回的 Cookies 会被自动保存到 session 这个实例中。下次请求时就会自动提交给网站。代码第 10 行，使用 XPath 获取验证码图片地址。代码第 13～15 行，首先使用 requests 像访问普通网页那样获取到图片的 byte 信息，然后以二进制方式写入到本地文件中。open()的第 2 个参数"wb"表示以二进制方式写文件。

文件保存以后，爬虫会提示用户去手动查看验证码，并在控制台输入给爬虫。爬虫拿到验证码以后，继续使用 session 将验证码信息 POST 给检查页面，此时 Cookies 也会被 session 自动提交。网站检测到 Cookies 对应的验证码和用户提交的验证码一致，于是返回验证码识别正确的信息。

V8-2　突破简单验证码——手动输入验证码

8.2.2　自动打码

1. Python 图像识别

Python 的强大，在于它有非常多的第三方库。对于验证码识别，Python 也有现成的库来使用。开源的 OCR 库 pytesseract 配合图像识别引擎 tesseract，可以用来将图片中的文字转换为文本。

这种方式在爬虫中的应用并不多见。因为现在大部分的验证码都加上了干扰的纹理，已经很少能用单机版的图片识别方式来识别了。所以如果使用这种方式，只有两种情况：网站的验证码极其简单工整，使用大量的验证码来训练 tesseract。这里仅仅使用简单的图片来进行介绍。

（1）安装 tesseract

使用 Windows 的读者，请打开网页下载安装包：https://github.com/tesseract-ocr/tesseract/wiki/Downloads，在 "3rd party Windows exe's/installer" 下面可以找到.exe 安装包。

使用 Mac 的读者可以通过 Homebrew 安装：

```
brew install tesseract
```

使用 Ubuntu 的读者可以直接通过 apt-get 安装：

```
sudo apt-get install tesseract-orc
```

（2）安装 Python 库

要使用 tesseract 来进行图像识别，需要安装两个第三方库:

```
pip install Pillow
pip install pytesseract
```

其中，Pillow 是 Python 中专门用来处理图像的第三方库，pytesseract 是专门用来操作 tesseract 的第三方库。

（3）tesseract 的使用

tesseract 的使用非常简单。

① 导入 pytesseract 和 Pillow。

② 打开图片。

③ 识别。

通过以下代码来实现最简单的图片识别：

```python
import pytesseract
from PIL import Image
image = Image.open('验证码.png')
code = pytesseract.image_to_string(image)
print(code)
```

运行结果如图 8-17 所示。

图 8-17　使用 tesseract 识别简单验证码的运行效果

如果使用 Mac OS，并且使用 Homebrew 安装 tesseract，那么有可能程序会报以下错误：

FileNotFoundError: [Errno2] No such file or directory: 'tesseract'

这是因为 Homebrew 没有把 tesseract 加入到系统的环境变量的缘故。要解决这个问题，需要修改 Python 安装文件夹下面的 lib/site-packages/pytesseract 文件夹中的 pytesseract.py 文件，将第 21 行的代码：

tesseract_cmd = 'tesseract'

修改为：

tesseract_cmd = '/usr/local/bin/tesseract'

修改代码如图 8-18 所示。

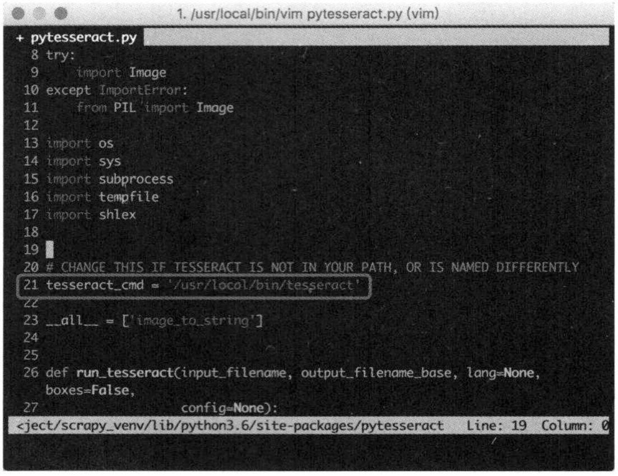

图 8-18　修改 pytesseract 中的可执行文件地址

要找到这个文件，最简单的办法是在 PyCharm 中先使用 import 导入 pytesseract，然后，使用 Windows 和 Linux 系统的读者按下 Ctrl 键并单击 "pytesseract" 即可；使用 Mac OS 系统的读者按下 Command 键并单击 "pytesseract" 即可。这样，PyCharm 就会自动打开这个文件。

2. 打码网站

（1）打码网站介绍

在线验证码识别的网站，简称打码网站。这些网站有一些是使用深度学习技术识别验证码，有一些是雇用了很多人来人肉识别验证码。网站提供了接口来实现验证码识别服务。使用打码网站理论上可以识别任何使用输入方式来验证的验证码。

这种打码网站的流程一般是这样的。

① 将验证码上传到网站服务器。

② 网站服务器将验证码分发给打码工人。

③ 打码工人肉眼识别验证码并上传结果。

④ 网站将结果返回。

（2）使用在线打码

在百度或者谷歌上面搜索 "验证码在线识别"，就可以找到很多提供在线打码的网站。但是由于一般这种打码网站是需要交费才能使用的，所以要注意财产安全。

本书使用一个名称为 "云打码" 的网站来进行测试。注册账号以后，需要交费购买才能正常使用。

这个网站虽然提供了各种语言的 SDK，但是版本都比较旧了，所以建议使用 HTTP 接口。

虽然 HTTP 接口文档给出了上传的地址，但是不要去看它提供的 "PythonHTTP 调用示例"，因为这个示例有问题。

经过研究，它的 HTTP 接口的正确使用步骤如下。

① 首先访问 http://yundama.com/download/YDMHttp.html，获得软件 KEY，如图 8-19 所示。

图 8-19　获得软件 KEY

② 使用 POST 方式上传图片，并接收返回信息。

③ 网速足够好的时候，立刻就可以从返回的信息中得到验证码。如果返回的数据没有验证码，转步骤④。

④ 获取 cid,并使用 GET 方式反复访问 http://api.yundama.com/api.php?cid=<cid>&method=result，直到获取到验证码为止。

这里给出一个正确使用方式的代码片段：

```python
captcha_username = 'kingname' #打码网站用户名
captcha_password = '1234567' #打码网站密码
captcha_appid = 1
captcha_appkey = '22cc5376925e9387a23cf797cb9ba745' #打码网站软件KEY
captcha_codetype = '1004'
captcha_url = 'http://api.yundama.com/api.php?method=upload'
captcha_result_url = 'http://api.yundama.com/api.php?cid={}&method=result'
filename = '1.png'
timeout = 15

data = {'method': 'upload',
        'username': captcha_username,
        'password': captcha_password,
        'appid': captcha_appid,
        'appkey': captcha_appkey,
        'codetype': captcha_codetype,
        'timeout': '60'}
f = open(filename, 'rb')
file = {'file': f}
response = requests.post(captcha_url, data, files=file).text
f.close()
response_dict = json.loads(response)
'''如果验证码比较简单，或者是白天，这里直接就可以得到结果'''
result = response_dict['text']

'''如果验证码比较难以识别或者是深夜，需要等待网站的返回结果'''
if not result:
    cid = response_dict['cid']
while timeout >0:
    response = requests.get(captcha_result_url.format(cid)).text
    response_dict = json.loads(response)
    print(response_dict, '——还剩:{}秒...'.format(timeout))
    captcha = response_dict['text']
```

```
if response_dict['text']:
    print('验证码是: {}'.format(captcha))
    break
time.sleep(1)
timeout -= 1
```

代码运行结果如图 8-20 所示。

图 8-20　调用打码网站的核心代码的运行结果

（3）注意事项

如果读者看到这一章的时候，发现这个本章使用的网站已经不能使用了，可通过搜索引擎寻找其他的打码网站。通过看打码网站的文档来学习怎么使用，根据网站的说明把打码网站的接口集成到爬虫当中。由于这种打码网站鱼龙混杂，而且小网站众多，因此在选择网站的时候，需要注意以下几点。

① 拒绝实名制，不要选择任何需要提供手机号及身份证照片的网站。

② 注册邮箱请使用小号，单独使用密码。

③ 如果要交费，注意交费地址。

④ 只使用支付宝扫二维码或者微信扫二维码支付，反复确认交费金额，不要在网站上输入密码。

⑤ 一次交费不要超过 10 元。

⑥ 尽量不要使用百度。

8.3　阶段案例——自动登录果壳网

8.3.1　需求分析

目标网站：https://www.guokr.com。

目标内容：个人资料设置界面源代码。

使用模拟登录与验证码识别的技术实现自动登录果壳网。果壳网的登录界面有验证码，请使用人工或者在线打码的方式识别验证码，并让爬虫登录。登录以后可以正确显示"个人资料设置"界面的源代码。

涉及的知识点：

（1）爬虫识别验证码。

（2）爬虫模拟登录。

8.3.2 核心代码构建

在模拟登录果壳网的时候，POST 提交的数据有两个参数：csrf_token 和 captcha_rand。这两个参数需要使用 XPath 或者正则表达式从网页源代码中获取。登录果壳网所需要的参数如图 8-21 所示。

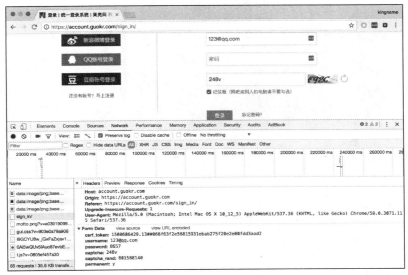

图 8-21　登录果壳网所需要的参数

获取的 csrf_token 和 captcha_rand 位置如图 8-22 所示。

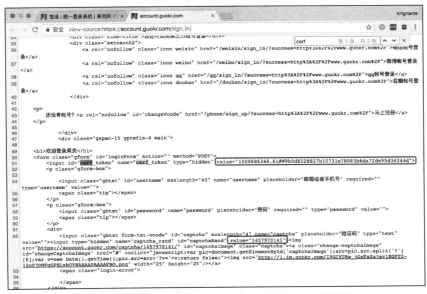

图 8-22　源代码中的 csrf_token 和 captcha_rand 的位置

以正则表达式为例，获取 csrf_token：

```
csrf_token = re.findall('name="csrf_token" type="hidden" value="(.*?)">', html, re.S)
if not csrf_token:
    print('不能获取csrf_token，无法登录。')
    exit()
csrf_token = csrf_token[0]
```

获取 captcha_rand：

```
captcha_rand = re.findall('id="captchaRand" value="(.*?)">', html, re.S)
if not captcha_rand:
    print('不能获取captcha_rand，无法登录。')
    exit()

captcha_rand = captcha_rand[0]
```

对于提交给果壳网的数据，账号及密码是必需的：

```
data_guokr = {
    'username': email,
    'password': password,
    'permanent': 'y'
}
```

当然，还有验证码相关内容：

```
data_guokr['captcha'] = captcha_solution
data_guokr['captcha_rand'] = captcha_rand
data_guokr['csrf_token'] = csrf_token
result = session.post(login_url, data=data_guokr, headers=header).content
```

登录完成以后，使用这个 session 直接去访问个人资料页面，获取个人资料：

```
profile = session.get('http://www.guokr.com/settings/profile/', headers=header).content
print(profile.decode())
```

8.3.3 运行与调试

代码运行以后的结果如图 8-23 所示。

图 8-23　自动登录果壳网爬虫的运行结果，箭头所指的为打码网站识别的验证码

从图 8-23 中也可以看到，使用在线打码的方式，验证码没有即时返回时每一秒去打码网站查询的过程。最后打开的源代码 HTML 标题为"个人资料"，说明已经成功登录。

V8-3　模拟登录果壳网

8.4　本章小结

本章主要讲授了模拟登录与验证码识别。使用 Selenium 实现模拟登录最为简单。但是这种方式的弊端是运行速度慢。使用 Cookies 登录可以实现一次手动、长期自动的目的。而模拟表单登录本质就是发起 POST 请求来进行登录，需要使用 Session 模块来保存登录信息。

验证码识别主要是使需输入的验证码实现自动化。包括手动输入与在线打码。对于单击、拖动的验证码，建议使用 Cookies 来进行登录。

8.5　动手实践

请回想一下，你常用的网站中有没有在登录时需要输入验证码的情况。如果有，请试一试使用 Python 来使这个过程自动化。

第9章

抓包与中间人爬虫

■ 网页爬虫叫作"Web Crawler"，但实际上，除了网页以外，还有很多其他地方可以爬取数据，所有这些地方的爬虫合在一起才叫作"Spider"。在前面的章节，爬虫爬取的对象主要是计算机网页。本章将会讲到手机 App 爬虫、微信小程序爬虫和中间人爬虫。

通过这一章的学习，你将会掌握如下知识。

（1）使用 Charles 抓取 App 和微信小程序的数据包。

（2）使用 mitmproxy 开发中间人爬虫。

9.1 数据抓包

所谓抓包（Package Capture），简单来说，就是在网络数据传输的过程中对数据包进行截获、查看、修改或转发的过程。如果把网络上发送与接收的数据包理解为快递包裹，那么在快递运输的过程中查看里面的内容，这就是抓包。

9.1.1 Charles 的介绍和使用

在分析异步加载的网页时，Chrome 的开发者工具非常好用。通过在开发者工具的 "Network" 选项卡中寻找被加载的数据，然后用 Python 模拟出这个数据的请求，从而直接访问网站的后台接口，就可以得到数据。

但是开发者工具有一个特别不方便的地方，那就是没法对数据进行搜索。如果想知道一个特定的异步加载内容来自哪个请求，必须在 "Network" 选项卡里面一个请求一个请求地进行查看。如果一个网页的请求有几百个，那么这样寻找起来是非常费时、费力的。要简化寻找数据的过程，就需要设法直接全局搜索网页的所有请求的返回数据。

为了实现这个目的，就需要使用 Charles。Charles 是一个跨平台的 HTTP 抓包工具。使用它可以像 Chrome 一样截取 HTTP 或者 HTTPS 请求的数据包。同时 Charles 还有 Chrome 所不具备的很多奇妙功能。

1. Charles 的安装和使用

Charles 是一个收费软件，官方网站地址为 https://www.charlesproxy.com/。如果没有注册，安装以后的前 30 天可以正常使用。30 天以后，虽然功能不会缩水，但每过 30 分钟 Charles 会自动关闭一次。

Charles 有 Windows 32 位/64 位版、Mac OS 版和 Linux 64 位版。读者可在下载页面选择符合自己系统的版本进行下载。

Charles 的下载和安装没有任何难点。在 Windows 系统中，直接双击安装文件进行安装即可，任何设置都不需要修改，同意许可协议以后，一直单击 "Next" 按钮直到安装完成；在 Mac OS 系统中双击下载下来的.dmg 文件，同意许可协议以后，把 Charles 的水瓶图标拖到 Application 这个文件夹里面即可，如图 9-1 所示。

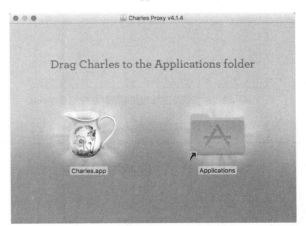

图 9-1　将左侧水瓶图标拖到右侧文件夹中即可完成 Charles 的安装

安装完成后，第一次运行 Charles 会弹出一个对话框，提示需要获取权限来自动配置网络，单击 "Grant Privileges" 按钮并输入系统密码运行即可，如图 9-2 所示。

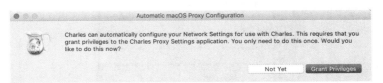

图 9-2　单击 "Grant Privileges" 按钮同意 Charles 获取权限

刚刚打开 Charles 就可以看到上面滚动了非常多的数据，如图 9-3 所示。

图 9-3　打开 Charles 就可以看到很多数据滚动

2. Charles 的使用

Charles 上面滚动的数据就是目前计算机发起的数据包。单击工具栏上面的黄色笤帚图标，可以清空当前的数据包记录；单击笤帚右边的红色圆点图标，可以停止抓包，且红色圆点变成灰色圆点。暂停以后再单击灰色圆点，Charles 恢复抓包，如图 9-4 所示。

图 9-4　通过单击笤帚图标和圆点图标来控制 Charles

在 Charles 启动时，系统自带浏览器的所有 HTTP 流量都会经过 Charles，此时可以看到数据包，如图 9-5 所示。

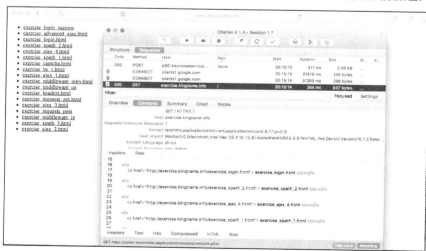

图 9-5　系统自带浏览器 Safari 的数据包会自动经过 Charles

在数据包非常多的情况下，使用 Charles 的过滤功能来对数据包进行过滤从而减少干扰。在 Filter 这一栏中输入域名，就可以显示只包含这个域名的数据包，如图 9-6 所示。

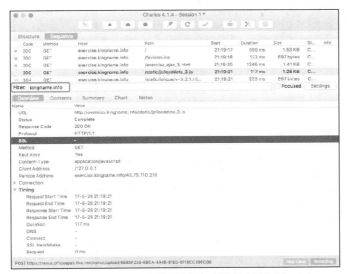

图 9-6　在 Filter 中输入域名来对数据包进行过滤

单击"Filter"输入框下方的"Contents"按钮，查看数据包的详细信息，如图 9-7 所示。

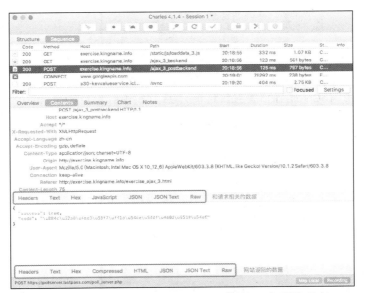

图 9-7　单击 Filter 栏下面的"Contents"按钮，查看详细信息

通过单击图 9-7 中方框框住的各个选项卡，可以非常直观地观察到请求和返回的各种信息。

如果浏览器是 Chrome，在没有安装第三方代理插件的情况下，Chrome 的 HTTP 流量都会经过 Charles。但是如果安装了第三方的类似于 SwitchyOmega 这种代理插件，那么就可以在插件里面添加一个代理，代理 IP 为127.0.0.1，端口为 8888，如图 9-8 所示。

在 Chrome 使用这个代理的情况下，就可以正常让 Charles 监控流量了，如图 9-9 所示。

计算机上的任意软件，如果支持自定义代理的功能，那么设置代理 IP 为 127.0.0.1，端口为 8888，也可以让 Charles 监控这个软件。

图 9-8　在 SwitchyOmega 中配置代理 IP 和端口使网络请求经过 Charles

图 9-9　让 Chrome 的流量经过 Charles 以后，Charles 可以抓取 Chrome 的数据包

　　当 Charles 抓包以后，在 Mac OS 系统下可以按 Command+F 组合键，在 Windows 系统下按 Ctrl+F 组合键打开 Charles 进行搜索，如图 9-10 所示。

图 9-10　在 Charles 的搜索界面进行搜索

双击搜索出来的结果，Charles 就会自动跳转到对应的数据包上。

有一点需要注意，JSON 里面的中文是无法直接搜索到的，如图 9-11 所示。

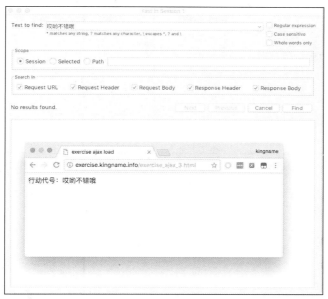

图 9-11　异步请求返回的 JSON 数据中的中文不能直接搜索

为了搜索到中文，需要首先在 Python 里面创建一个带中文的字典或者列表，然后把它转换成 JSON，再从 JSON 中复制出中文对应的 Unicode 码来进行搜索，如图 9-12 所示。

图 9-12　首先使用 Python 把中文转换为 Unicode 码再通过 Charles 搜索

3．抓取 HTTPS 数据包

如果使用 Charles 直接抓取 HTTPS 的数据包，就会出现大量的 Method 为 CONNECT 的请求，但是这些请求又全部都会失败，如图 9-13 所示。

图 9-13　用 Charles 抓取 HTTPS 数据包时的请求会大量失败

出现这种情况，是因为没有安装 SSL 证书导致的。要安装 SSL 证书，可选择菜单栏的"Help"-"SSL Proxying" -"Install Charles Root Certificate"命令，如图 9-14 所示。

图 9-14　通过菜单栏命令来安装 SSL 证书

对于 Mac OS 系统，"钥匙串访问"窗口会自动弹出来，Charles 的证书已经出现在了其中，如图 9-15 所示。

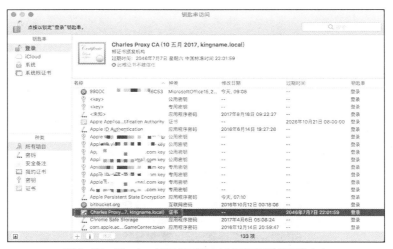

图 9-15　Charles 的证书已经被安装到了系统的钥匙串中

双击 Charles 证书所在的这一行，在新打开的窗口中展开"信任"三角形按钮，将"使用此证书时"设定为"始终信任"，如图 9-16 所示。

关闭这个弹出来的窗口，系统会自动弹出输入密码的窗口，输入密码以后，证书就安装好了。

对于 Windows 系统，选择菜单栏中的"Help"-"SSL Proxying"-"Install Charles Root Certificate"会自动弹出证书信息，如图 9-17 所示。

图 9-16　展开"信任"三角形按钮并将 Charles 设置为始终信任

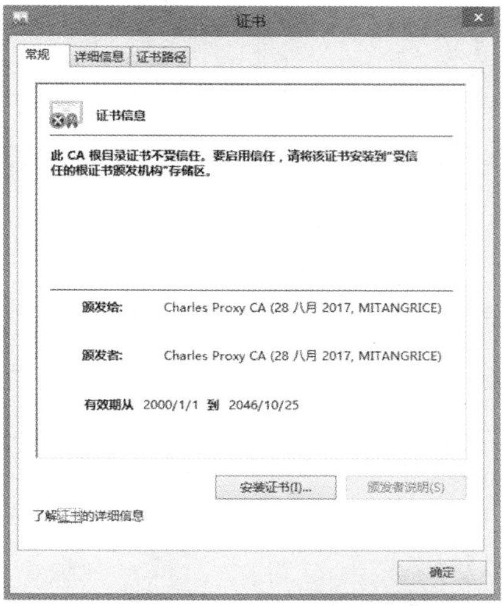

图 9-17　Windows 显示证书信息

单击图 9-17 中的"安装证书"按钮，打开证书导入向导，如图 9-18 所示。单击"下一步"按钮，选择"将所有的证书都放入下列存储"单选按钮，单击"浏览"按钮，在弹出的对话框中选择"受信任的根证书颁发机构"，单击"确定"按钮，如图 9-19 所示。

图 9-18　证书导入向导

图 9-19　将 Charles 的证书添加到受信任的根证书颁发机构

单击"下一步"按钮，会弹出一个警告对话框，如图 9-20 所示。单击"是"按钮完成证书安装。

图 9-20　系统弹出警告窗口询问是否安装证书

无论是 Windows 还是 Mac OS 系统，完成了证书的安装以后，剩下的操作就一致了。

安装好证书以后，选择菜单栏中的"Proxy"-"SSL Proxying Settings"命令打开 SSL 代理设置对话框，如图 9-21 所示。

在 SSL 代理设置对话框，单击"Add"按钮，在"Host"输入框中输入星号，在"Port"输入框中输入 443，如图 9-22 所示。

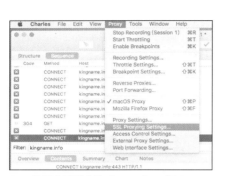

图 9-21 选择菜单栏中的"Proxy"-"SSL Proxying Settings"命令

图 9-22 在 Host 输入框中输入"*"，在"Port"输入框中输入 443

设置好证书和 SSL 代理以后，再回到浏览器刷新网页，就可以看到 Charles 成功截获到了数据包，如图 9-23 所示。

图 9-23 设置好证书及 SSL 代理以后，Charles 成功捕获 HTTPS 数据包

9.1.2 App 爬虫和小程序爬虫

比较 Charles 和 Chrome 开发者工具，如果只是多了一个搜索功能，那就没有必要单独用一章来介绍。使用 Charles，可以轻松截获手机 App 和微信小程序的数据包，从而开发出直接抓取 App 后台和小程序后台的爬虫。

为了实现使用 Charles 抓取手机的数据包，就需要先把证书安装到手机上。

1. iOS 系统的配置和使用

对于苹果设备，首先要保证计算机和苹果设备联在同一个 Wi-Fi 上。选择 Charles 菜单栏中的"Help"-"Local IP Address"命令，此时弹出一个对话框，显示当前计算机的内网 IP 地址，如图 9-24 所示。

接下来设置手机。进入系统设置，选择"无线局域网"，然后单击已经连接的这个 Wi-Fi 热点右侧的圆圈包围的字母 i 的图标，如图 9-25 所示。

图 9-24 查看计算机的内网 IP 地址

图 9-25 单机 Wi-Fi 右侧圆圈包围的感叹号图标

选择"HTTP 代理"下面的"手动"选项卡，在"服务器"处输入计算机的 IP 地址，在"端口"处输入 8888，如图 9-26 所示。

图 9-26 手动输入计算机的 IP 地址和端口

输入完成代理以后按下苹果设备的 Home 键，设置就会自动保存。注意，计算机上立刻就会弹出一个对话框，询问是否允许一台设备通过计算机代理上网，如图 9-27 所示。

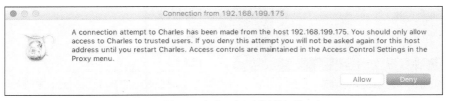

图 9-27 询问是否允许设备通过计算机代理上网

单击"Allow"按钮，允许以后，只能使用 iOS 系统自带的 Safari 浏览器访问 https://chls.pro/ssl。此时会弹出一个对话框，询问是否显示配置描述文件，如图 9-28 所示，单击"允许"按钮，打开图 9-29 所示的界面。

图 9-28　确认是否安装描述文件

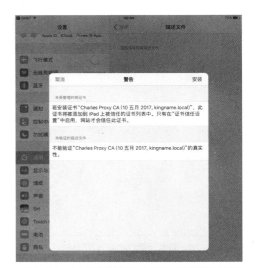

图 9-29　允许配置描述文件后会自动弹出对话框

单击右上角的"安装"按钮，弹出另一个对话框，显示描述文件信息，如图 9-30 所示。

单击"安装"按钮并输入屏锁密码，进行安装即可。

安装完成证书以后，在设置中打开"关于本机"，找到最下面的"证书信任设置"，并在里面启动对 Charles 证书的完全信任，如图 9-31 所示。

图 9-30　描述文件信息

图 9-31　打开对 Charles 证书的完全信任开关

这样，一个证书就在 iOS 设备上安装好了。安装好证书以后，打开 iOS 设备上的任何一个 App，可以看到 Charles 中有数据包在流动，如图 9-32 所示。

图 9-32 中，这个数据包对应的是 iOS 设备上面的"掘金"App 这个技术类 App 查询文章的请求，界面如图 9-33 所示。

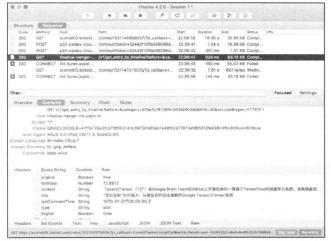

图 9-32　安装完成证书以后，Charles 可以监控手机 App 数据包

图 9-33　掘金 App 的界面

在 Charles 中，在这个数据包的"Contents"选项卡下面的请求的"Raw"选项卡中可以看到这个请求的如下相关信息：

```
GET
/v1/get_entry_by_timeline?before=&category=57be7c18128fe1005fa902de&limit=20&src=ios&type= HTTP/1.1
Host: timeline-merger-ms.juejin.im
    Accept: */*
    Cookie:
QINGCLOUDELB=47f7a729e0fcb7fdf0b3143c89790b65ab7e48fb3972913efd95d72fe838c4fb|W0Nyw|W0Nyw
    User-Agent: Xitu/5.3.0 (iPad; iOS 11.4; Scale/2.00)
    Accept-Language: zh-Hans-CN;q=1
    Accept-Encoding: br, gzip, deflate
Connection: keep-alive
```

说明：这是一个 **GET** 方式的请求，从第 3 行开始是请求的头。在 **Python** 中可以模拟这个请求，如图 9-34 所示。

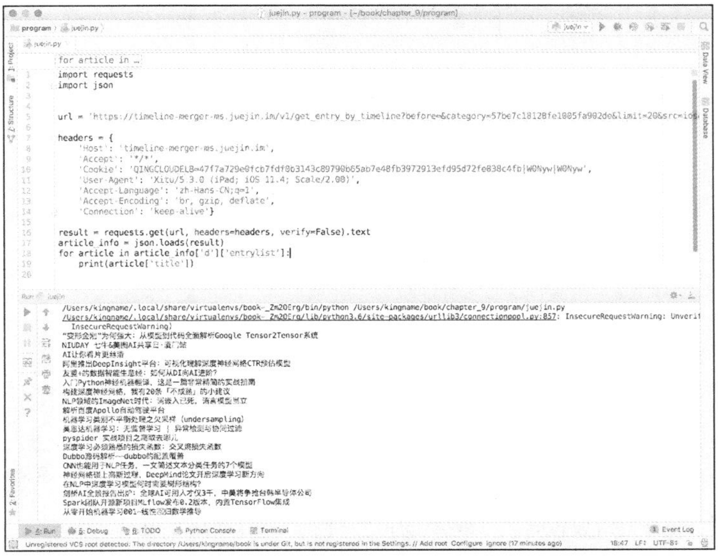

图 9-34　在 Python 中模拟掘金客户端的请求获取文章信息

通过以上内容可知，要抓取文章信息，根本不需要先在计算机网页上打开掘金网站，再写 XPath。在 Charles 的帮助下开发一个 App 后台的爬虫，就像开发一个异步加载的爬虫一样简单，而且结果直接就是 JSON，转换成字典以后直接就能存到 MongoDB 里面，极其方便。

2. Android 的配置和使用

要实现 Charles 对 Android 抓包，其过程比 iOS 稍微复杂一点。这是因为不同的 Andorid 设备，安装证书的入口可能不一样，这就需要根据自己手机的实际情况来寻找。

首先在 Charles 中选择"Help"-"SSL Proxying"-"Save Charles Root Certificate"命令，将 Charles 的证书保存到计算机桌面，如图 9-35 所示。

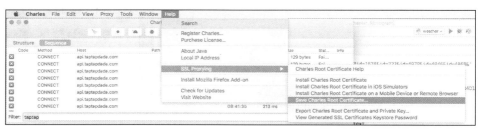

图 9-35　将 Charles 的证书保存到计算机桌面

为了在手机上安装证书，需要先发送证书到手机里面。如果计算机系统为 Windows，那么直接插上 USB 线就可以传送。如果计算机系统是 Mac OS，那么可以使用 QQ 传文件或者微信的文件传输助手把证书文件发送到手机里面。

虽然 Android 里面安装证书的位置可能不同，但一般都在"系统设置"-"WLAN"里面。打开 Wi-Fi 功能，界面如图 9-36 所示。

有的 Android 系统，这个界面的左下角或者右下角可能有 3 个点，点开以后是一个高级设置的菜单。而另一些 Android 手机的系统，例如小米手机的 MIUI 系统，则是直接在最下面就可以找到高级设置，如图 9-37 所示。

图 9-36　Android 的 Wi-Fi 设置界面

图 9-37　MIUI 系统的最下面就可以看到高级设置

选择"高级设置"，打开高级设置界面，继续选择"安装证书"，如图 9-38 所示。

系统会打开文件浏览器，在里面找到刚才发送到手机上面的证书文件。找到证书并单击"确定"按钮，此时会弹出一个窗口，提示给证书设定一个名字，如图 9-39 所示，这个名字可以任意设定。

单击"确定"按钮,证书就安装好了。接下来和 iOS 一样,需要为手机设置代理,让手机的流量经过 Charles。在系统设置中打开当前连接的 Wi-Fi 设置界面,并将代理设置为 Charles 对应的 IP 和端口号,如图 9-40 所示。

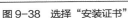

图 9-38 选择"安装证书"　　　　图 9-39 为证书任意设定一个名字　　　　图 9-40 为手机设置代理

和 iOS 不同的是,Android 设置了代理以后需要单击"确定"按钮。代理设置好以后,Android 的环境就搭建好了。在手机上任意打开一个 App,就可以看到 Charles 上面有数据在流动,如图 9-41 所示。

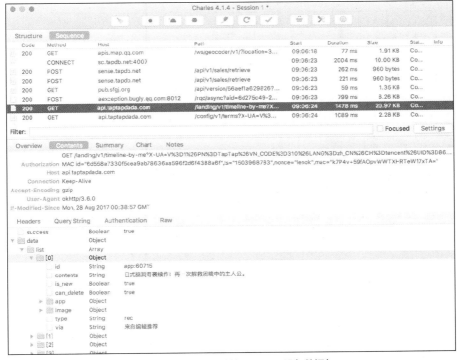

图 9-41 Charles 监控 Android 设备数据包

这个数据包对应了 TapTap 这个 App 的首页数据,TapTap 首页如图 9-42 所示。

3. 微信小程序爬虫

使用 Charles 抓取微信小程序的步骤与抓取 App 几乎没有区别。当使用 Charles 监控 iOS 设备或者 Android 设备的数据包以后，打开微信小程序，小程序的数据包就会自动被 Charles 抓住。

在微信小程序中打开 "春秋航空" 小程序，并任意查询一条线路的航班信息，手机上面的信息如图 9-43 所示。

图 9-42　TapTap 首页

图 9-43　"春秋航空" 小程序线路查询信息

此时，Charles 上面可以看到航班信息，如图 9-44 所示，为 JSON 格式。

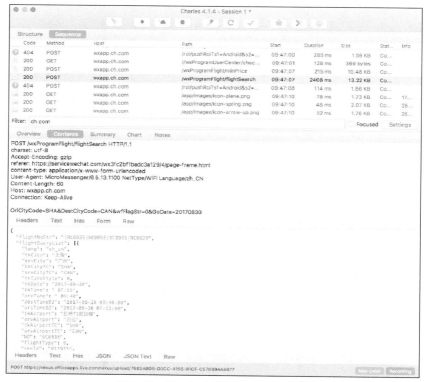

图 9-44　Charles 抓取到的小程序数据包

小程序的请求极其简单，基本上没有验证信息，即便有验证信息也非常脆弱。用 Python 来请求小程序的后台接口从而获取数据，比请求异步加载网页的后台接口要容易很多。在爬虫开发过程中，如果目标网站有微信小程序，那么一定要优先调查能否通过小程序的接口来抓取数据。小程序的反爬虫能力比网页版的低很多。使用小程序的接口来爬数据，能极大提高爬虫的开发效率。

4. Charles 的局限

Charles 只能截获 HTTP 和 HTTPS 的数据包，如果网站使用的是 websocket 或者是 flashsocket，那么 Charles 就无能为力。

有一些 App 会自带证书，使用其他证书都无法正常访问后台接口。在这种情况下，Charles 自带的证书就不能正常使用，也就没有办法抓取这种 App 的数据。

有一些 App 的数据经过加密，App 接收到数据以后在其内部进行解密。对于这种情况，Charles 只能抓取到经过加密的数据。如果无法知道数据的具体加密方法，就没有办法解读 Charles 抓取到的数据。

9.2　中间人爬虫

中间人（Man-in-the-Middle，MITM）攻击是指攻击者与通信的两端分别创建独立的联系，并交换其所收到的数据，使通信的两端认为其正在通过一个私密的连接与对方直接对话，但事实上整个会话都被攻击者完全控制。在中间人攻击中，攻击者可以拦截通信双方的通话，并插入新的内容或者修改原有内容。

中间人攻击，名字看起来很高级的样子，其实大多数人在小时候都遭受过甚至使用过——上课传纸条。A 要把纸条传给 B，但是 A 与 B 距离太远，于是让 C 来转交纸条。此时，C 作为一个中间人，他有两种攻击方式：仅仅偷偷查看纸条的内容，或者先篡改纸条的内容再传给 B。

中间人爬虫就是利用了中间人攻击的原理来实现数据抓取的一种爬虫技术。数据抓包就是中间人爬虫的一个简单应用。所以使用 Charles 也是一种中间人攻击。

在前面章节中讲到模拟登录的时候，有一种方法是在 Chrome 的开发者工具中把 Cookies 复制出来，拿给 requests 来实现绕过登录。所以肯定有读者会想到，使用 Charles 也可以获得网站的 Cookies，然后复制出来给 requests 登录。

这个想法很好，但问题是，无论 Chrome 还是 Charles 都是图形界面的软件，所有操作都需要鼠标来协助完成，把 Cookies 复制出来这个简单的动作难以实现自动化。这个时候，就需要使用 mitmproxy 了。

9.2.1　mitmproxy 的介绍和安装

对编程有了解的读者一定听说过“Linux 比 Windows 好”这种言论，那么 Linux 哪一点比 Windows 好呢？Linux 好就好在它里面有无数强大的命令行下的软件。这些软件不需要鼠标，也没有图形界面，所有的操作就是输入命令。而命令本质上就是文本。操作文本比操作图形界面容易得多。操作文本可以实现自动化，而操作图形界面却难以实现自动化。

上面这一段话出现在这一章似乎有点莫名其妙，但是请读者想一想，有什么办法能自动把 Charles 里面的 Cookies 拿给爬虫使用？如何把鼠标指针自动移动到 Charles 的窗口里？如何自动选中 Cookies 然后自动复制？如何再把鼠标指针自动移动到另一个终端窗口里面，自动写代码并把 Cookies 放到 Redis 中，最后爬虫自动从 Redis 里面取 Cookies，安装到自己身上再去爬网站？

除了最后一步，爬虫从 Redis 取 Cookies 很容易以外，其他操作要实现自动化都极其困难。

但是如果有一个命令行下面的抓包工具，所有的操作都是文本型的命令，不需要鼠标，不需要图形界面，它抓到的数据包直接就是文本信息，并且可以无缝传递给其他程序，会怎么样呢？

mitmproxy 是一个命令行下的抓包工具，它的作用和 Charles 差不多，但它可以在终端下工作。使用 mitmproxy 就可以实现自动化的抓包并从数据包里面得到有用的信息。

请读者在 Linux、Mac OS 或者 Windows 10 自带的 Ubuntu Bash 下使用 mitmproxy，只有这样，才能发挥它的最大能力。

对于 Mac OS 系统，使用 Homebrew 安装 mitmproxy，命令为：

```
brew install mitmproxy
```

在 Ubuntu 中，要安装 mitmproxy，首先需要保证系统的 Python 为 Python 3.5 或者更高版本，然后执行下面两条命令：

```
sudo apt-get install python3-dev python3-pip libffi-dev libssl-dev
sudo pip3 install mitmproxy
```

9.2.2　mitmproxy 的使用

安装好 mitmproxy 以后，在终端执行下面的命令，此时会弹出一个窗口，窗口的文字根据系统的不同，可能是英文也可能是中文，大意是询问是否允许 Python 3.6 接收收入的网络连接，单击"允许"按钮或者"Allow"按钮，如图 9-45 示。

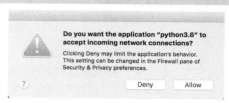

图 9-45　运行 mitmproxy 会弹出对话框询问是否允许 Python 接收传入的网络连接

接下来会打开一个命令行下的数据监控窗口，如图 9-46 所示。

mitmproxy 的端口为 8080 端口，在浏览器或者在手机上设置代理，代理 IP 为计算机 IP，端口为 8080 端口，如图 9-47 所示。

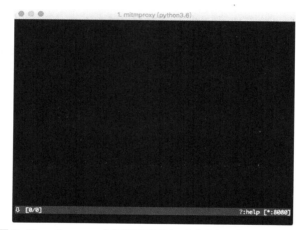

图 9-46　mitmproxy 会在终端里显示一个命令行下的数据监控窗口

设置好代理以后，在手机上打开一个 App 或者打开一个网页，可以看到 mitmproxy 上面有数据滚动，如图 9-48 所示。

图 9-47　设置代理使手机的流量经过 mitmproxy

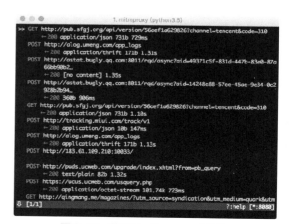

图 9-48　数据在 mitmproxy 中滚动

用鼠标在终端窗口上单击其中的任意一个请求，可以显示这个数据包的详情信息，如图 9-49 所示。

图 9-49　鼠标单击终端窗口的数据，可以查看数据包详情

此时只能访问 HTTP 网站，要访问 HTTPS 网站，还需要安装 mitmproxy 的证书。在手机设置了 mitmproxy 的代理以后，通过手机浏览器访问 http://mitm.it/这个网址，会出现图 9-50 所示的网页。

根据自己的手机选择对应的图标，就可以弹出安装证书的界面。界面与安装 Charles 的证书界面基本一样。安装完成证书以后，就可以截获 HTTPS 的数据包了，如图 9-51 所示。

图 9-50　在手机中打开 mitmproxy 的证书下载页面

图 9-51　在 mitmproxy 中截获 HTTPS 数据包

到目前为止，mitmproxy 就可以像 Charles 一样使用了。但是既然有了 Charles，何必单独介绍一个功能重复的东西呢？那是因为 mitmproxy 有它擅长的地方，就是可使用 Python 来定制 mitmproxy 的行为。

9.2.3　使用 Python 定制 mitmproxy

mitmproxy 的强大之处在于它还自带一个 mitmdump 命令。这个命令可以用来运行符合一定规则的 Python 脚本，并在 Python 脚本里面直接操作 HTTP 和 HTTPS 的请求，以及返回的数据包。

为了自动化地监控网站或者手机发出的请求头部信息和 Body 信息，并接收网站返回的头部信息和 Body 信息，就需要掌握如何在 Python 脚本中获得请求和返回的数据包。

1. 请求数据包

创建一个 parse_request.py 文件，其文件内容只有两行代码：

```
def request(flow):
    print(flow.request.headers)
```

在命令行下执行命令：

```
mitmdump -s parse_request.py
```

运行命令以后，在手机上打开一个 App，可以看到这个 App 请求的头部信息已经出现在终端窗口中，如图 9-52 所示。

当然，除了显示头部信息以外，还可以查看请求的 Cookies 或者 Body 信息。修改 parse_request.py：

```python
def request(flow):
    req = flow.request
    print(f'当前请求的URL为： {req.url}')
    print(f'当前的请求方式为： {req.method}')
    print(f'当前的Cookies为： {req.cookies}')
    print(f'请求的body为：{req.text}')
```

运行结果如图 9-53 所示。

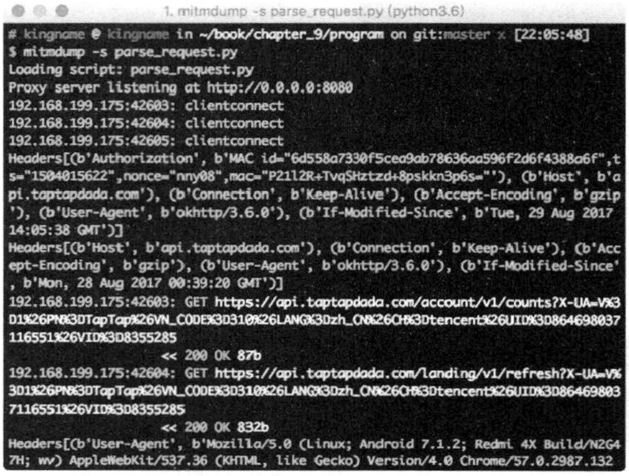

图 9-52　请求的头部信息出现在终端窗口中

图 9-53　显示请求的 Cookies 和 body 的运行结果

2. 返回数据包

对于网站返回的数据包，可以再实现一个 response()函数。创建一个 parse_response.py 文件，其内容如下：

```python
import json
def response(flow):
    resp = flow.response
    print(f'返回的头部为： {resp.headers}')
    print(f'返回的body为： {json.loads(resp.content)}')
```

如果网站返回的 body 正好是 JSON 格式的字符串，那么就可以使用 Python 的 JSON 模块来解析。当然，由于这个函数要处理所有的网络返回的数据包，对返回内容不是 JSON 格式字符串的情况就会报错，如图 9-54 所示。

此时，可以在 Python 脚本里面针对性地处理某个网站返回的数据。这个时候，就把请求和返回内容放在一起，且函数名必须为 "response"，代码如下：

```python
def response(flow):
    req = flow.request
    response = flow.response
    if 'kingname.info' in req.url:
        print('这是kingname的网站，也是我的目标网站')
        print(f'请求的headers是： {req.headers}')
        print(f'请求的UA是： {req.headers["User-Agent"]}')
        print(f'返回的内容是： {response.text}')
```

运行结果如图 9-55 所示。

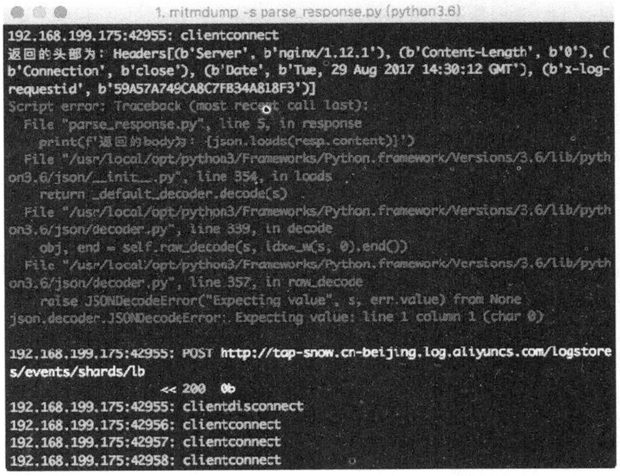

图 9-54　对返回内容不是 JSON 格式字符串的情况就会报错

图 9-55　mitmproxy 只监控特定请求的数据包，自动跳过其他网站的数据包

3. mitmdump 的使用场景

网站返回的 Headers 中经常有 Cookies，如图 9-56 所示。

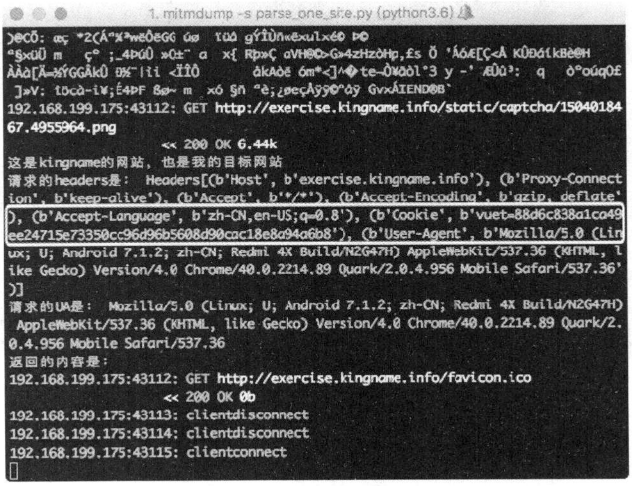

图 9-56　网站返回的 Headers 中经常有 Cookies

会有读者想，是否可以这样写代码：

```python
import redis
client = redis.StrictRedis()
def response(flow):
    req = flow.request
    resp = flow.response
    if 'kingname.info' in req.url:
        cookies = resp.headers['Cookie']
        client.lpush('cookies', cookies)
```

得到网站返回的 Cookies 以后就直接塞进 Redis 里面，这样爬虫就可以直接从 Redis 里面取已经登录的 Cookies 了。

这个想法非常好，但是实际做起来会发现，Redis 里面始终是空的。这是由于 mitmdump 的脚本对第三方库的支持有缺陷，很多第三方库都不能运行，甚至 Python 自带的写文件功能都不能运行。

为了解决这个问题，就需要用到 Linux/Mac OS 里面非常厉害又很简单的一个工具——管道。这个工具在终端里面就是一根竖线。它可以把左边的内容传递给右边。

mitmdump 的脚本使用 print() 函数把 Cookies 打印出来，然后通过管道传递给另一个普通的正常的 Python 脚本。在另一个脚本里面，得到管道传递进来的 Cookies，再把它放进 Redis 里面。

首先是 mitmdump 的脚本，其代码如下：

```
def response(flow):
    req = flow.request
    if 'kingname.info' in req.url:
        cookies = req.headers.get('Cookie', '')
        if cookies:
            print(f'>>>{cookies}<<<')
```

代码的运行结果如图 9-57 所示。

图 9-57　获取 Cookies 的代码运行结果

代码运行以后，会把 Cookies 放在 >>> 和 <<< 中间。

另外创建一个普通的 extract.py 文件，其内容如下：

```
import re
import sys

for line in sys.stdin:
    cookie = re.search('>>>(.*?)<<<', line)
    if cookie:
        print(f'拿到Cookies：{cookie.group(1)}')
```

如果直接使用 Python 运行这个代码，会发现它似乎"卡住"了，不会自动结束，也没有任何输出，如图 9-58 所示。

如果输入不同的内容，就会发现奥妙所在。当输入普通字符串并按下 Enter 键的时候，不会有任何内容返回。但是如果按照 ">>>内容<<<" 的格式输入，就会发现有内容返回出来，如图 9-59 所示。

现在需要使用管道把 mitmdump 运行的脚本和这个 Python 脚本连接在一起。运行命令：

```
mitmdump -s parse_one_site.py | python3 extract.py
```

运行命令以后，在手机上访问网站或者刷新 App 就会看到图 9-60 所示的输出。

图 9-58 代码运行以后，看起来就像是卡住了一样

图 9-59 输入特定的内容，程序才会有内容打印到屏幕上

图 9-60 使用管道连接两个程序以后直接输出所有的 Cookies

整个窗口看起来简洁了非常多。这个命令会一直运行，之后就不需要关闭它了。只要有包含 Cookies 的网络请求，并且域名包含 "kingname.info"，那么 Cookies 就会被截获。由于 extract.py 是一个普通的 Python 脚本，任何第三方库都可以在上面正常运行，于是就可以使用 Redis 来存放 Cookies 了，代码如下：

```python
import re
import sys
import redis


client = redis.StrictRedis()
for line in sys.stdin:
    cookie = re.search('>>>(.*?)<<<', line)
    if cookie:
        print(f'得到Cookies：{cookie.group(1)}')
        client.lpush('login_cookies', cookie.group(1))
```

到目前为止，自动获取 Cookies 的功能已经实现了。当然不仅仅是 Cookies，Headers 里面的所有数据、请求发送的 Body 里面的所有数据都可以使用这种方式截取下来。

假设有这样一个网站，它的每一个请求都带有一个参数：Token。这个 Token 的有效期为 5min，每过 5min 就会自动更换。如果使用错误的或者过期的 Token 来请求网站，就会自动跳转到 404 页面。现在不知道这个 Token 是怎么生成的，只知道如果使用浏览器访问的话，这个 Token 就会出现在请求的 Headers 里面。有了 mitmpdump 脚本的功能以后，就不需要关心这个 Token 是怎么生成的了。首先使用 Python 与 Selenium 操作浏览器，设置代理，从而使数据经过 mitmdump 的脚本，然后用 PhantomJS 访问这个网页，于是 mitmdump 就可以成功把这个 Token 给截获下来并放到 Redis 里面。那么爬虫就可以从 Redis 里面读取这个 Token 并直接使用了。

这里给出为 PhantomJS 设置代理的代码：

```
from selenium import webdriver
import time

service_args = ["--proxy=127.0.0.1:8080", '--ignore-ssl-errors=yes']


def run():
    print('start to Token')
    driver = webdriver.PhantomJS(service_args=service_args)
    driver.get('http://××××')
    time.sleep(5)
    driver.close()

if __name__ == '__main__':
    run()
```

这个脚本可以每 5min 运行一次来刷新 Token。

由于 Windows 自带的 CMD 是没有管道这种强大的工具的，因此 Windows 是没有办法直接完成这个流程的。

也许会有读者疑惑，直接使用 Python 的第三方库 Selenium 中的接口，就可以从 Phantomjs 中读取出 Headers 和 Cookies，为什么还要使用 mitmproxy 呢？

这是因为，mitmproxy 在这里做的是代理的角色，网络请求都可以通过它发出去。而 Selenium 只是一个网页自动化测试工具，它们负责的是不同的事情，只不过在获取计算机网页的请求上面有一小部分功能重叠而已。Selenium 也无法获取 App 和微信小程序的网络请求。

同时，由于 mitmproxy 是一个代理，HTTP/HTTPS 流量数据经过它，就会被截获。那么 Phantomjs 没有必要和 mitmproxy 运行在同一个服务器上。只要 mitmproxy 运行在一个公网服务器即可。Phantomjs 可以运行在个人计算机中，并将代理 IP 设置为公网服务器的 IP。如果 Phantomjs 写代码的操作特别麻烦，直接为浏览器设置代理来实现手工操作网页也可以让 mitmproxy 实现抓包。

9.3 阶段案例——Keep 热门

9.3.1 需求分析

目标 App：Keep。

目标内容：Keep 是当下热门的健身 App，本次案例的目的是要使用抓包的方式爬取 Keep 的热门动态。热门动态在手机上的界面如图 9-61 所示。

涉及的知识点：

（1）使用 Charles 或者 mitmproxy 抓包。

（2）开发 App 爬虫。

9.3.2 核心代码构建

打开 Charles，并使用手机通过 Charles 代理上网，然后运行 Keep，打开动态版面。此时，在 Keep 中可以找到动态这个版面对应的数据包，如图 9-62 所示。

从图 9-61 中可以看到，Keep 的数据包虽然使用 JSON，但是中文可以正常显示。

通过构造这个请求的头部和 URL，编写获取 Keep 热门帖子的代码，如图 9-63 所示。

图 9-61 Keep 的热门动态页面

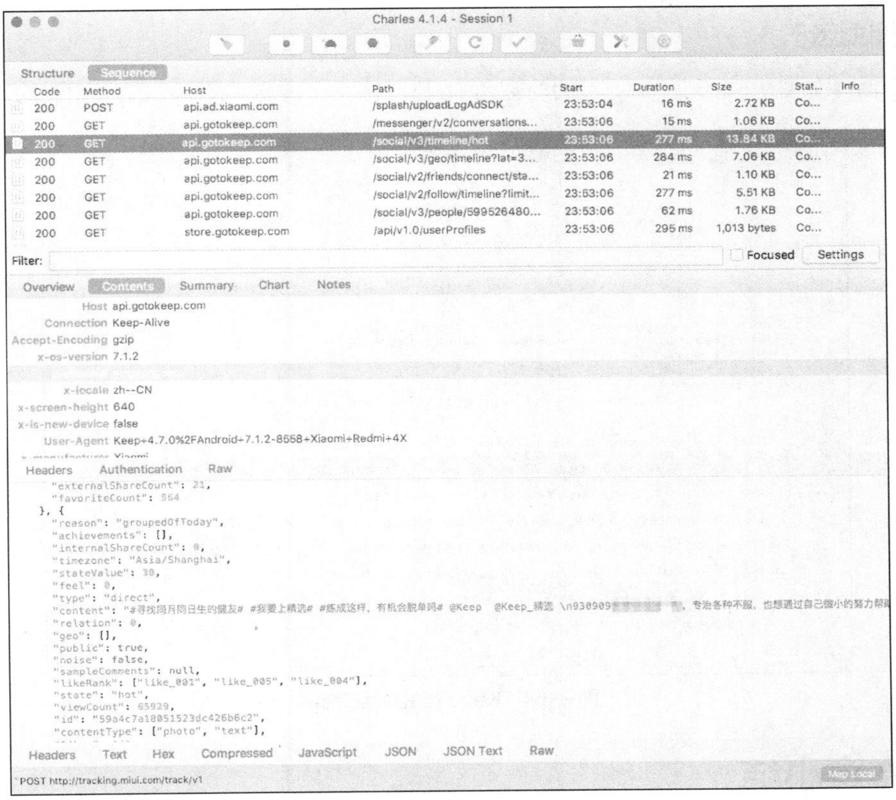

图 9-62　Keep 动态版面对应的数据包

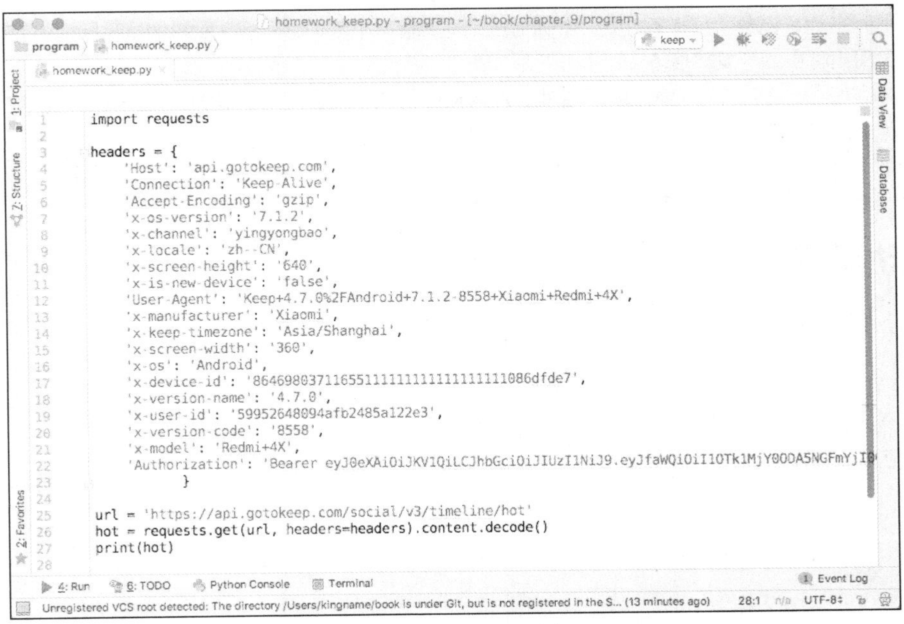

图 9-63　Keep 请求的头部信息和 URL

从代码里面可以看到，使用 App 抓包的方式，最主要的部分就是 Headers 里面的各个参数。只要这些参数对了，那一般就没有什么问题了。

9.3.3 调试运行

代码运行结果如图 9-64 所示。Keep 后台的返回内容为一个很长的单行字符串，可以使用 JSON 来解析。

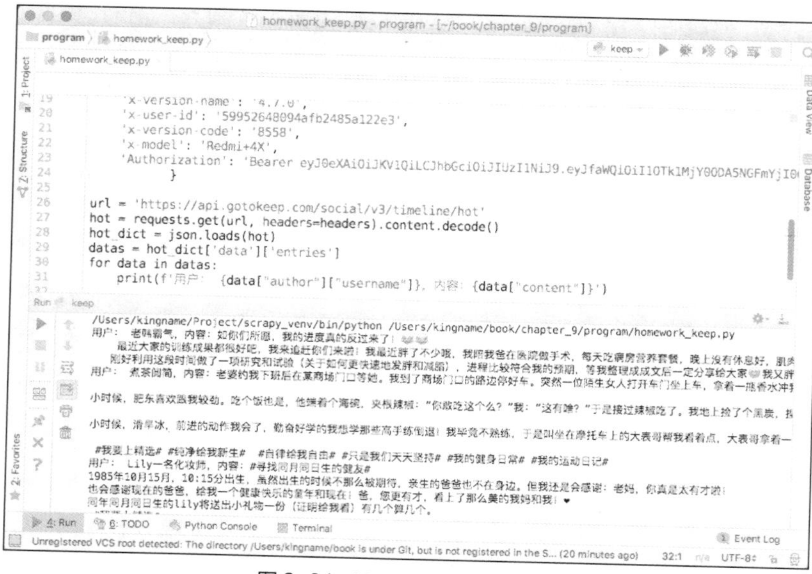

图 9-64　Keep 爬虫的运行结果

9.4　本章小结

抓包是爬虫开发过程中非常有用的一个技巧。使用 Charles，可以把爬虫的爬取范围从网页瞬间扩展到手机 App 和微信小程序。由于微信小程序的反爬虫机制在大多数情况下都非常脆弱，所以如果目标网站有微信小程序，那么可以大大简化爬虫的开发难度。

当然，网站有可能会对接口的数据进行加密，App 得到密文以后，使用内置的算法进行解密。对于这种情况，单纯使用抓包就没有办法处理了，就需要使用下一章所要讲到的技术来解决。

使用 mitmproxy 可以实现爬虫的全自动化操作。对于拥有复杂参数的网站，使用这种先抓包再提交的方式可以在一定程度上绕过网站的反爬虫机制，从而实现数据抓取。

9.5　动手实践

寻找一个手机 App 并通过抓包发现它的后台接口，再用 Python 抓取数据。

第10章

Android原生App爬虫

■ 本章所讲到的爬虫能够无视网站后台和 App 数据传递过程中的任何加密算法,能够爬取任意 Android 原生 App 显示在屏幕上的文本型数据。并且理论上可以突破任何反爬虫机制。

前面的章节所讲到的爬虫无外乎两种情况:第一种情况,爬虫伪装成浏览器,向服务器要数据;第二种情况,在服务器往浏览器发送数据时,爬虫从中拦截,获取信息。

这两种情况,无论是暗号(参数)不对还是行为不对,都会被服务器识别。那么有没有什么办法可以做到几乎毫无痕迹地爬取数据呢?答案是有。当然可能有读者会认为可以使用 Selenium + ChromeDriver。这种方式只能操作网页。本章将要介绍针对 Android 原生 App 的爬虫。

通过这一章的学习,你将会掌握如下知识。

(1) Android 测试环境的搭建。

(2) 使用 Python 操作 Android 手机。

(3) 使用 Python 操作 Android 手机实现爬虫。

10.1 实现原理

目前，Android App 主要有两种实现形式。第一种是 Android 原生 App。这种 App 的全部或者大部分内容使用 Android 提供的各个接口来开发，例如 Android 版的微信就是一个 Android 原生的 App。第二种是基于网页的 App。这种 App 本质上就是一个浏览器，里面的所有内容实际上都是网页。例如，12306 的 App 就是这样一种基于网页的 App。

Android 原生 App 爬虫（以下简称 App 爬虫）可以直接读取 Android 原生 App 上面的文本信息，如图 10-1 所示。

图 10-1　App 爬虫直接读取 Android 原生 App 上面的文本信息

例如想爬 TapTap 这个 App 上面的各个游戏，可以直接从手机屏幕上把游戏的名字读出来。当然，要读游戏描述也是完全没有问题的，如图 10-2 所示。

图 10-2　读取游戏描述

App 爬虫可以实现自动滚动屏幕，自动单击进入详情页。凡是人可以对手机进行的操作，App 爬虫都可以进行。

UiAutomator 是 Google 官方提供的 Android 自动化图形接口测试框架。通过它可以实现对 Android 设备屏幕的各种操作，或者直接从屏幕上读取文字。大部分系统版本大于 4.1 的 Android 系统，都会内置 UiAutomator。小米手机原装的 MIUI 系统除外，MIUI 系统 UiAutomator 被移除了，需要刷开发版或者换其他系统才能使用。

10.1.1 环境搭建

1. 安装 JRE

要使用 UiAutomator 操作 Android 手机，首先需要在计算机上安装 Android 的软件开发工具包（Software Development Kit, SDK）。要安装 Android SDK，首先需要安装 Java 运行时环境（Java Runtime Environment, JRE）。

对于 Mac OS，使用 Homebrew 安装 Java 开发套件（Java SE Development Kit，JDK）。JRE 包含在了 JDK 里面：

```
brew update
brew cask install java
```

对于 Ubuntu，使用如下命令直接安装 JRE：

```
sudo apt-get update
sudo apt-get install default-jre
```

对于 Windows，可以访问 http://www.oracle.com/technetwork/java/javase/downloads/jre8-downloads-2133155.html 下载 JRE 8。在这个页面，首先选择 "Accept License Agreement" 单选按钮，如图 10-3 所示。

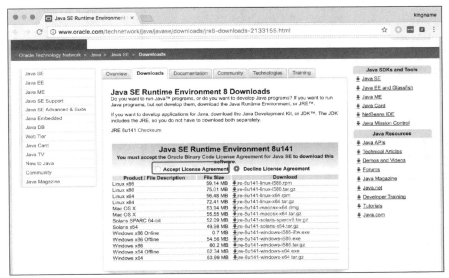

图 10-3　首先选择 "Accept License Agreement" 单选按钮才能下载

根据自己的系统下载对应的安装程序，32 位系统下载并安装 Windows x86；64 位系统下载并安装 Windows x64。安装过程不需要修改任何设置，全部单击 "Next" 按钮即可完成。

2. 安装 Android SDK

安装完成 JRE 以后，再来安装 Android SDK。请打开 https://developer.android.google.cn/studio/index.html，这是 Android 开发者中国官网，在中国可以直接打开。打开网页，拖到最下方，在 "仅获取命令行工具" 中下载自己系统对应的 SDK，如图 10-4 所示。

下载的是一个 .zip 格式的压缩包，将之解压可以得到一个名为 tools 的文件夹。对于 Mac OS 与 Ubuntu 系统，本书把这个 tools 文件夹放在 "~/book/sdk" 文件夹里面。对于 Windows 系统，本书把这个 tools 文件夹放在 "E:\Program Files\sdk\sdk" 文件夹里面。

在 Mac OS 与 Ubuntu 的终端输入并执行如下命令，如图 10-5 所示。

```
cd ~/book/sdk
bin/sdkmanager "platform-tools"
```

图 10-4　在网页最下面下载系统对应的 Android SDK

图 10-5　执行命令安装 platform-tools

Windows 系统直接在 tools 文件夹中打开 CMD 窗口，并输入命令：

```
bin/sdkmanager.exe "platform-tools"
```

输入完成命令并按 Enter 键，可以看到在终端窗口弹出安装协议，输入 y 并按 Enter 键即可安装 "platform-tools"。

需要注意的是，这里执行这个命令时，程序会从 Google 获取一些数据，此时可能会由于网络问题导致失败。如果遇到网络问题，那么就需要使用能访问 Google 的代理，并且命令也需要做一些修改，修改为：

```
bin/sdkmanager.exe "platform-tools" --proxy=http --proxy-host=代理IP --proxy-port=代理端口
```

安装完成以后，会在 "～/book/sdk" 文件夹或者 "E:\Program Files\sdk\sdk" 文件夹下出现一个 "platform-tools" 文件夹。现在需要将 tools 文件夹和 platform-tools 文件夹添加到系统的环境变量中。

3. 设置环境变量

对于使用 Mac OS 或 Ubuntu 系统并安装了 zsh 和 Oh-my-zsh 的读者，请打开～/.zshrc 并检查是否已经有 export PATH 开头的一句话，如果有，请修改为下面所示的代码这样，其中的 tools 和 platform-tools 文件夹的地址请改为实际地址：

```
export PATH="/Users/kingname/book/sdk/platform-tools:/Users/kingname/ book/sdk/tools:/usr/local/bin:/usr/bin:/bin:/usr/sbin:/sbin"
```

如果没有，请添加进去，然后保存，并在终端中执行：

```
source ~/.zshrc
```

上面这种方式可永久性添加环境变量，只需要做一次。

如果是 Mac OS 或者 Ubuntu 系统且没有安装 zsh 和 Oh-my-zsh 的读者，或者想临时添加环境变量进行测试，可直接在终端执行下面代码，将 tools 和 platform-tools 的地址改为实际地址：

```
export
PATH=$PATH:/Users/kingname/book/sdk/platform-tools:/Users/kingname/book/sdk/tools
```

需要注意的是，这种方法是临时添加环境变量，当前的终端窗口不能关闭。一旦关闭再重新打开，就需要再一次执行上面的代码。

对于 Windows，打开任意一个文件夹，并在左侧导航窗口中右键单击 "计算机"，选择 "属性" 命令，打开属性面板。在属性面板左侧选择 "高级系统设置" 选项，进入 "高级" 选项卡，最后单击右下角的 "环境变量" 按钮进入 "环境变量" 对话框，如图 10-6 所示。

在 "环境变量" 对话框中双击上方的 "Path" 这一项，在弹出对话框中的 "变量值" 这一个输入框中添加 tools 文件夹和 platform-tools 文件夹的路径。不同的路径之间使用英文分号分隔，如图 10-7 所示。添加完成以后，在所有对话框中单击 "确定" 按钮。

4. 开启开发者模式

要通过计算机控制手机，还需要打开 Android 手机的开发者模式。本书以小米手机的 MIUI 开发版和 Android 原生系统为例来演示如何开启开发者模式。

对于小米手机 MIUI 开发版，依次进入 "系统设置" - "我的设备" - "全部参数"，快速连续单击 "MIUI 版本" 这一栏 5 次，开发者模式就会打开。打开以后，回到 "系统设置" 主界面，依次进入 "更多设置" - "开发者选项"。

在"开发者选项"中分别打开"USB 调试"、"USB 安装"和"USB 调试（安全模式）"这几个开关，系统会弹出警告，选择允许。

图 10-6　单击"环境变量"按钮

图 10-7　双击"Path"并添加 tools 文件夹
和 platform-tools 文件夹路径

对于 Andorid 原生系统，以 Google 生产的 Nexus 为例。打开"系统设置"，进入最下方的"系统"，打开系统信息界面。拖动最下方，找到"关于手机"并点击，进入手机状态界面，如图 10-8 所示。

快速单击"版本号"5 次，打开开发者选项。

开发者选项打开以后，就可以在手机信息界面找到进入开发者选项的入口了，如图 10-9 所示。

进入开发者选项的设置页面，打开"USB 调试"，如图 10-10 所示。

图 10-8　手机状态界面

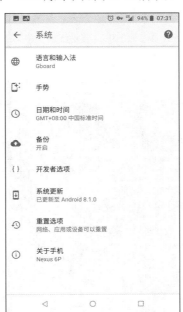

图 10-9　开发者选项入口出现在系统
设置中

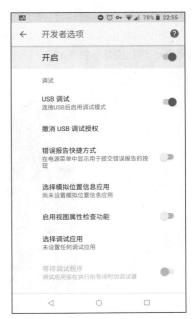

图 10-10　在开发者选项中打开 USB
调试开关

由于各大厂商对 Android 系统几乎都有自己的定制化，因此不能在这里一一列举所有型号手机开启开发者模式的操作。对于没有提及的手机型号，请通过网络搜索。

设置好环境变量以后，在终端窗口输入"uiautomatorviewer"并按 Enter 键，如果可以弹出图 10-11 所示的 UI Automator Viewer 窗口，表明环境设置成功。

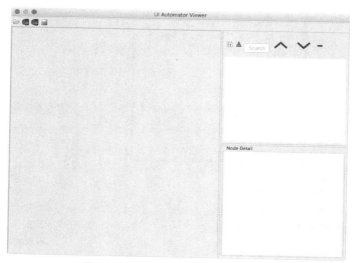

图 10-11　UI Automator Viewer 窗口

将 Android 手机连接到计算机上，保持手机屏幕为亮起状态，单击 UI Automator Viewer 左上角文件夹右侧的手机图标，如果能够看到手机屏幕出现在窗口中，则表示一切顺利，环境搭建成功完成。如果在这个过程中手机弹出了任何警告窗口，都选择"运行"或者"确定"。

10.1.2　使用 Python 操纵手机

要使用 Python 来操作 UI Automator 从而控制手机，需要安装一个第三方库。这个库的名字就是 uiautomator，使用 pip 进行安装，如图 10-12 所示。

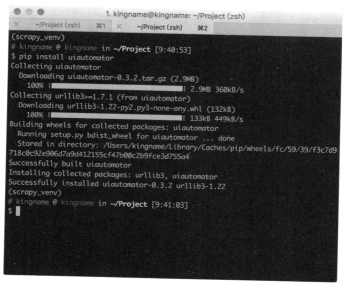

图 10-12　使用 pip 安装 uiautomator

安装完成以后运行 Python 并导入 uiautomator：

```
>>> from uiautomator import Device
>>> device = Device()
>>> print(device.dump())
```

由于是第一次运行，uiautomator 会往手机中安装两个没有图标的程序。有一些手机系统可能会弹出窗口询问是否允许安装，单击"继续安装"按钮，如图 10-13 所示。

安装完成以后，可以看到终端窗口出现了类似于 XML 的内容，如图 10-14 所示。这说明 uiautomator 这个第三方库成功安装。此时就可以使用 Python 控制手机了。

图 10-13　系统询问是否安装，单击"继续安装"按钮　　　图 10-14　终端窗口出现了类似于 XML 的内容

有一点需要特别说明，UI Automator Viewer 与 Python uiautomator 不能同时使用。一旦 Python 的 uiautomator 运行过一次，它安装的两个文件就会在手机后台运行。这两个文件会占用 Android 内部的一个叫作 UI hierarchy 的东西，从而导致 SDK 自带的 UI Automator Viewer 一旦尝试获取手机屏幕就会报错，如图 10-15 所示。

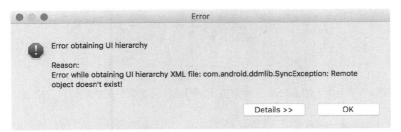

图 10-15　一旦运行过 uiautomator，就会导致 SDK 自带的 UI Automator Viewer 不能获取手机屏幕

一旦出现这种情况，就需要手动结束 Python uiautomator 安装的两个文件的进程，或者重启手机才能继续使用 UI Automator Viewer。这两个进程的名字分别为"uiautomator"和"com.github.uiautomator.test"。

与 Selenium 一样，要操作手机上面的元素，首先要找到被操作的东西。以打开微信为例，首先翻到有微信的那一页，如图 10-16 所示。

编写如下代码：

```
from uiautomator import Device

device = Device()
device(text='微信').click()
```

运行以后可以看到，微信自动被点击并打开。

如果计算机上面只连接了一台 Android 手机，那么初始化设备连接只需要使用 device = Device()即可。那么如果计算机上连接了很多台手机，该怎么办呢？此时就需要指定手机的串号。要查看手机串号，需要在终端输入以下命令：

```
adb devices -l
```

从输出的内容可以看到手机的串号，如图 10-17 所示。

只要不是人为去修改，在正常情况下，每一台手机的串号都是不一样的。因此可以认为串号与手机是一一对应的。将这里方框框住的串号"76ef903a7ce4"作为 device 的参数，就可以指定控制对应的手机：

```
device = Device('76ef903a7ce4')
```

在初始化了设备连接以后，所有的操作都是通过这个变量 device 的各个方法 或者属性来完成的。device 的参数 text="微信"称为"Selector"，也就是选择器。通过不同的选择器来选定不同的元素，并对元素进行不同的操作。

图 10-16　翻到有微信的一页

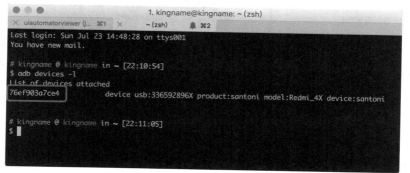

图 10-17　使用命令查询手机串号

10.1.3　选择器

如何知道有哪些选择器可供使用呢？请执行以下代码：

```
from uiautomator import Device

device = Device()
print(device.dump())
```

此时终端会以 XML 输出当前手机屏幕显示的窗口布局信息，如图 10-18 所示。

这里的 XML 就相当于网页中的 HTML，用来描述窗口上面各个部分的布局信息。XML 的格式与 HTML 非常像，格式为：

`<标签 属性1="属性值1" 属性2="属性值2">文本</标签>`

其中的各个属性和属性值，就是选择器操作的对象。从图 10-18 可以看到，这里的不同属性包括但不限于"text" "class" "description" "resource-id" 和 "package"。

在 uiautomator 中，也有选择器和这些属性一一对应。其中，选择器 "className" 对应 "class" 标签；选择器 "packageName" 对应 "package" 标签；选择器 "resourceId" 对应 "resource-id" 标签。所以要选择一个元素，可能有如下的写法：

```
device(packageName='com.android.systemui')
device(className='android.widget.FrameLayout')
device(resourceId='com.android.systemui:id/clock')
device(text='短信')
device(index='3', resourceId='com.android.systemui:id/mobile_combo')
```

图 10-18　当前手机屏幕显示的窗口布局信息

　　可以用一个标签来作为选择器，也可以同时使用多个标签来更精确地描述某一个元素。一般来说，操作一个有文字的元素，主要是使用 text 这个属性；如果是从屏幕上读文字，就使用其他的属性。

10.1.4　操作

　　在选择好元素以后，就需要对它进行操作。最常见的操作如下：

- 获得屏幕文字；
- 滚动屏幕；
- 滑动屏幕；
- 点击屏幕；
- 输入文字；
- 判断元素是否存在；
- 点亮关闭屏幕；
- 操作实体按键；
- watcher。

1. 获得屏幕文字

　　如果要从 Android 手机上读取当前屏幕上显示的文本内容，用到的是一个元素的 ".text" 属性。这里以获取游戏商场类 App "TapTap" 当前屏幕的游戏名称为例。

　　当前手机上的 TapTap 界面如图 10-19 所示。

　　从屏幕上可以看到有 3 个游戏的名字，分别是 "霍基 2" "yellow" 和 "我的星球"。现在的目的是要把这 3 个名字读取下来。首先使用以下代码获取当前屏幕的 XML 布局，如图 10-20 所示。

```
device.dump()
```

图 10-19　TapTap 首页

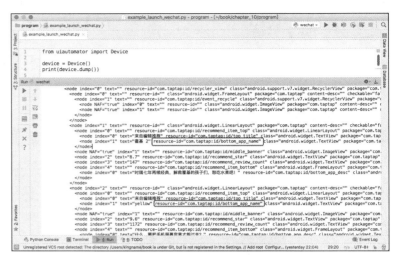

图 10-20　TapTap 首页对应的 XML 布局

从这个布局可以看到，所有标题的 resource-id 都是 "com.taptap:id/bottom_app_name"。如果需要获取第一个游戏 "霍基 2" 的名字，可以使用下面这一行代码：

```
game_1_title = device(resourceId='com.taptap:id/bottom_app_name').text
```

运行结果如图 10-21 所示。

图 10-21　获取第一个游戏的名称

但实际上，当前屏幕有 3 个游戏，它们的 resource-id 都是相同的。如何把 3 个游戏的名字都获取下来呢？方法很简单，那就是 "先别急着获取 '.text' 属性——先寻找元素，再用 for 循环展开，最后再获取 '.text' 属性"。其代码如下。

```
game_title_list = device(resourceId='com.taptap:id/bottom_app_name')

for title in game_title_list:
    print(title.text)
```

运行结果如图 10-22 所示。

在前面的描述中，有一个短语被反复强调，那就是 "当前屏幕"。这是 uiautomator 与 Selenium 不一样的地方。对于 Selenium 来说，即使网页没有在浏览器窗口显示出来，也可以获取到 "当前网页" 所有满足要求的内容。但是 uiautomator 只会显示 "当前屏幕" 上人眼能看到的内容。

那么对于屏幕下面的内容应该如何获取呢？如果读者要看后面的内容，就要把屏幕向上翻。对于 uiautomator，要看后面的内容，也需要把屏幕往上翻。

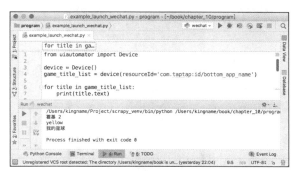

图 10-22　同时获取当前屏幕的 3 个游戏名

2. 滚动屏幕

滚动屏幕对应的操作为 ".scroll()"。它的操作对象是一个可以滚动的对象。如果手动操作可以把屏幕向上滚动，那么屏幕上应该至少有一个元素是可以滚动的，因此选择器可以写为：

device(scrollable=True)

那么向上滚动一屏可以写为：

device(scrollable=True).scroll.vert.forward()

如果想向下滚动一屏，则需要把 forward() 换为 backward()：

device(scrollable=True).scroll.vert.backward()

由于向上、向下是"垂直方向"，所以代码中使用了 vert，这是英语单词 vertical（垂直的）的简写。可能有些 App 会出现左右滚动的情况，这时候就需要使用 horiz，这是英语单词 horizontal（水平的）的简写。于是，向左及向右滚动就可以写为：

device(scrollable=True).scroll.horiz.forward() #向右滚动

device(scrollable=True).scroll.horiz.backward() #向左滚动

使用滚动屏幕的方式，就可以把所有游戏的名字都读取下来，如图 10-23 所示。

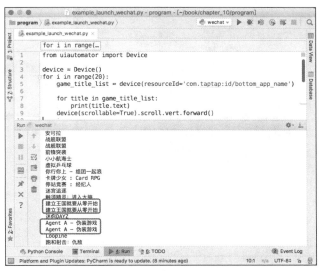

图 10-23　滚动屏幕获取所有游戏名称

有一点需要注意，由于滚动一屏时，有可能前一屏最下面的元素滚动以后刚好到了后一屏的最上面，因此可能出现重复获取同一个游戏名字两次的情况，如图 10-23 中的方框所示。在实际使用时要注意去重处理。

3. 滑动屏幕

在某些情况下，整个窗口布局的 XML 里面，所有元素的 scrollable 属性值全部都是 False，例如小米手机的桌面。在这种情况下，没有办法使用"scrollable=True"来左右滚动桌面，于是就需要使用根据坐标来滑动桌面的".swipe()"方法。

在 Android 系统的屏幕上，左上角为坐标原点(0, 0)，越向下，y 轴数字越大；越向右，x 轴数字越大。

".swipe()"这个方法操作的对象是整个手机屏幕，所以不需要为 device 设定选择器。".swipe()"的用法为：

```
device.swipe(400, 600, 0, 600)
```

它接收 4 个参数，分别为起始点 x 坐标，起始点 y 坐标，终点 x 坐标，终点 y 坐标。对于左右滑动来说，只需要改变 x 坐标即可。如果要显示右边的一屏，那么起始点的 x 坐标要大于终点的 x 坐标。如果要显示左边的一屏，起始点的 x 坐标要小于终点的 x 坐标。

如果在实际写代码的时候搞不清 x 坐标哪个大，就亲自把手放在屏幕上滑动进行查看。如果要显示右边的一屏，那么会首先把手放在屏幕右侧，按住然后往左移动，所以此时起始点的 x 坐标要大一些。

4．点击屏幕

选择一个元素以后，除了获取它上面的文字外，还可以点击。就如同前面通过点击打开微信一样。点击操作".click()"和".long_click()"分别对应短按点击和长按点击，它们可以直接应用于一个被选择出来的元素上。例如：

```
device(text='微信').click()
device(text='微信').long_click()
```

点击操作也可以直接应用于坐标位置。例如：

```
device.click(230, 567)   #第1个参数为横坐标x轴，第2个参数为纵坐标y轴
device.long_click(230, 567)   #第1个参数为横坐标x轴，第2个参数为纵坐标y轴
```

在某些 App 中，可能某一个元素并没有一个独特的标志来让选择器选择。这个时候就可以直接使用坐标来操作。

以 TapTap 的搜索按钮为例，搜索按钮的坐标如图 10-24 所示。

图 10-24　TapTap 搜索按钮的坐标

对于这个按钮，在右侧信息窗口中可以看到"ImageButton[640,80][688,128]"中的[640,80]对应了这个搜索按钮的左上角的坐标，[688,128]对应了搜索按钮右下角的坐标。对于一个矩形来说，确定了一对角的坐标，也就确定了 4 个角的坐标。因此，只要点击这两个坐标之间的位置，就等于点击了这个搜索按钮。

为保险和准确起见，可以点击这个搜索按钮矩形的正中心位置，也就是[664,104]。那么代码就可以写成：

```
device.click(664, 104)
```

当然还有一种更简单的办法，那就是把 Ui Automator Viewer 的窗口拉大一些，将鼠标指针在屏幕上面随意移动，就可以直接看到鼠标指针当前位置的坐标，如图 10-25 所示。

图 10-25　箭头指向当前鼠标指针所在位置的坐标

5. 输入文字

既然进入了搜索界面，那就需要搜索内容了。输入文本使用的操作是 ".set_text()"。TapTap 的搜索框对应的 resource-id 为 "com.taptap:id/input_box"，如图 10-26 所示。

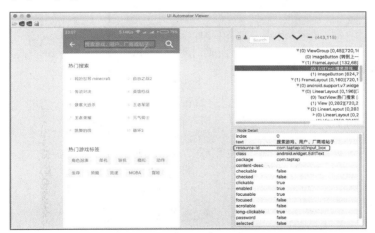

图 10-26　搜索框对应的 resource_id

因此可以用这个 resource-id 来作为选择器定位到搜索框，再输入文本。例如搜索名为 "汉家江湖" 的游戏，那么就使用以下代码：

```
device(resourceId='com.taptap:id/input_box').set_text('汉家江湖')
```

6. 判断元素是否存在

由于手机上面的各个元素加载是需要一定时间的，如果在元素加载出来之前就对其进行操作，就会导致程序报错，如图 10-27 所示。这是因为不存在一个 resource-id 为 "com.taptap:id/input_box33" 的元素。

在操作一个元素之前，先判断一下它是否存在是比较明智的做法。判断元素是否存在，使用 ".exists" 属性。如果存在，值为 True，否则为 False。其用法为：

```
input_box = device(resourceId='com.taptap:id/input_box')
if input_box.exists:
    input_box.set_text('汉家江湖')
else:
    print('搜索框不存在')
```

图 10-27　操作一个不存在的元素导致程序报错

如果元素只是因为没有来得及加载出来而不存在，并不是屏幕界面错误，那么还可以等待它加载出来以后再进行更多操作。使用到的方法是".wait.exists()"，其中 exists 还可以设置等待超时时间。例如：

```
search_result = device(text='汉家江湖')
if search_result.wait.exists(timeout=20000)
    search_result.click()
else:
    print('元素不存在')
```

等待文字为"汉家江湖"的元素出现，如果在 20s 以内出现了这个元素，就点击它，否则就打印"元素不存在"的提示。需要注意的是，这里".exists()"的超时时间单位为 ms。所以要等待 20s，就需要输入 20000。

7. 点亮关闭屏幕

使用".wakeup()"方法和".sleep()"方法可以点亮或者关闭屏幕。当手机屏幕处于关闭状态时，使用".wake()"方法可以让屏幕点亮；当手机屏幕处于点亮状态时，使用".sleep()"方法可以将其关闭。其用法为：

```
device.wakeup()  # 点亮屏幕
device.sleep()  # 关闭屏幕
```

如果要检查当前手机屏幕是开启状态还是关闭状态，就需要使用".screen"属性。它的值为"on"，表示当前手机屏幕亮起；值为"off"，表示当前手机屏幕关闭。其用法如下：

```
if device.screen == 'on':
    print('当前手机屏幕为点亮状态')
elif device.screen == 'off':
    print('当前手机屏幕为关闭状态')
```

8. 操作实体按键

Android 一般自带不少实体按键，使用 Python 的 uiautomator 可以模拟这些按键被按下的状态。其使用方法为：

```
device.press.实体按键名称()
```

常见的实体按键名称和作用如表 10-1 所示。

表 10-1　常见的实体按键名称和作用

实体按键名称	作用
power	电源键
back	返回键
menu	菜单键
volume_up	音量增大
volume_down	音量减小
home	返回桌面

例如，现在的手机屏幕处于关闭状态，需要点亮屏幕，除了使用".wakeup()"方法以外，还可以模拟按下电源键：

```
device.press.power()
```

又例如需要增大音量，那么就模拟按下音量增大键：

```
device.press.volume_up()
```

9. watcher

使用 Android 手机的时候，经常会遇到这样的情况：手机用着用着，突然弹出一个对话框，提示当前 App 有新版本可用。对于用户来说，遇到这种对话框，又不想升级，那么按一下返回键就可以暂时把这个对话框关闭。但是这种对话框对于使用程序来操作手机的场景来说，就是一个灾难。

假设现在有几百个游戏，需要通过 TapTap 搜索它们，并获取它们的下载量。正常的流程应该是下面这样。

（1）初始位置：搜索框。

（2）清空搜索框原有的文字。

（3）输入游戏名字。

（4）点击搜索按钮。

（5）点击第 1 个搜索结果进入游戏详情页。

（6）从游戏详情页获取下载量。

（7）点击实体按键 back 返回搜索界面。

（8）转到步骤（1）。

在正常情况下，可以按照从（1）～（8）的顺序循环往复，直到搜索完所有的游戏。但是如果在第（6）步获取了下载量以后，突然弹出了升级提示框。此时由于程序不知道弹出了框，它还在执行第（7）步，按下了返回键。此时仅仅是关闭了升级提示的对话框，手机屏幕仍然还处于游戏的详情页，但是程序以为已经返回了搜索界面，于是尝试操作搜索框。可是在详情页根本就没有搜索框，于是就会导致程序报错。

这种情况当然可以使用 exists 来判断搜索框是否存在。但问题在于，即使知道了搜索框不在，却并不能解决该问题。因为根本原因在于手机屏幕和程序出现了不同步，要解决问题，就需要让它们同步。

使用 watcher 可以让程序在找不到元素时自动尝试解决问题。假设目前手机屏幕所在的界面为详情页，如图 10-28 所示。

图 10-28 假设手机屏幕当前在详情页

此时如果直接执行下面的代码，显然会导致程序报错：

```
input_box = device(resourceId='com.taptap:id/input_box')
input_box.clear_text()
input_box.set_text('汉家江湖')
```

在执行这一段代码之前，先注册一个 watcher：

```
from uiautomator import Device

device = Device()
device.watcher('In_Detail_to_Search').when(text='我的世界 Minecraft').when(text='预约').press.back()

input_box = device(resourceId='com.taptap:id/input_box')
input_box.clear_text()
input_box.set_text('汉家江湖')
```

在手机上可以看到程序自动退到了搜索界面，然后清空了里面原有的内容并输入了新的内容。

```
device.watcher('In_Detail_to_Search').when(text='我的世界 Minecraft').when(text='预约').press.back()
```

这一段代码表示注册了一个名字为"In_Detail_to_Search"的 watcher，这个 watcher 要执行的操作是按下实体按键的返回键。它被激活需要满足 3 个条件。

（1）代码出现了找不到元素的情况，即将报错。

（2）当前屏幕上某个元素的文本为"我的世界 Minecraft"。

（3）当前屏幕上某个元素的文本为"预约"。

watcher 是一种特殊的对象，它被注册以后就一直静静地等待，只有在程序里面的某一处代码出现了找不到元素的情况下才会被触发，并按照注册顺序依次进行检查。如果找到了符合条件的 watcher，就会执行这个 wather 对应的操作。如果所有 watcher 都检查完依然没有找到符合条件的情况，那么就继续抛出找不到元素的异常。

watcher 的第 1 个参数表示这个 watcher 的名字，可以是任何字符串。但是不同的 watcher 的名字不能相同。后面的所有"when()"表示满足这个 watcher 所需要的条件。每个 when() 之间是"与"的关系，只有所有的 when 里面的选择器同时满足，这个 watcher 才会被触发，并执行最后的语句。

10. 其他操作

Android 的 UI Automator 框架可以实现所有图形界面的操作，只要是人能做的它都能做。Python 的 uiautomator 库完整实现了这些操作。但是由于一些操作对于开发爬虫来说并没有什么作用，例如双指缩放屏幕、旋转屏幕等操作。本书对于这些暂时用不到的操作省略。感兴趣的读者可以参阅 uiautomator 的官方文档。

10.2 综合应用

10.2.1 单设备应用

设想这样一个场景，你需要每天晚上 23 点给女朋友发送一条晚安微信，但是那个时间你可能正在打游戏，忘记发微信了。

1. 微信自动发信器

使用 Python 的 uiautomator，可以做一个自动发送微信的程序，每天晚上 23 点自动打开微信，打开女朋友的聊天窗口，从数据库里随机选择一条晚安短信，并自动发送出去。

这个自动发送微信的程序应该具备如下的功能。

（1）自动点亮屏幕。

（2）自动从桌面点开微信。

（3）自动从微信最近联系人列表中找到女朋友。

（4）自动点开聊天窗口，输入内容。

（5）自动发送聊天内容。

为了能够简化代码，需要首先去掉手机的屏锁，保证一点亮屏幕就能直接进入桌面。虽然 Python 的 uiautomator 是可以操作屏幕实现自动滑动解锁，甚至直接输入密码或者自动找出图像解锁密码的，但是这样会增加工作量，反而不划算。

一般在 Android 的系统设置中，在"屏锁、密码和指纹"或者"安全设置"里面可以找到去除屏锁的选项。

去除屏锁以后，使用 USB 与计算机保持连接。这样准备工作就做好了。

点亮屏幕以后，程序应该要去寻找微信图标，如果当前屏幕页找不到，那么就左右滑动屏幕，直到找到为止。对于小米手机的系统来说，所有图标都是直接摆放在桌面上的，直接左右拖动就能找到。而另外大部分 Android 手机，都有一个"抽屉"的功能，很多 App 都要进入抽屉以后才能找到。对于这种情况，建议把微信的快捷方式添加到桌面，这样可以减少进入抽屉的步骤。

进入微信以后，寻找名字为"女朋友"的微信号，为了防止女朋友随时改微信名字导致程序失效，建议给女朋友的微信添加一个备注名。之后就直接用这个备注名来寻找。如果当前屏幕找不到，那就向下滚动屏幕，直到找到为止。

进入聊天窗口以后，找到输入框，输入文本并单击发送按钮就是很常见的操作了。唯一需要注意的是，对于微信聊天界面，在初始没有输入文字的时候，是没有"发送"按钮的，只有一个表情按钮和一个"+"号，如图 10-29 所示。

图 10-29　在没有输入内容时，微信没有"发送"按钮

在通过 uiautomator 输入了文字以后，屏幕上已经出现了"发送"按钮，但是现在不能直接用 uiautomator 的
".click()"单击这个按钮，否则会提示找不到元素。这是 uiautomator 的一个 Bug，因为输入操作是计算机向手机的
单向操作，并没有实时获取手机上的最新布局。如果直接使用".click()"方法，它操作的是输入内容之前的没有
"发送"按钮的布局，自然就会导致找不到元素的错误。此时需要先按一下返回键，把键盘关闭，然后单击"发送"
按钮，才可以成功发送。

完整的代码如下：

```python
from uiautomator import Device

device = Device()
device.wakeup()

wechat_icon = device(text='微信')
if not wechat_icon.exists:
    device.swipe(400, 600, 0, 600)

wechat_icon.click()
device(scrollable=True).scroll.vert.toBeginning() #先返回顶部，再往下找
while True:
    girl_friend = device(text='女朋友')
    if girl_friend.exists:
        girl_friend.click()
        break
    else:
        device(scrollable=True).scroll.vert.forward()

device(className="android.widget.EditText").set_text('晚安')
device.press.back()
device(text="发送").click()
```

程序可以运行以后，就需要做一个定时功能。

2. 创建 Mac OS 与 Linux 定时任务

对于 Mac OS 与 Linux，可以使用 crontab 来进行定时。

首先确定自己的 Python 所在的位置。打开终端，输入 which python，屏幕上会出现 Python 的路径，如图 10-30
所示。

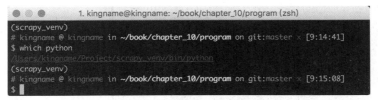

图 10-30　查看当前 Python 的位置

将这个路径复制下来，并以下面这个格式写到程序的第 1 行，如图 10-31 所示。

```
#! Python路径
```

在终端进入这个程序所在的文件夹，为这个程序添加可执行权限：

```
chmod +x example_automatic_wechat.py
```

这样操作以后，只要在终端进入这个.py 文件所在的文件夹，并输入./example_automatic_wechat.py，就可以运
行这个程序。

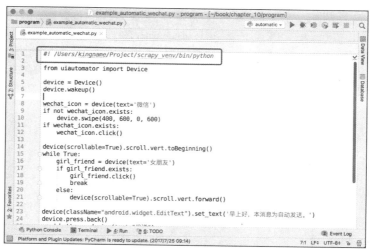

图 10-31　将 Python 的路径添加到程序的第 1 行

　　权限添加好以后，就可使用 crontab 来设置定时执行了。在终端输入 crontab –e，打开 crontab 的编辑界面。如果是第一次使用 crontab，那么打开以后里面应该是空白的，如图 10-32 所示。

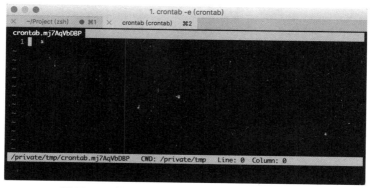

图 10-32　第一次使用 crontab，打开以后应该是空白

　　在英文输入法的状态下，按下键盘的 i 键进入输入模式，此时左下角会出现 "--INSERT--"。输入以下内容：
0 23 * * * /Users/kingname/book/chapter_10/program/example_automatic_wechat.py
　　注意，把文件路径修改为实际路径。输入完成以后，如图 10-33 所示。

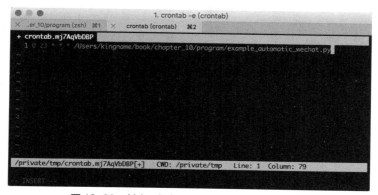

图 10-33　创建一条定时任务在每天 23 点运行程序

输入完成以后，按 Esc 键，确保左下角的"--INSERT--"消失。然后按 Shift+:组合键，输入英文冒号再输入 wq，这 3 个字符会出现在左下角，如图 10-34 所示。

图 10-34　输入:wq

按下 Enter 键，定时任务就保存好了。这样每到晚上 23 点 0 分，程序就会自动打开微信发送晚安信息了。

3. Windows 创建定时任务

要在 Windows 中创建定时任务，首先需要在 example_automatic_wechat.py 文件所在的文件夹下面创建一个 run_automatic_wechat.txt 文件，在文件里面输入 python3 example_automatic_wechat.py 后保存，并把文件名 run_automatic_wechat.txt 改为 run_automatic_wechat.bat。此时，如果双击这个 run_automatic_wechat.bat，应该可以看到自动发微信的程序成功运行。

打开 CMD，输入以下命令来创建定时任务，使程序在每天的 23 点自动运行：

```
schtasks /create /tn run_automatic_wechat/tr C:\run_automatic_wechat /sc DAILY /st 23:00:00
```

10.2.2　多设备应用（群控）

1. 实现原理

使用 uiautomator 来做爬虫开发，最主要的瓶颈在于速度。因为屏幕上的元素加载是需要时间的，这个时间受到手机性能和网速的多重限制。因此比较好的办法是使用多台 Android 手机实现分布式抓取。

使用 USBHub 扩展计算机的 USB 口以后，一台计算机控制 30 台 Android 手机是完全没有问题的。只要能实现良好的调度和任务派分逻辑，就可以大大提高数据的抓取效率。

由于 Python 的 uiautomator 是支持操作多台手机的，因此假如有 3 台手机，串号分别为"123456""987654"和"abcdef"，那么在 uiautomator 中可以分别初始化 3 个 Device 的实例：

```python
from uiautomator import Device


device_1 = Device('123456')
device_2 = Device('987654')
device_3 = Device('abcdef')
```

此时，就可以使用这 3 个实例来操作 3 台手机。那么如何"同时"操作 3 台手机呢？这就需要使用 Python 的多线程技术了。

2. 另一种多线程

在第 4 章介绍了一种比较简单的实现多线程的方式，即使用 multiprocess.dummy 来实现。那种方式的代码看起来非常简单，但是不方便做各种定制化操作。因此本小节将会介绍 Python 中另一种实现多线程的办法——threading.Thread。

为了便于管理和调度各个子线程，将子线程定义为一个类是比较好的做法，每台手机对应一个线程。而要将子线程定义为一个类，就需要这个类继承于 threading.Thread。

一个做线程的类，其代码结构如下：

```
class PhoneThread(threading.Thread):
    def __init__(self):
        threading.Thread.__init__(self)

    def run(self):
        pass
```

这段代码实现了一个什么事情都不做的子线程类。其中，在".__init__()"初始化方法的第一行必须有threading.Thread.__init__(self)，否则会导致程序报错。".run()"方法是子线程的入口，启动子线程后，它会从run()方法开始执行。

要启动一个子线程，需要先将它初始化为一个实例，然后调用.start()方法。例如：

```
phone = PhoneThread()
phone.start()
```

当调用.start()方法以后，子线程类里面的.run()方法中的代码就会被运行。

需要注意的是，一个子线程实例的生命只有一次。一旦它里面的代码被运行完成，生命就结束了，这个实例就再也不能用了，只能重新创建新的子线程实例。通过子线程实例的".is_alive()"方法可以查看它是否还活着，如图 10-35 所示。

一旦某一个子线程实例的.is_alive()方法返回了 False，那么就可以将它丢弃了。因为它已经没有用处了。

为了防止子线程提前死掉，就需要将子线程实现功能的代码放到 while 循环里面，让它一直不停地工作，只有工作完成以后才允许它死掉。

由于子线程是被主线程启动的，因此必须要让主线程在所有子线程都结束以后才能结束。否则，一旦主线程运行完成，所有子线程都会被强行关闭。因此，在主线程启动了所有的子线程以后，必须"做点什么事"来等待，例如轮询检查是否所有的子线程都结束了，如图 10-36 所示。

图 10-35　判断子线程是否还活着

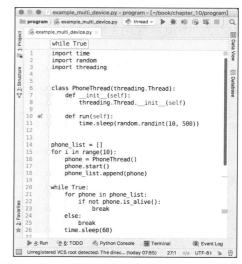

图 10-36　主线程轮询检查是否所有的子线程都结束了

在图 10-36 所示的这段代码中，由于子线程会随机睡 10～500s，主线程不知道它们什么时候才会全部结束。因此主线程要在每 60s 检查一下 10 个子线程的状态，直到发现所有的子线程都结束了，主线程才能跳出 while 循环。

```
phone_list = []
for i in range(10):
    phone = PhoneThread()
    phone.start()
    phone_list.append(phone)
```

上面这段代码的作用是创建 10 个子线程，启动它们，并把它们放在 phone_list 这个列表中以方便后面的轮询。

```
while True:
    for phone in phone_list:
        if phone.is_alive():
            break
    else:
        break
    time.sleep(60)
```

上面这段代码的作用是每60s检查一次phone_list里面的所有子线程。只要发现有一个子线程目前还是活着的，那么就没有必要继续检查了，跳出检查的循环，直接等待 60s。如果发现所有的子线程都已经死掉了，此时就会进入 else 下面的 break 跳出 while 循环，从而让主线程结束。

需要注意的是，代码里面的 else 是给 for 用的，构成 for...else...语法。不要认为这个 else 是给 if 用的。这里需要学习一下 Python 的 for...else...语法。else 里面的语句，只有在 for 里面的语句全部无障碍执行完成以后才会执行，如果 for 里面的 break 被执行了，那么 else 里面的语句就不会被执行。

由于 break 语句的作用是跳出当前这一层循环，所以如果检查到某一个线程还活着，那么 break 只是跳出了检查线程的这个 for 循环，原来的 while 循环不受影响。

3．应用实例

整个系统的架构可以设计成图 10-37 所示的形式。

主线程负责启动子线程，读数据库，得到需要手机处理的各种目标，并将目标存放在 Redis 里面。手机子线程循环不断地从 Redis 中读取目标，在手机上面抓取并将原始数据保存到 Redis 中。另一个负责数据处理的子线程负责将手机抓取的原始数据清洗并放入数据库中。

这里使用一个例子来演示这个架构的使用。使用两台 Android 手机，从 TapTap 上面抓取 20 个游戏的安装量或者预订量。

首先创建一个文本文件 target，用来保存 20 个目标游戏的名称。当然读者也可以使用数据库来保存。这 20 个游戏的名称如图 10-38 所示。

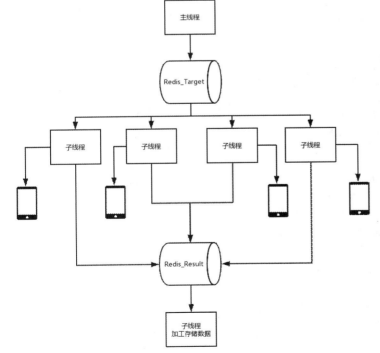

图 10-37　App 爬虫系统架构的形式

图 10-38　20 个目标游戏名称

首先来完成手机线程部分。这个线程的作用是从 Redis 里面读游戏的名称，然后操作手机搜索游戏，最后获取游戏的安装人数。代码如下：

```python
import time
import redis
import threading
from uiautomator import Device


class PhoneThread(threading.Thread):
    def __init__(self, serial):
        threading.Thread.__init__(self)
        self.serial = serial
        self.device = Device(serial)
        self.client = redis.StrictRedis()

    def run(self):
        while self.client.llen('game_name') != 0:
            game_name = self.client.lpop('game_name')
            if game_name:
                game_name = game_name.decode()
                self.crawl(game_name)

    def crawl(self, game_name):
        input_box = self.device(resourceId='com.taptap:id/input_box')
        input_box.clear_text()
        input_box.set_text(game_name)
        self.device(resourceId="com.taptap:id/search_btn").click()
        search_result = self.device(textContains=game_name, resourceId="com.taptap:id/app_title")
        if search_result.wait.exists(timeout=3000):
            search_result.click()
        else:
            self.crawl(game_name)
            return
        download_count = self.device(resourceId="com.taptap:id/download_count")
        if download_count.wait.exists(timeout=3000):
            print(game_name, download_count.text)
        self.device.press.back()
```

由于需要操作多台手机，因此在__init__()方法中初始化手机的时候，需要传入手机的串号。在主线程中调用了.start()方法以后，子线程的.run()方法就会被调用。于是子线程从 Redis 名为"game_name"的列表中读取游戏名称，并在 TapTap 中搜索。crawl()方法就是负责搜索并获取下载量的方法。经过本章前面内容的讲解，要看懂 crawl()方法的行为并不困难。这里只需要着重讲解一下为什么会需要两个"wait.exists"判断。

判断元素是否存在的部分片段如下：

```python
search_result = self.device(textContains=game_name, resourceId="com.taptap:id/app_title")
if search_result.wait.exists(timeout=3000):
    search_result.click()
else:
    self.crawl(game_name)
    return
```

正常情况下，在搜素框输入内容并单击搜索图标即可出现结果，如图 10-39 所示。

但是在少数情况下，可能由于网速问题或者手机性能问题，在点了搜索图标以后，并没有出现搜索结果，如图 10-40 所示。

此时，对于人们来说，再点一下搜索图标就能解决问题。但是在程序中，为了保证操作的连贯性，任务这一次搜索就算是失败了，因此递归调用 crawl() 方法，重新再搜索一次这个游戏。

如果出现了搜索结果，那么就可以点击第一个结果。在代码中，使用了：

```
search_result = self.device(textContains=game_name, resourceId="com.taptap:id/app_title")
```

匹配游戏名字的时候，用的是 "textContains=game_name" 而不是 "text=name"。textContains 的意思为文本包含某些字符即可。这是因为有一些游戏在名字的前后会有特殊符号，例如《炉石传说》，名字上多了书名号，显然 "《炉石传说》不等于炉石传说"，但是 "《炉石传说》包含炉石传说"，如图 10-41 所示。

图 10-39　正常情况下直接搜索出结果

图 10-40　点了搜索图标却没有反应

图 10-41　炉石传说的搜索结果包含书名号

在主线程中调用子线程的代码如下：

```
for serial in serial_list:
    phone_thread = PhoneThread(serial)
    phone_thread.start()
    phone_list.append(phone_thread)

while phone_list:
    phone_list = [x for x in phone_list if x.is_alive()]
    time.sleep(5)
```

通过一个 for 循环创建多个 PhoneThread 的实例，每一个对应于一个手机串号。创建完成以后调用 .start() 方法来启动子线程，并将子线程放到 phne_list 列表中。

主线程需要等待子线程全部结束才能结束，因此每 5s 遍历一次 phone_list 列表，移除已经正常结束的子线程，保留还活着的子线程。直到所有的子线程全部结束，phone_list 为空，主线程退出。

多台手机的串号可以通过一个配置文件来存储，如图 10-42 所示。

在主线程中读入这个文件，就可以得到 serial_list。代码运行结果如图 10-43 所示。

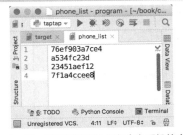

图 10-42　使用配置文件保存多台手机的串号

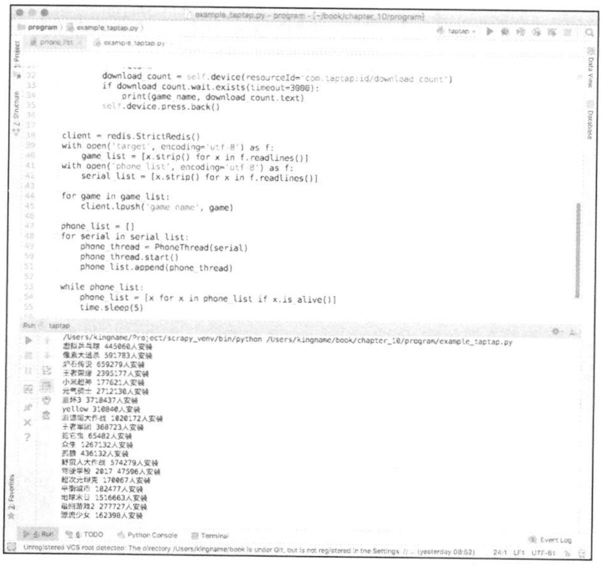

图 10-43　代码运行结果

10.3　阶段案例——BOSS 直聘爬虫

10.3.1　需求分析

任务目标：BOSS 直聘 App。

BOSS 直聘是一个招聘 App，在上面可以看到很多的工作。App 职位列表如图 10-44 所示。

使用 uiautomator 开发一个爬虫，从手机上爬取每一个职位的名称、薪资、招聘公司、公司地址、工作经验要求和学历。

10.3.2　核心代码构建

通过使用 UI Automator Viewer 分析 App 页面结构，可以发现每一个职位所需的信息都在一个公共结点下面，如图 10-45 所示。

图 10-44　BOSS 直聘上的工作列表

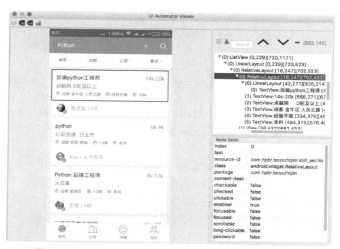

图 10-45　用 UI Automator Viewer 分析 BOSS 直聘首页

因此，可以使用先抓大再抓小的原则，首先获得每个职位的大结点，再从大结点里面取子结点。其中，薪资、公司名称、地址、工作经验要求和学历都是大结点的直接子节点，只有职位名称是大结点的子结点的子结点。

每一个结点都可以使用 resource-id 来进行定位，并使用 .text 属性来得到值。

首先构造滚动屏幕的函数，如下：

```
def scroll():
    device(scrollable=True).scroll.vert.forward()
```

爬虫每抓完一屏，就往下滚动一屏，这样就能实现不停地抓取。

再来看获取每一条职位的代码：

```
resource_id_dict = {
    'salary': 'com.hpbr.bosszhipin:id/tv_position_salary',
    'company': 'com.hpbr.bosszhipin:id/tv_company_name',
    'address': 'com.hpbr.bosszhipin:id/tv_location',
    'experence': 'com.hpbr.bosszhipin:id/tv_work_exp',
    'degree': 'com.hpbr.bosszhipin:id/tv_degree'}


def crawl():
    for job in device(resourceId='com.hpbr.bosszhipin:id/rl_section_1'):
        result_dict = {}
        job_info_box = job.child(resourceId='com.hpbr.bosszhipin:id/ll_position')
        job_name = job_info_box.child(resourceId='com.hpbr.bosszhipin:id/tv_position_name')
        if not job_name.exists:
            return
        result_dict['job_name'] = job_name.text
        for key, resource_id in resource_id_dict.items():
            value = job.child(resourceId=resource_id)
            if not value.exists:
                return
            result_dict[key] = value.text
        print(result_dict)
```

代码里首先使用一个字典把需要爬取的数据对应的 resource-id 都保存下来。不过由于职位的名称比较特殊，所以对其进行单独处理。接下来获取这一屏所有的职位对应的大结点，并分别在它们的子结点里面找到需要的信息。

10.3.3 调试与运行

程序运行结果如图 10-46 所示。需要注意的是，滚屏的时候不能保证刚好完整滚动一屏，所以每次滚屏的时候都会出现一个职位被重复抓取的情况，这是正常现象。在程序里面做去重处理即可。

10.4 本章小结

本章主要讲解了如何通过 Python 操作手机来获取 Android 原生 App 中的文字内容。Python 使用 uiautomator 这个第三方库来操作 Android 手机的 UiAutomator，从而实现模拟人们对手机屏幕的任何操作行为，并直接读取屏幕上的文字。

使用 uiautomator 来开发爬虫，要打通流程非常简单。但是需要特别注意处理各种异常的情况。同时，由于手机速度的问题，应该使用多台手机构成一个集群来提高抓取的速率。

最后，如果使用手机集群来进行数据抓取，并且需要抓取的 App 数据来自网络，那么需要考虑无线路由器的负荷。当同时连接无线路由器的设备超过一定数量时，有可能导致部分甚至所有设备都无法上网。这就需要使用工业级路由器来缓解。

无线信号相互干扰也是一个比较麻烦的问题。使用 5G 信道能缓解，但一般便宜的 Android 手机不支持 5G 的

Wi-Fi 信道，此时能做的就是把手机尽量分开，不要放在一起。使用电磁屏蔽网，将每 10 个手机和一个无线路由器为一组包裹起来，也能起到一定的阻隔 Wi-Fi 信号的作用。

图 10-46　BOSS 直聘爬虫运行结果

10.5　动手实践

使用 Android 手机来爬取一个原生 App 的数据。

PART11

第11章

Scrapy

■ 通过前面的学习，读者已经熟悉如何使用
Python 的 requests 网络模块和 XPath 来采
集各类网站数据，也能突破一些常见的反爬
虫机制。不过如果让爬虫运行 24h，虽然获
取到的数据也不少，但距离"大数据"还差
得很远。从这一章开始，我们关注如何提高
爬虫的规模，进而提高采集数据的"量"。
通过这一章的学习，你将会掌握如下知识。
（1）在 Windows、Mac OS 和 Linux 下搭
建 Scrapy 环境。
（2）使用 Scrapy 获取网络源代码。
（3）在 Scrapy 中通过 XPath 解析数据。
（4）在 Scrapy 中使用 MongoDB。
（5）在 Scrapy 中使用 Redis。

11.1 Scrapy 的安装

Scrapy 是基于 Python 的分布式爬虫框架。使用它可以非常方便地实现分布式爬虫。Scrapy 高度灵活，能够实现功能的自由拓展，让爬虫可以应对各种网站情况。同时，Scrapy 封装了爬虫的很多实现细节，所以可以让开发者把更多的精力放在数据的提取上。

11.1.1 在 Windows 下安装 Scrapy

Windows 是目前最主流的操作系统，在日常的使用中，Windows 有着非常好的用户体验。不过对于程序开发来说，Windows 在某些方面会让工作变得比较麻烦，例如安装 Scrapy。

Scrapy 的官方文档称，由于 Scrapy 所依赖的一个第三方库 Twisted 不支持 Windows 下面的 Python 3，所以 Scrapy 在 Windows 下不支持 Python 3。

但是经过实际测试，Scrapy 可以成功安装到 Windows 下面的 Python 3 环境中，而且本书涉及的爬虫程序均可以正常运行。

要保证 Scrapy 在 Windows 中正确安装，请严格按照以下步骤执行。

1. 安装 Visual C++ Build Tools

由于在 Scrapy 的依赖库文件中，pywin32 和 Twisted 的底层是基于 C 语言开发的，因此需要安装 C 语言的编译环境。对于 Python3.6 来说，可以通过安装 Visual C++ Build Tools 来安装这个环境。Visual C++ Build Tools 是微软公司开发的，下载地址为 https://visualstudio.microsoft.com/thank-you-downloading-visual-studio/?sku=BuildTools&rel=15，下载下来的只是一个大小为 1MB 左右的安装器，运行以后的界面如图 11-1 所示。

单击"安装"按钮进行安装，这个安装器会自动下载需要的文件。安装过程视网速和计算机性能而定，一般需要 30～60min。

可能有一些读者运行安装器以后看到的是图 11-2 所示的界面。

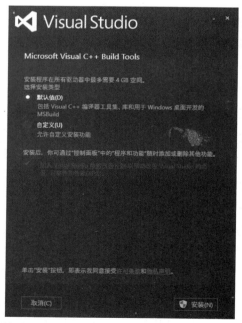

图 11-1 Microsoft Visual C++ Build Tools 安装界面

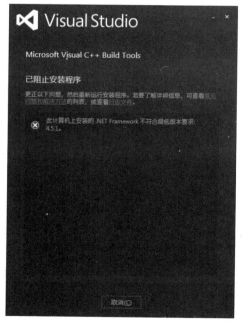

图 11-2 缺少.Net Framework 的界面

这是因为系统没有安装.Net Framework 或者安装的版本太低。此时下载并安装一个 4.5.1 或以上版本的.Net Framework 即可。

安装好.Net Framework 以后，Microsoft Visual C++ Build Tools 应该就可以正常安装了。

2. 安装 pywin32

在 Windows 系统中搭建 Scrapy 的环境，有两个第三方库不能使用常规的方法安装。第一个是 lxml，这个库的安装方法在第 5 章已经讲过，这里不再赘述。第二个是 pywin32。pywin32 和 lxml 一样，不建议使用 pip 来安装，因为 10 次至少有 9 次都会安装出错。pywin32 甚至也不能使用安装 lxml 的方式来安装。

pywin32 必须使用.exe 安装包来进行安装。

根据计算机上的 Python 版本和位数下载并安装最新版的 pywin32，安装程序会自动寻找 Python 的安装路径，所以不需要做任何修改，一直单击"下一步"按钮即可。图 11-3 是 Python 3.5 版本的 pywin32 安装过程的截图。

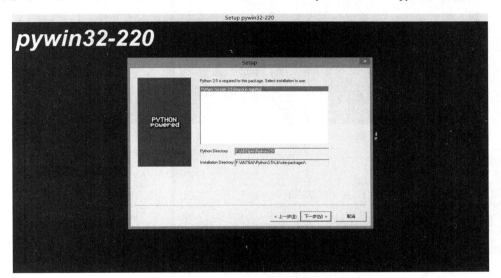

图 11-3　pywin32 安装过程截图

3. 安装 Twisted

Scrapy 需要依赖 Twisted。Twisted 是 Python 中的一个非常重要的基于事件驱动的异步输入/输出（Input/Output，I/O）引擎。Twisted 的安装依赖于 pywin32 和前面的 Visual C++ Build Tools，所以必须先安装前面这两个东西，才能安装 Twisted。

到目前为止，已经可以直接在 CMD 中使用 pip 来安装 Twisted 了：

```
pip install twisted
```

不过先别着急，这样安装虽然从功能上说没有问题，但并不是一个好方法。因为 Twisted 和之后的 Scrapy 的安装，会附带安装大量的依赖库，而这些库，仅在 Scrapy 中会用到，平时的普通开发中几乎不会用到。所以如果把它们安装到系统的 Python 环境中，会导致 Python 环境的混乱。而且发布爬虫的时候，也不便于导出涉及的依赖库文件。

因此，建议各位读者使用 Virtualenv 创建一个虚拟的 Python 环境来安装 Scrapy 剩下的部分。

Virtualenv 是 Python 的一个第三方库，使用它可以创建 Python 的虚拟环境。使用安装普通第三方库的方法就可以安装 Virtualenv：

```
pip install virtualenv
```

最理想的情况是，系统的 Python 环境中只安装 Virtualenv，之后的所有开发都在 Virtualenv 创建的虚拟 Python 环境中进行。每个项目都有它自己独立的虚拟 Python 环境，各个环境之间互不干扰。但是，在 Windows 系统中，这个最理想的情况有时候没有办法实现。例如在搭建 Scrapy 时，通过安装.exe 文件的方式来安装 pywin32 的时候，是没有办法指定安装位置的，所以 pywin32 必定会安装到系统的 Python 环境中。在这种情况下，就必须让 Virtualenv 创建的虚拟 Python 环境可以使用系统 Python 中的第三方库。

要让 Virtualenv 使用系统 Python 环境的第三方库，就需要在 CMD 中使用下面的命令来创建虚拟环境：

```
virtualenv --always-copy --system-site-packages venv
```

创建过程如图 11-4 所示。

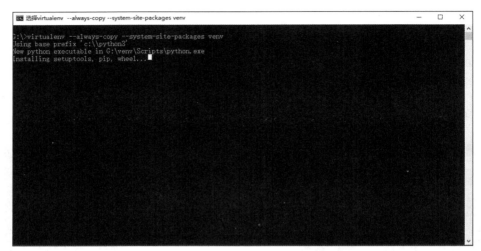

图 11-4　在 CMD 中创建 Python 虚拟环境的过程

创建虚拟环境以后，可以使用下面的命令来激活虚拟环境：

```
venv\scripts\activate
```

不要关闭现在这个 CMD 窗口，接下来的所有操作都要在这里进行。安装 Twisted：

```
pip install twisted
```

这个文件比较大，需要几分钟的时间才能安装完成。

安装完成 Twisted 以后，在虚拟的 Python 环境中使用第 5 章讲到的方法安装 lxml。

4. pip 安装 Scrapy

前面的环境都准备好以后，就可以使用 pip 来安装 Scrapy 了：

```
pip install scrapy
```

11.1.2　在 Linux 下安装 Scrapy

在 Linux 下安装 Scrapy 比在 Windows 下安装简单得多，可以完全通过命令来操作。

1. 安装依赖库

在 Linux 的终端中执行下面的命令来安装依赖库：

```
sudo apt-get install python3-dev python3-pip libxml2-dev libxslt1-dev zlib1g-dev libffi-dev libssl-dev
```

不用担心这里面的某些库已经安装，因为 apt-get 会自动检测并跳过这些已经安装的库。

2. 创建 Virtualenv 虚拟 Python 环境并安装 Scrapy

在 Linux 的终端中创建虚拟的 Python 环境：

```
virtualenv --always-copy –python=python3 venv
```

激活虚拟的 Python 环境：

```
. venv/bin/activate
```

安装 Scrapy：

```
pip install scrapy
```

注意，在 Virtualenv 创建的虚拟 Python 环境中，执行 pip 命令安装第三方库时是不需要使用 sudo 命令的。

11.1.3　在 Mac OS 下安装 Scrapy

在 Mac OS 下面安装 Scrapy 非常简单，大多数人可以直接从 Linux 安装流程的第 2 步开始：

V11-1　在 Ubuntu
中搭建 Scrapy 运行
环境

在终端中创建虚拟的 Python 环境：

```
virtualenv --always-copy --python=python3 venv
```

激活虚拟的 Python 环境：

```
. venv/bin/activate
```

安装 Scrapy：

```
pip install scrapy
```

不过，由于 pip 的网络经常会受到干扰，所以可能有一部分读者在安装的时候会得到图 11-5 所示的报错信息。这个时候，可以使用一些代理工具来让网络变得稳定。这里以使用 ProxyChains 为例来演示，安装过程如图 11-6 所示。代理工具的安装和使用不是本书重点，此处省略。

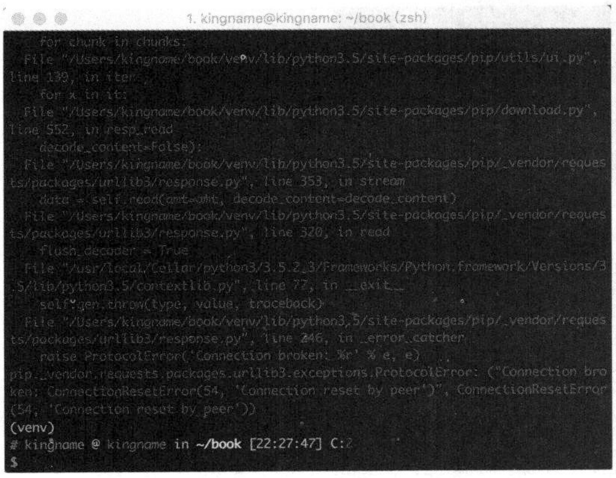

图 11-5　由于网络问题导致 pip 安装失败　　　图 11-6　使用 ProxyChains 来保证 pip 安装 Scrapy 顺利进行

11.2　Scrapy 的使用

安装完成 Scrapy 以后，可以使用 Scrapy 自带的命令来创建一个工程模板。

11.2.1　创建项目

使用 Scrapy 创建工程的命令为：

```
scrapy startproject <工程名>
```

例如，创建一个抓取百度的 Scrapy 项目，可以将命令写为：

```
scrapy startproject baidu
```

创建结果如图 11-7 所示。

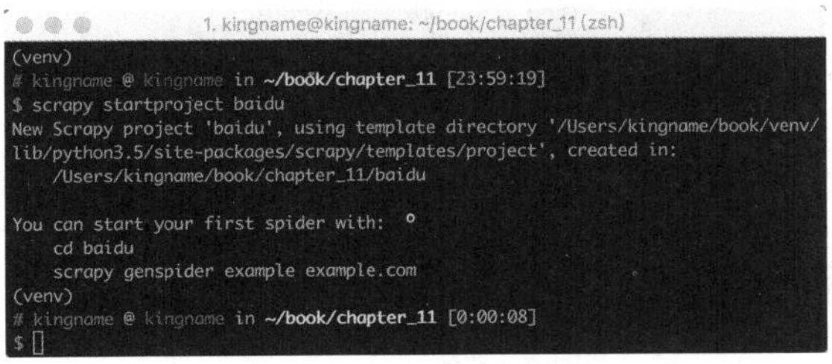

图 11-7　创建 Scrapy 工程

工程名可以使用英文字母和数字的组合，但是绝对不能使用"scrapy"（小写）作为工程名，否则爬虫无法运行。也不要使用任何已经安装的 Python 第三方库的名称作为工程名，否则可能会出现奇怪的错误。这是由于 Python 在导入库的时候，会优先从当前工程文件夹中寻找满足条件的文件或者文件夹，如果工程的名称本身就为 scrapy，那么 Python 就无法找到正常的 Scrapy 库的文件。

在图 11-7 中可以看到，创建完成工程以后，Scrapy 有以下的提示：

```
you can start your first spider with:
cd baidu
scrapy genspider example example.com
```

这个提示的意思是说，可以通过下面的两条命令来创建第一个爬虫。根据它的说明来执行命令：

```
cd baidu
scrapy genspider example baidu.com
```

执行结果如图 11-8 所示。

图 11-8　创建爬虫

在 Scrapy genspider 命令中，有两个参数，"example"和"baidu.com"。其中，第 1 个参数"example"是爬虫的名字，这个名字可以取英文和数字的组合，但是绝对不能为"scrapy"或者工程的名字。在现在这个例子中，爬虫的工程名为"baidu"，所以这里的第 1 个参数也不能为"baidu"。

第 2 个参数"baidu.com"是需要爬取的网址。读者可以修改为任何需要爬取的网址。

需要注意的是，在这个例子中，"baidu.com"没有加"www"，这是因为在浏览器中直接输入"baidu.com"就可以打开百度的首页。如果有一些网址需要添加二级域名才能访问，那么这里也必须要把二级域名加上。例如：

```
scrapy genspider news news.163.com
```

现在已经把爬虫创建好了，在 PyCharm 中打开 Scrapy 的工程，可以看到在 spiders 文件夹下面有一个 example.py，如图 11-9 所示。

图 11-9　爬虫创建完成

这个由 Scrapy 自动生成的爬虫运行以后是不会报错的，但是它不会输出有用的信息。

现在，将第 11 行：

```
pass
```

修改为：

```
print(response.body.decode())
```

修改第 11 行内容如图 11-10 所示。

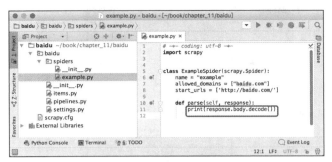

图 11-10　修改第 11 行内容

修改完成以后，通过 Windows 或者 Mac、Linux 的终端进入爬虫的工程根目录，使用以下命令运行爬虫：

scrapy crawl <爬虫名>

这里，启动百度首页爬虫的命令为：

scrapy crawl example

需要特别强调的是，Scrapy 的爬虫绝对不能通过 Python 直接运行 example.py 来运行。

上面的代码运行以后，可以看到并没有百度首页上面的任何文字出现，但是可以在 CMD 或者终端里面看到图 11-11 中框住的一些提示。

```
(venv)
# kingname @ kingname in ~/book/chapter_11/baidu [0:05:00]
$ scrapy crawl example
2016-11-01 21:21:45 [scrapy] INFO: Scrapy 1.2.1 started (bot: baidu)
2016-11-01 21:21:45 [scrapy] INFO: Overridden settings: {'SPIDER_MODULES': ['baidu.spiders'], 'ROBOTSTXT_OBEY': True, 'BOT_NAM
E': 'baidu', 'NEWSPIDER_MODULE': 'baidu.spiders'}
2016-11-01 21:21:45 [scrapy] INFO: Enabled extensions:
['scrapy.extensions.logstats.LogStats',
 'scrapy.extensions.telnet.TelnetConsole',
 'scrapy.extensions.corestats.CoreStats']
2016-11-01 21:21:45 [scrapy] INFO: Enabled downloader middlewares:
['scrapy.downloadermiddlewares.robotstxt.RobotsTxtMiddleware',
 'scrapy.downloadermiddlewares.httpauth.HttpAuthMiddleware',
 'scrapy.downloadermiddlewares.downloadtimeout.DownloadTimeoutMiddleware',
 'scrapy.downloadermiddlewares.defaultheaders.DefaultHeadersMiddleware',
 'scrapy.downloadermiddlewares.useragent.UserAgentMiddleware',
 'scrapy.downloadermiddlewares.retry.RetryMiddleware',
 'scrapy.downloadermiddlewares.redirect.MetaRefreshMiddleware',
 'scrapy.downloadermiddlewares.httpcompression.HttpCompressionMiddleware',
 'scrapy.downloadermiddlewares.redirect.RedirectMiddleware',
 'scrapy.downloadermiddlewares.cookies.CookiesMiddleware',
 'scrapy.downloadermiddlewares.chunked.ChunkedTransferMiddleware',
 'scrapy.downloadermiddlewares.stats.DownloaderStats']
2016-11-01 21:21:45 [scrapy] INFO: Enabled spider middlewares:
['scrapy.spidermiddlewares.httperror.HttpErrorMiddleware',
 'scrapy.spidermiddlewares.offsite.OffsiteMiddleware',
 'scrapy.spidermiddlewares.referer.RefererMiddleware',
 'scrapy.spidermiddlewares.urllength.UrlLengthMiddleware',
 'scrapy.spidermiddlewares.depth.DepthMiddleware']
2016-11-01 21:21:45 [scrapy] INFO: Enabled item pipelines:
[]
2016-11-01 21:21:45 [scrapy] INFO: Spider opened
2016-11-01 21:21:45 [scrapy] INFO: Crawled 0 pages (at 0 pages/min), scraped 0 items (at 0 items/min)
2016-11-01 21:21:45 [scrapy] DEBUG: Telnet console listening on 127.0.0.1:6023
2016-11-01 21:21:46 [scrapy] DEBUG: Crawled (200) <GET http://baidu.com/robots.txt> (referer: None)
2016-11-01 21:21:46 [scrapy] DEBUG: Forbidden by robots.txt: <GET http://baidu.com/>
2016-11-01 21:21:46 [scrapy] INFO: Closing spider (finished)
2016-11-01 21:21:46 [scrapy] INFO: Dumping Scrapy stats:
```

图 11-11　爬虫无法爬取百度首页

这是由于 Scrapy 的爬虫默认是遵守 robots.txt 协议的，而百度的首页在 robots.txt 协议中是禁止爬虫爬取的。关于 robots.txt 协议的详细介绍，请阅读第 13 章。

要让 Scrapy 不遵守 robots.txt 协议，需要修改一个配置。在爬虫的工程文件夹下面找到并打开 settings.py 文件，可以在里面找到下面的一行代码，如图 11-12 所示。

# Obey robots.txt rules
ROBOTSTXT_OBEY = True

图 11-12　Scrapy 默认遵守 robots.txt 协议

将 True 修改为 False：

```
# Obey robots.txt rules
ROBOTSTXT_OBEY = False
```

再一次运行爬虫，可以正常获取到百度的首页，如图 11-13 所示。

图 11-13　不遵守 robots.txt 可以获取百度首页源代码

　　Scrapy 的爬虫与普通的 Python 文件或者前面章节中讲到的普通爬虫的不同之处在于，Scrapy 的爬虫需要在 CMD 或者终端中输入命令来运行，不能直接运行 spiders 文件夹下面的爬虫文件。那么如何使用 PyCharm 来运行或者调试 Scrapy 的爬虫呢？为了实现这个目的，需要创建另外一个 Python 文件。文件名可以取任意合法的文件名。这里以 "main.py" 为例。

　　main.py 文件内容如下：

```
from scrapy import cmdline
cmdline.execute("scrapy crawl example".split())
```

将 main.py 文件放在工程的根目录下，如图 11-14 所示。

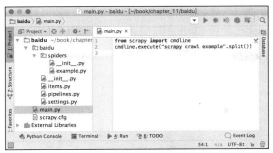

图 11-14　将 main.py 放在工程的根目录下

这样，PyCharm 可以通过运行 main.py 来运行 Scrapy 的爬虫，如图 11-15 所示。

图 11-15　在 PyCharm 中配置运行 main.py

图 11-16 为使用 PyCharm 运行爬虫的结果。

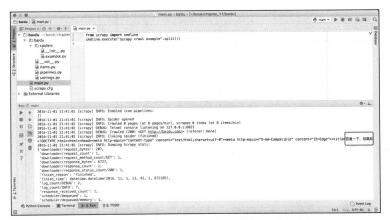

图 11-16　在 PyCharm 中运行爬虫的结果

11.2.2　在 Scrapy 中使用 XPath

由于可以从 response.body.decode()中得到网页的源代码，那么就可以使用正则表达式从源代码里面提取出需要的信息。但是如果可以使用 XPath，则效率将会大大提高。好消息是，Scrapy 完全支持 XPath。

1. ScrapyXPath 语法说明

图 11-17 演示了如何在 Scrapy 中使用 XPath 提取信息。请注意观察写法上和 lxml 中的 XPath 有何不同。

图 11-17　在 Scrapy 中使用 XPath

从图 11-17 可以看出，Scrapy 与 lxml 使用 XPath 的唯一不同之处在于，Scrapy 的 XPath 语句后面需要用.extract() 这个方法。

"extract" 这个单词在英语中有 "提取" 的意思，所以这个.extract()方法的作用正是把获取到的字符串 "提取" 出来。在 Scrapy 中，如果不使用.extract()方法，那么 XPath 获得的结果是保存在一个 SelectorList 中的，直到调用了.extract()方法，才会将结果以列表的形式生成出来。

这个 SelectorList 非常有意思，它本身很像一个列表。可以直接使用下标读取里面的每一个元素，也可以像列表一样使用 for 循环展开，然后对每一个元素使用.extract()方法。同时，又可以先执行 SelectorList 的.extract()方法，得到的结果是一个列表，接下来既可以用下标来获取每一个元素，也可以使用 for 循环展开。如图 11-18 所示，17 行和 18 行的结果是完全一样的。

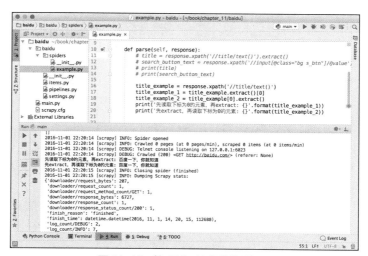

图 11-18　第 17 和 18 行的结果相同

2. 例 11-1：在 Scrapy 中使用 XPath 提取数据

通过下面的 HTML 代码获取并打印出每一个商品的商品名称和价格。

```
<!DOCTYPE html>
<html lang="en">
<head>
  <meta charset="UTF-8">
  <title>Chapter11_example_1</title>
</head>
<body>
<ul class="item">
  <li class="name">无人机</li>
  <li class="price">1亿</li>
</ul>
<ul class="item">
  <li class="name">火箭炮</li>
  <li class="price">100万</li>
</ul>
<ul class="item">
  <li class="name">国产电影特效库</li>
  <li class="price">5毛</li>
</ul>
</body>
</html>
```

这个页面的地址为 http://exercise.kingname.info/exercise_xpath_1.html。

在浏览器中打开以后的效果如图 11-19 所示。

图 11-19　例 11-1 的 HTML 运行效果

要从上面这一段 HTML 代码中获取 3 个商品的名称对应的价格，关键代码只有两行：

```
name_list = response.xpath('//div[@class="name"]/text()').extract()
price_list = response.xpath('//div[@class="price"]/text()').extract()
```

在 Scrapy 中创建一个新的爬虫，命名为 exercise11_1，如图 11-20 所示。

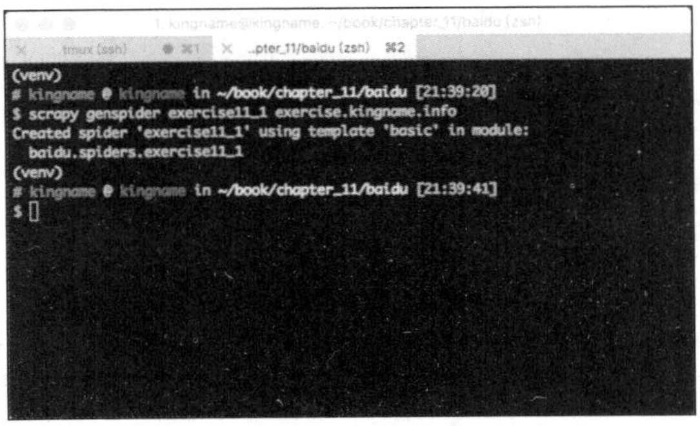

图 11-20　创建 exercise11_1

修改生成的默认代码，并编写 XPath 代码，运行结果如图 11-21 所示。

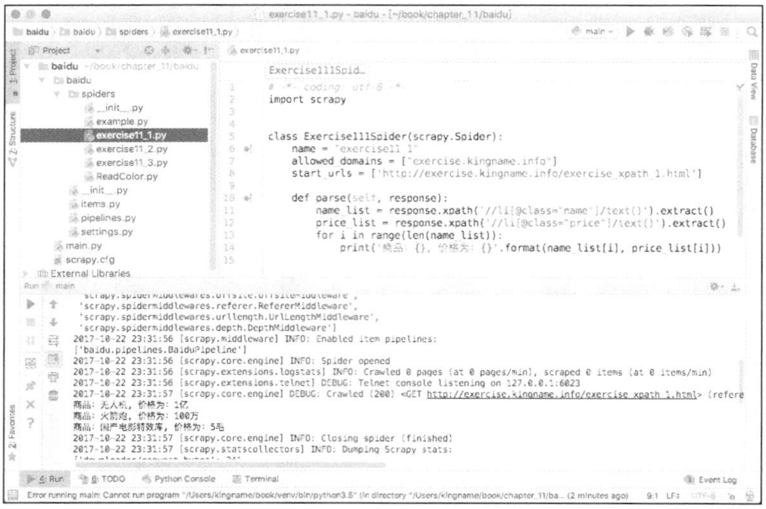

图 11-21　例 11-1 爬虫运行结果

需要注意的是，现在的新爬虫名字为 "exercise11_1"，所以 main.py 文件要做相应修改，如图 11-22 所示。

图 11-22　修改 main.py

上面这个例子是最简单的一种情况，任何会 XPath 的读者都可以实现。再来看另外一个稍微麻烦一点的例子。

3. 例 11-2：在 Scrapy 中使用先抓大再抓小的技巧

通过下面的 HTML 代码获取并打印出每一个商品的商品名称和价格。

```html
<!DOCTYPE html>
<html lang="en">
<head>
  <meta charset="UTF-8">
  <title>Chapter11_example_2</title>
</head>
<body>
<ul class="item">
  <li class="name">无人机</li>
  <li class="price">1亿</li>
</ul>
<ul class="item">
  <li class="name">火箭炮</li>
</ul>
```

```
<ul class="item">
  <li class="name">国产电影特效库</li>
  <li class="price">5毛</li>
</ul>
</body>
</html>
```

这个页面的地址为 http://exercise.kingname.info/exercise_xpath_2.html。

在浏览器中打开以后的结果如图 11-23 所示。

图 11-23　例 11-2 在浏览器中的运行结果

例 11-2 的 HTML 代码与例 11-1 的唯一不同之处在于 "火箭炮" 没有价格。如果依然使用例 11-1 的爬虫代码，那么不仅 "国产电影特效库" 的价格错误地对应给了 "火箭炮" 的价格，而且爬虫还会报错，如图 11-24 所示。

图 11-24　使用例 11-1 的代码爬取例 11-2 的网站会报错

这是因为网页的结构发生了改变，name_list 有 3 个元素，而 price_list 只有两个元素。例 11-1 所使用的 XPath 将会导致商品和价格的对应关系错乱。

对于这种情况，就需要使用在正则表达式中讲到的 "先抓大再抓小" 的技巧了。注意，每个商品都对应了这样一个标签：

```
<ul class="item">
```

所以可以使用这个标签来区分每一个商品，然后从每个商品里面提取它们的名字和价格。

于是，代码就变成下面这样：

```
item_list = response.xpath('//ul[@class="item"]')
for item in item_list:
```

```
name = item.xpath('li[@class="name"]/text()').extract()
price = item.xpath('li[@class="price"]/text()').extract()
name = name[0] if name else 'N/A'
price = price[0] if price else 'N/A'
```

从上面的代码也可以看出，Scrapy 中的 XPath 也可以像 lxml 的 XPath 一样先抓取一部分，再从这一部分里面抓取更详细的信息。

请注意第 1 行代码：

```
item_list = response.xpath('//ul[@class="item"]')
```

当不需要从抓取到的信息中提取文本的时候，就不需要调用 extract()方法。

使用这种方式就把商品名称和价格一一对应起来了。如果一个商品的名字或者价格缺失，就使用 N/A 代替。

这段代码运行以后的结果如图 11-25 所示。

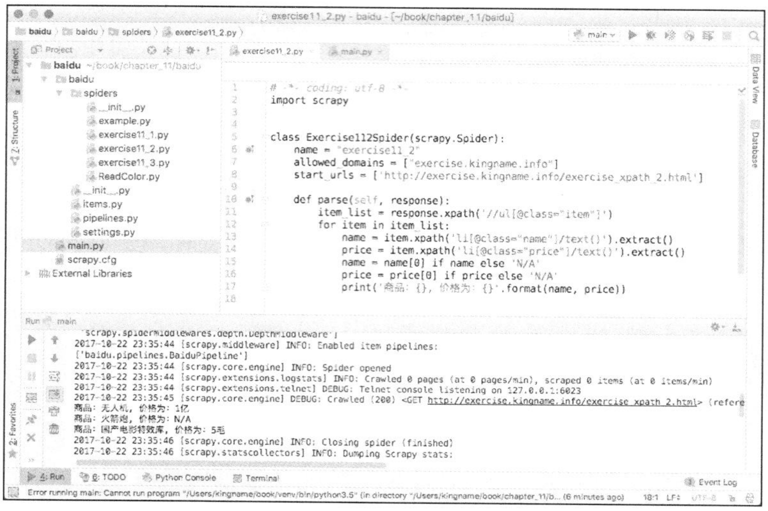

图 11-25 例 11-2 爬虫运行结果

4. Scrapy 的工程结构

当一个 Scrapy 的工程生成的时候，它下面会生成一些文件和文件夹，例如：

```
scrapy.cfg
tutorial/
    __init__.py
    items.py
    pipelines.py
    settings.py
    spiders/
        __init__.py
        ...
```

其中对于开发 Scrapy 爬虫来说，需要关心的内容如下。

（1）spiders 文件夹：存放爬虫文件的文件夹。

（2）items.py：定义需要抓取的数据。

（3）pipelines.py：负责数据抓取以后的处理工作。

（4）settings.py：爬虫的各种配置信息。

在有 spiders 和 settings.py 这两项的情况下，就已经可以写出爬虫并保存数据了。

但是为什么还有 items.py 和 pipelines.py 这两个文件呢？这是由于 Scrapy 的理念是将数据爬取和数据处理分开。

items.py 文件用于定义需要爬取哪些内容。每个内容都是一个 Field，如图 11-26 所示。

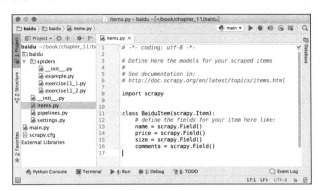

图 11-26　items.py 可能的内容

在图 11-26 中，定义了爬虫需要爬取的内容是 name、price、size 和 comments。

pipelines.py 文件用于对数据做初步的处理，包括但不限于初步清洗数据、存储数据等。在下一节，将会看到在 pipelines 中将数据保存到 MongoDB。

11.3　Scrapy 与 MongoDB

Scrapy 可以在非常短的时间里获取大量的数据。这些数据无论是直接保存为纯文本文件还是 CSV 文件，都是不可取的。爬取一个小时就可以让这些文件大到无法打开。这个时候，就需要使用数据库来保存数据了。

MongoDB 由于其出色的性能，已经成为爬虫的首选数据库。它的出现，使得 Scrapy 如虎添翼，从此可以放心大胆地爬数据了。

11.3.1　items 和 pipelines 的设置

为了将 Scrapy 获取到的数据保存到 MongoDB 中，应先定义需要抓取的数据。假设需要抓取的信息为 name（名字）、age（年龄）、salary（收入）、phone（手机号），那么 items 可以按照图 11-27 所示进行定义。

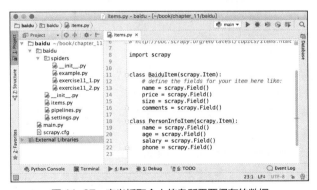

图 11-27　定义抓取个人信息所需要保存的数据

首先从图 11-27 左边的项目结果可知，一个 Scrapy 工程可以有多个爬虫；再看 items.py 文件，可以发现，在一个 items.py 里面可以对不同的爬虫定义不同的抓取内容 Item。

接下来设置 pipelines.py。在这个文件中，需要写出将数据保存到 MongoDB 的代码。而这里的代码，就是最简单的初始化 MongoDB 的连接，保存数据，如图 11-28 所示。

其中，第 9 行内容用来得到在 settings.py 中设置好的数据库相关信息。

```
from scrapy.conf import settings
```

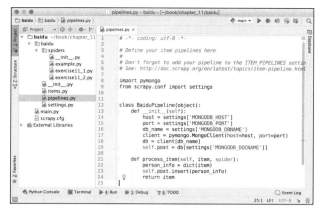

图 11-28　pipelines.py 的代码

settings.py 中的信息都是按照以下格式写的，如图 11-29 所示。

名字 = 值

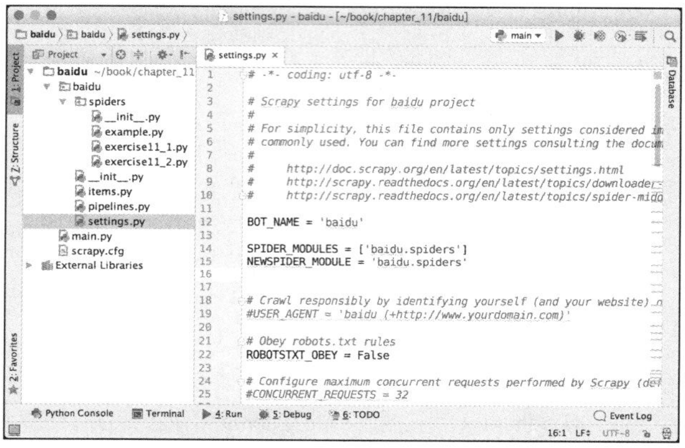

图 11-29　settings.py 中的配置信息

当在 Scrapy 工程中需要使用这些配置信息的时候，首选从 scrapy.conf 中导入 settings，然后就可以像使用字典一样从 settings 中读取数据了：

settings[名字]

数据库的信息也可以写到 settings.py 中，如图 11-30 所示。

图 11-30　数据库信息写到 settings.py 中

这里的"MONGODB_HOST"可根据实际情况修改：如果 MongoDB 运行在爬虫所在的计算机上，那就写"127.0.0.1"；如果专门有一台计算机来运行数据库，那么就设置成对应计算机的 IP 地址。

这样统一配置的好处在于，如果数据库进行了修改，那么直接修改 settings.py 就可以了，不需要在 Scrapy 的工程里面找哪些地方用了数据库的信息。统一配置是对一个工程的基本要求。

items.py 和 pipelines.py 设置好以后，Scrapy 就可以使用 MongoDB 来保存数据了。

11.3.2 在 Scrapy 中使用 MongoDB

在设置好 items.py 和 pipelines.py 以后，Scrapy 已经具备了使用 MongoDB 来保存数据的要素。此时条件虽然有了，但是还需要告诉 Scrapy 应该使用 pipelines.py 中设置的流程来保存数据。所以这个时候需要在 settings.py 中"告诉"Scrapy，让它知道爬取到的数据应该传到哪里。

在 settings.py 中，下面几行数据是被默认注释掉的：

```
# Configure item pipelines
# See http://scrapy.readthedocs.org/en/latest/topics/item-pipeline.html
#ITEM_PIPELINES = {
# 'baidu.pipelines.SomePipeline': 300,
#}
```

现在需要解除注释，并设置成定义好的 pipeline，其中，它默认的"SomePipeline"需要改成"BaiduPipeline"，如图 11-31 所示。

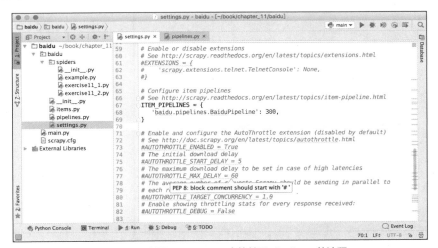

图 11-31 解除 settings.py 中的关于 pipelines 的注释

细心的读者可能会发现，这里的 ITEM_PIPELINES 本质上就是一个字典，它的 Key 是"BaiduPipeline"的路径，而 Value 是一个数字 300。为什么这里会有一个数字？

实际上，如果仔细观察会发现，pipelines.py 文件的文件名是"pipelines"，在英文中这是一个复数名词。而"BaiduPipeline"是一个单数名词。所以，pipelines.py 和前面的 items.py 一样，可以在里面定义多个不同的 pipeline 来处理数据。这也是为什么图 11-31 中有一个数字"300"，这个数字称为优先级，数字越大，优先级越低。习惯上，这个数字使用整百数。所以在 ITEM_PIPELINES 这个字典中也可以按照字典的格式写很多个不同的 pipeline，数据会先经过数字小的 pipeline，再经过数字大的 pipeline。

现在 Scrapy 已经知道需要把 items 中的数据发到 pipeline 中来使用了。接下来的问题是，如何把爬虫爬取到的数据存放在 item 中。

例 11-3：从下面的 HTML 代码中提取出每个人的姓名、年龄、月薪和电话，并将它们保存到 MongoDB 中。

```
<!DOCTYPE html>
<html lang="en">
```

```
<head>
  <meta charset="UTF-8">
  <title>chapter11_example_3</title>
</head>
<body>
<div class="person_table">
  <table border="1">
    <thead>
    <th>姓名</th>
    <th>年龄</th>
    <th>月薪</th>
    <th>电话</th>
    </thead>
    <tbody>
    <tr>
      <td>王小一</td>
      <td>20</td>
      <td>9999</td>
      <td>1234567</td>
    </tr>
    <tr>
      <td>张小二</td>
      <td>18</td>
      <td>5000</td>
      <td>7654321</td>
    </tr>
    <tr>
      <td>刘小三</td>
      <td>60</td>
      <td>5666</td>
      <td>1832388</td>
    </tr>
    <tr>
      <td>朱小四</td>
      <td>19</td>
      <td>2200</td>
      <td>7474974</td>
    </tr>
    <tr>
      <td>赵小五</td>
      <td>30</td>
      <td>10000</td>
      <td>33445566</td>
    </tr>
    </tbody>
  </table>
</div>
</body>
</html>
```

这个网页的地址为 http://exercise.kingname.info/exercise_xpath_3.html，运行结果如图 11-32 所示。

图 11-32　例 11-3 运行结果

现在，需要做的就是将爬取到的数据放入 item 中。在 Scrapy 中，item 初始化以后可以像字典一样被调用，如下面代码所示。

```
from baidu.items import PersonInfoItem
item = PersonInfoItem()
item['name'] = '王小一'
item['age'] = 29
item['salary'] = 8999
item['phone'] = 88337766
yield item
```

在上面的代码中，往 item 中添加数据不过就是实例化 PersonInfoItem 这个类，然后像字典一样使用而已。而代码的最后一行，yield item 则是将已经存放好数据的 item 提交给 pipeline 来执行。

yield 是 Python 的一个关键字，使用的时候，代码看起来和 return 很像，但是它返回的是一个"生成器"对象，而不是某些具体的值。生成器里面的代码在被迭代的时候才会执行且只执行一次。不过这些过程会由 Scrapy 帮忙实现，所以这里只需要使用 yield 提交 item 即可。

爬虫的代码和运行结果如图 11-33 所示。

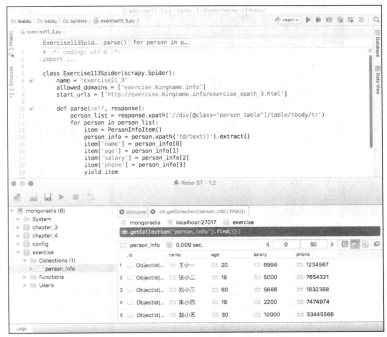

图 11-33　例 11-3 的代码和运行结果

请思考一个问题，为什么下面这一行代码要放在循环的里面而不是外面？

```
item = PersonInfoItem()
```

因为每一次循环都对应了一个人的信息，所以有多少个人就应该有多少个 PersonInfoItem 的实例。如果实例化 PersonInfoItem 放在循环外面，那么只能得到一个 PersonInfoItem，因此只能保存一个人的内容。在循环进行的过程中，后面的数据会覆盖前面的数据，循环结束以后，最终只能得到最后一个人的信息。

11.4　Scrapy 与 Redis

Scrapy 是一个分布式爬虫的框架，如果把它像普通的爬虫一样单机运行，它的优势将不会被体现出来。因此，要让 Scrapy 往分布式爬虫方向发展，就需要学习 Scrapy 与 Redis 的结合使用。Redis 在 Scrapy 的爬虫中作为一个队列存在。

11.4.1　Scrapy_redis 的安装和使用

Scrapy 自带的待爬队列是 deque，而现在需要使用 Redis 来作为队列，所以就需要将原来操作 deque 的方法替换为操作 Redis 的方法。但是，如果要把三轮车换成挖掘机，驾驶员也必须从三轮车驾驶员换成挖掘机驾驶员。Scrapy_redis 在这里就充当驾驶员的角色。更准确地说，Scrapy_redis 是 Scrapy 的"组件"，它已经封装了使用 Scrapy 操作 Redis 的各个方法。

Windows、Linux 和 Mac OS 都可以在 CMD 或者终端中使用 pip 安装 Scrapy_redis：

```
pip install scrapy_redis
```

安装过程如图 11-34 所示。

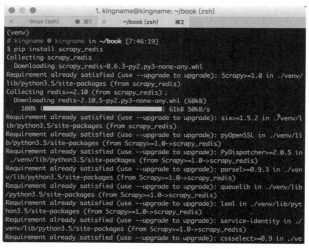

图 11-34　安装 Scrapy_redis 的过程

Scrapy_redis 本身非常小，但是由于 pip 会自动安装依赖，所以它会去检查 Scrapy 和相关的依赖库是否已经安装。由于已经安装了，所以这里会提示需求已经满足（Requirement already satisfied），不会重复安装。

11.4.2　使用 Redis 缓存网页并自动去重

由于 Scrapy_redis 已经封装了大部分的流程，所以我们使用它不会有任何难度。

1. 启动 Redis

首先需要把 Redis 启动起来。对于 Mac OS/Linux 系统，直接在终端下面输入以下命令并按 Enter 键：

```
redis-server
```

在 Windows 系统中，通过 CMD 的 cd 命令进入存放 Redis 的文件夹，并运行：

```
redis-server.exe
```

2. 修改爬虫

在前面的代码中，爬虫继承自 scrapy.Spider 这个父类。这是 Scrapy 里面最基本的一个爬虫类，只能实现基本的爬虫功能。现在需要把它替换掉，从而实现更高级的功能。

首先需要导入支持 Redis 的爬虫父类并使用：

```
from scrapy_redis.spiders import RedisSpider


class Exercise114Spider(RedisSpider):
    name = "exercise11_4"
    redis_key = 'exercise114spider:start_urls'
    …
```

请对比上面这段使用了 Scrapy_redis 的代码与前面例子中爬虫的代码头部有什么不同。

可以看出，这里爬虫的父类已经改成了 RedisSpider，同时多了以下内容：

```
redis_key = 'exercise114spider:start_urls'
```

这里的 redis_key 实际上就是一个变量名，之后爬虫爬到的所有 URL 都会保存到 Redis 中这个名为"exercise114spider:start_urls"的列表下面，爬虫同时也会从这个列表中读取后续页面的 URL。这个变量名可以任意修改，里面的英文冒号也不是必需的。不过一般习惯上会写成"爬虫名:start_urls"这种形式，这样看到名字就知道保存的是什么内容了。

除了导入的类和 redis_key 这两点以外，爬虫部分的其他代码都不需要做任何修改。原来解析 XPath 的代码可以正常工作，原来保存数据到 MongoDB 的代码也可以正常工作。

实际上，此时已经建立了一个分布式爬虫，只不过现在只有一台计算机。

3. 修改设置

现在已经把三轮车换成了挖掘机，但是 Scrapy 按照指挥三轮车的方式指挥挖掘机，所以挖掘机还不能正常工作。因此修改爬虫文件还不行，Scrapy 还不能认识这个新的爬虫，还需要修改 settings.py。

（1）Scheduler

首先是调度 Scheduler 的替换。这是 Scrapy 中的调度员。在 settings.py 中添加以下代码：

```
# Enables scheduling storing requests queue in redis.
SCHEDULER = "scrapy_redis.scheduler.Scheduler"
```

（2）去重

```
# Ensure all spiders share same duplicates filter through redis.
DUPEFILTER_CLASS = "scrapy_redis.dupefilter.RFPDupeFilter"
```

设置好上面两项以后，爬虫已经可以正常开始工作了。不过我们还可以多设置一些东西使爬虫更好用。

（3）爬虫请求的调度算法

爬虫请求的调度算法，有 3 种情况可供选择。

① 队列。

```
SCHEDULER_QUEUE_CLASS = 'scrapy_redis.queue.SpiderQueue'
```

如果不配置调度算法，默认就会使用这种方式。它实现了一个先入先出的队列，先放进 Redis 的请求会优先爬取。

② 栈。

```
SCHEDULER_QUEUE_CLASS = 'scrapy_redis.queue.SpiderStack'
```

这种方式，后放入到 Redis 的请求会优先爬取。

③ 优先级队列。

```
SCHEDULER_QUEUE_CLASS = 'scrapy_redis.queue.SpiderPriorityQueue'
```

这种方式，会根据一个优先级算法来计算哪些请求先爬取，哪些请求后爬取。这个优先级算法比较复杂，会综合考虑请求的深度等各个因素。

在实际爬虫开发过程中，从以上 3 项中选择一种并写到 settings.py 中即可。

（4）不清理 Redis 队列

```
# Don't cleanup redis queues, allows to pause/resume crawls.
SCHEDULER_PERSIST =True
```

如果这一项为 True，那么 Redis 中的 URL 不会被 Scrapy_redis 清理掉。这样的好处是，爬虫停止了再重新启动，它会从上次暂停的地方开始继续爬取。

如果设置成了 False，那么 Scrapy_redis 每一次读取了 URL 以后，就会把这个 URL 删除。爬虫暂停以后再重新启动，它会重新开始爬。

由于现在的爬虫和 Redis 在同一台计算机上面运行，所以可以不需要配置 Redis 的信息。Scrapy_redis 会默认 Redis 就运行在现在这台计算机上，IP 和端口也都是默认的 127.0.0.1 和 6379。如果 Redis 不在本地的话，就需要将它们写出来：

```
REDIS_HOST = '127.0.0.1' #修改为Redis的实际IP地址
REDIS_PORT = 6379 #修改为Redis的实际端口
```

11.5　阶段案例——博客爬虫

11.5.1　需求分析

目标网站：https://www.kingname.info/archives/。

目标内容：图 11-35 与图 11-36 方框中的内容，包括文章标题、发布时间、文章分类、文章链接、文章正文（HTML 格式）。

图 11-35　博客文章列表页

任务要求：

（1）爬取列表页第 1 页所有的文章标题和文章详情；

（2）使用 MongoDB 保存信息；

（3）使用 Redis 缓存请求；

（4）截取与正文相关的源代码并保存。

运行结果如图 11-37 所示。

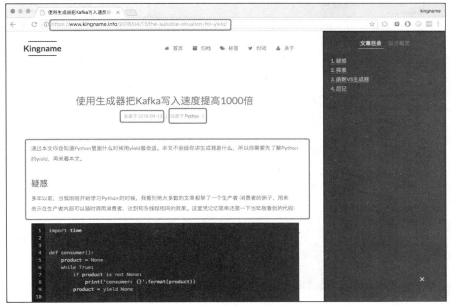

图 11-36　文章正文

图 11-37　博客爬取结果

11.5.2　核心代码构建

使用了 Scrapy 以后，爬虫的重心就放在了 XPath 语句的构建上。其他的配置信息都是一次配置、终生使用的。所以，对于核心代码，将会把重点放在 XPath 的构建上。

首先在 items.py 中定义好需要爬取的数据：

```
class BlogItem(scrapy.Item):
    title = scrapy.Field()
    url = scrapy.Field()
    post_time = scrapy.Field()
    category = scrapy.Field()
    detail = scrapy.Field()
```

1. 博客列表页

分析网页源代码，可以发现标题和正文链接都在图 11-38 方框框住的 HTML 结构内。

图 11-38 标题和正文链接所在地 HTML 结果

根据这样的结构，采用先抓大再抓小的办法。首先获得<a>标签，再从每一个<a>标签中获得正文链接和标题。代码如下：

```
title_tag_list = response.xpath('//a[@class="post-title-link"]')
for title_tag in title_tag_list:
    article_title = title_tag.xpath('span/text()').extract_first()
    article_url = title_tag.xpath('@href').extract_first()
```

需要注意的是，源代码中，正文链接使用的是相对路径，因此需要在前面拼接网站的域名，构成完整的路径，对代码稍进行修改：

```
host = 'https://www.kingname.info'
title_tag_list = response.xpath('//a[@class="post-title-link"]')
for title_tag in title_tag_list:
    article_title = title_tag.xpath('span/text()').extract_first()
    article_url = host + title_tag.xpath('@href').extract_first()
```

在这段代码中，引入了一个新的知识点："extract_first()"方法。"extract_first()"方法的作用是获取 XPath 提取出来的值中的第一个。"extract()"方法返回的是一个列表，而"extract_first()"返回的就是一个具体的值。因为在每一个<a>标签中只有一个详情页链接，也只有一个标题，因此使用"extract_first()"比"extract()[0]"更加易懂。

由于正文页中也有发布时间，所以发布时间就不从列表页获取了。

2．请求新页面

在 Scrapy 中，可以通过 scrapy.Request 让爬虫爬入一个新的 URL，并继续获取新页面的信息。所以，为了让爬虫爬取博客正文页面，可以构造如下的代码：

```
HEADERS = {
    'accept': 'text/html,application/xhtml+xml,application/xml;q=0.9,image/webp,image/apng,*/*;q=0.8',
    'accept-encoding': 'gzip, deflate, br',
    'accept-language': 'zh-CN,zh;q=0.9,en;q=0.8',
```

```
'cache-control': 'max-age=0',
'dnt': '1',
'upgrade-insecure-requests': '1',
'user-agent': 'Mozilla/5.0 (Macintosh; Intel Mac OS X 10_13_5) AppleWebKit/537.36 (KHTML, like Gecko)
Chrome/67.0.3396.99 Safari/537.36'
}
yield scrapy.Request(article_url,
                    headers=HEADERS,
                    callback=self.parse_detail,
                    meta={'item': item})
```

这里有 3 个知识点需要讲到。

（1）请求头 headers

参数 headers=HEADERS，把请求头添加到 Scrapy 请求中，使爬虫的请求看起来像是从浏览器发起的。

（2）回调函数

```
callback=self.parse_detail
```

由于使用到了 yield，所以对博客正文页爬取是一个异步的过程。请求会先放在 Redis 中，等到分布式爬虫中的某一个有空了就去取。这个异步的过程是通过 Twisted 来实现的。Scrapy 不会卡在这个地方等待详情页爬取完成以后再爬取后面的内容，所以这个地方需要使用回调函数 callback。

这里就像是 Scrapy 在说："那个谁啊，我还有自己的事情要做。我先把这个 URL 给你，你自己去爬，爬完以后告诉我。"

然后 Scrapy 就会自己继续做自己的事情。详情页的源代码获取成功以后，会被传递给回调函数，然后在回调函数中完成新页面的提取工作。

（3）数据传递

```
meta={'item': item}
```

meta 是一个传递信息的通道。它负责将爬取博文列表页获取到的信息传递给负责爬取正文页的方法中。具体到这个例子中，有一些信息需要从 parse 方法传递到 parse_detail 方法中，就需要通过 meta 来传递。meta 的值是一个字典，里面的名字和值都可以自己设定。

3. 获取详情页

self.parse_detail 是负责处理详情页并获取信息的一个方法。它负责从整个正文页中提取发布时间、文章分类和正文 HTML。

```
def parse_detail(self, response):
    item = response.meta['item']
    post_time = response.xpath('//time[@title="Post created"]/@datetime').extract_first()
    category = response.xpath('//span[@itemprop="about"]/a/span/text()').extract_first()
    post_body = response.xpath('//div[@class="post-body"]')
    body_html = unescape(etree.tostring(post_body[0]._root).decode())
    item['post_time'] = post_time
    item['category'] = category
    item['detail'] = body_html
    yield item
```

从 meta 中取数据，需要使用到以下格式的代码：

```
response.meta['名字']
```

这里的 key 是在 meta 的字典中设定的名字。由于之前设定的是{'item': item}，所以这里通过 item 来读取：

```
item = response.meta['item']
```

通过分析正文页的源代码，可以发现发帖时间的 HTML 结构，如图 11-39 所示。

根据这样的 HTML 结构，可以构造如下 XPath 语句获取发帖时间：

```
//time[@title="Post created"]/@datetime
```

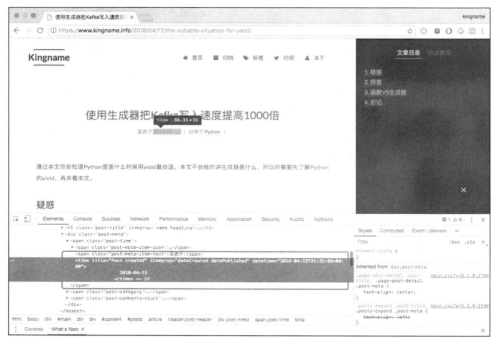

图 11-39　发帖时间的 HTML 结构

对应的 Scrapy 代码为：

```
post_time = response.xpath('//time[@title="Post created"]/@datetime').extract_first()
```

同理，文章分类的 HTML 结构如图 11-40 所示。

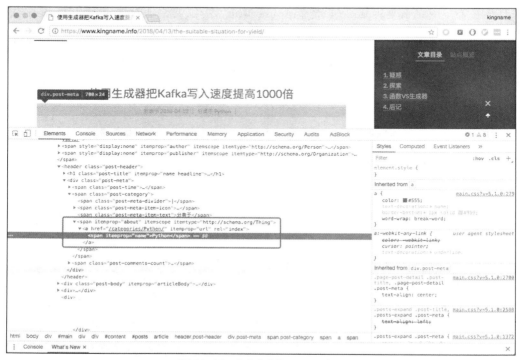

图 11-40　文章分类的 HTML 结构

提取文章分类的 XPath 语句为：

```
//span[@itemprop="about"]/a/span/text()
```

对应的 Scrapy 代码为：

```
category = response.xpath('//span[@itemprop="about"]/a/span/text()').extract_first()
```

比较麻烦的是抓取正文。由于本案例需要抓取的是正文部分的 HTML 源代码，而不是整个网页的源代码，所以就需要使用一些特殊的办法来处理。

分析网页源代码，可以发现图 11-41 所示的方框框住的<div>标签。

图 11-41 包含正文全部内容的<div>标签

正文的全部内容，不论是文字、图片，还是代码块，全部都在这个<div>标签的内部。因此可以首先使用 XPath 把这个<div>标签提取出来：

```
post_body = response.xpath('//div[@class="post-body"]')
```

提取出来的内容是一个 SelectorList 对象，这个对象可以像列表一样读取里面的第 0 个元素。然而第 0 个元素是一个 Selector 对象，并不是源代码。所以现在需要把这个对象转换为源代码。此时需要使用 lxml 库中的 etree 模块。etree 模块有一个 etree.tostring()方法，可以达到这个目的：

```
from lxml import etree
from html import unescape
body_html = unescape(etree.tostring(post_body[0]._root).decode())
```

其中，post_body[0]读取了正文对应的 Selector 对象，然后通过这个 Selector 对象的_root 属性获得整个网页的结构信息。网页结构信息是一个 HtmlElement 对象。etree.tostring()方法可以接收一个 HtmlElement 对象，并把它还原为 HTML 代码。在 Python 3 中，etree.tostring()输出的结果是一个 bytes 型的数据，需要使用.decode()把它解码为字符串。解码完成以后，为了让中文正常显示，需要使用 html 库中的 unescape 模块，把中文从 URL 编码解码为人们可读的形式。

最后，把获取到的所有信息保存到 item 中，并提交给 pipeline 处理入库。

爬虫的完整代码如图 11-42 所示。

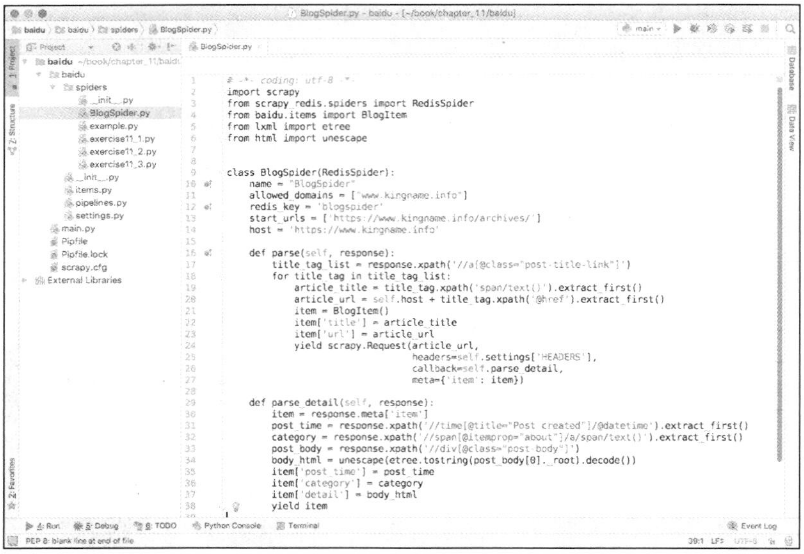

图 11-42　爬虫完整代码

请注意代码第 25 行，请求头的信息被配置到了 settings.py 文件中，如图 11-43 所示。在爬虫内部，可以直接使用 self.settings['HEADERS'] 获取 settings.py 中的配置项内容。

在 settings.py 中配置使用 scrapy_redis 的相关细节，如图 11-43 所示。

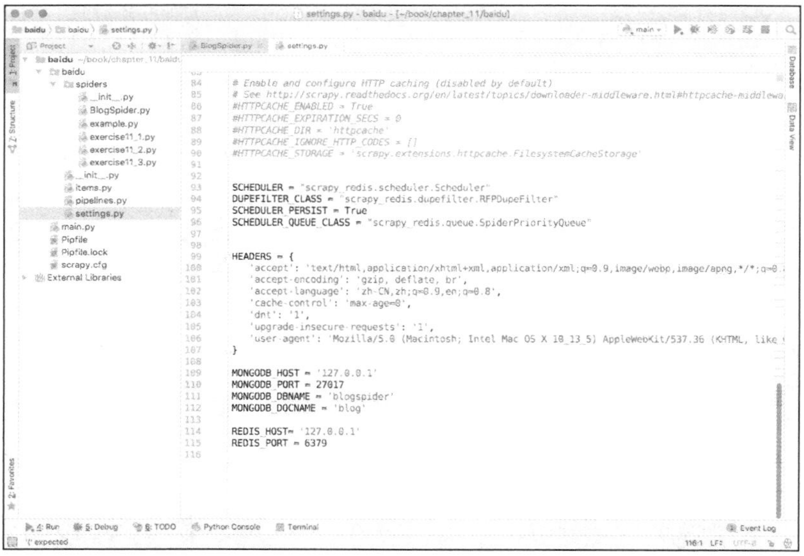

图 11-43　配置 Scrapy_redis 相关信息

11.5.3　调试与运行

要运行这个爬虫，首先需要打开 Redis-Server 和 MongoDB。运行爬虫，发现和前面的例子不同，这一次不会有任何数据被爬出来，爬虫也不会自动停止，如图 11-44 所示。

在 PyCharm 的控制台中打印出以下内容：

```
Crawled 0 pages (at 0 pages/min), scraped 0 items (at 0 items/min)
```

意思是说什么内容都没有爬取到。

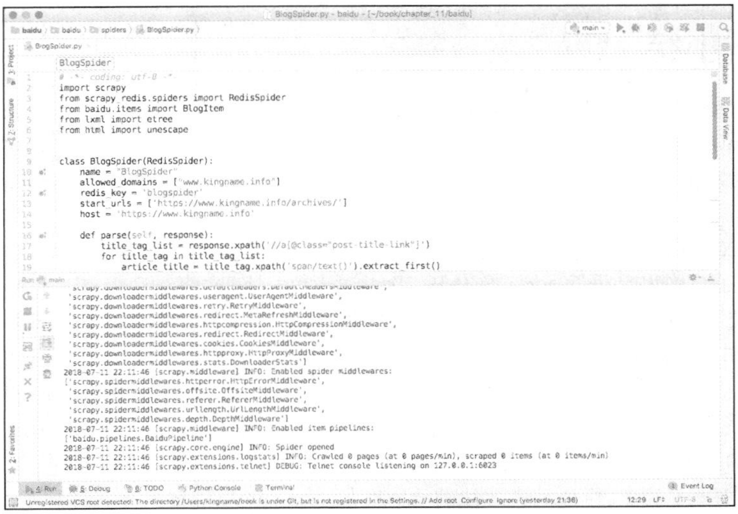

图 11-44　爬虫就像被卡住一样

这是由于使用了 RedisSpider 作为爬虫的父类以后，爬虫会直接监控 Redis 中的数据，并不读取 start_urls 中的数据。Redis 现在是空的，所以爬虫处于等待状态。

通过 redis-cli 手动将初始的 URL 放到 Redis 中：

`lpush blogspider https://www.kingname.info/archives/`

刚把网址放到 Redis 中，爬虫这边就有数据滚动了，可以看到正常爬取到了网站的数据，如图 11-45 所示。

打开 MongoDB，可以看到图 11-37 所示的运行效果，数据已经被保存在了 MongoDB 中。

由于使用了 scrapy_redis，爬虫会自动过滤重复的网址。如果把列表页的网址放入 Redis 中，就会看到 Scrapy 提示网址重复的 Log：

`2018-07-11 22:19:56 [scrapy_redis.dupefilter] DEBUG: Filtered duplicate request <GET https://www.kingname.info/2018/06/21/tweet-201806/> – no more duplicates will be shown (see DUPEFILTER_DEBUG to show all duplicates)`

查看 Redis 中的 Key，可以看到有一个 "1) "BlogSpider:dupefilter""，这里面保存的就是已经爬取过的网址。Scrapy 每一次发起请求之前都会在这里检查网址是否重复。因此如果确实需要再一次爬取数据，在 Redis 中把这个 Key 删除即可。

图 11-45　爬虫开始正常工作

11.6 本章小结

本章主要讲了 Python 分布式爬虫框架 Scrapy 的安装和使用。

Scrapy 在 Windows 中的安装最为烦琐，在 Mac OS 中的安装最为简单。由于 Scrapy 需要依赖非常多的第三方库文件，因此建议无论使用哪个系统安装，都要将 Scrapy 安装到 Virtualenv 创建的虚拟 Python 环境中，从而避免影响系统的 Python 环境。

使用 Scrapy 爬取网页，最核心的部分是构建 XPath。而其他的各种配置都是一次配好、终生使用的。由于 Scrapy 的理念是将数据抓取的动作和数据处理的动作分开，因此对于数据处理的各种逻辑应该让 pipeline 来处理。数据抓取的部分只需要关注如何使用 XPath 提取数据。数据提取完成以后，提交给 pipeline 处理即可。

由于 Scrapy 爬虫爬取数据是异步操作，所以从一个页面跳到另一个页面是异步的过程，需要使用回调函数。

Scrapy 爬取到的数据量非常大，所以应该使用数据库来保存。使用 MongoDB 会让数据保存工作变得非常简单。要让 Scrapy 使用 MongoDB，只需要在 pipeline 中配置好数据保存的流程，再在 settings.py 中配置好 ITEM_PIPELINES 和 MongoDB 的信息即可。

使用 Redis 做缓存是从爬虫迈向分布式爬虫的一个起点。Scrapy 安装 scrapy_redis 组件以后，就可以具备使用 Redis 的能力。在 Scrapy 中使用 Redis 需要修改爬虫的父类，需要在 settings.py 中设置好爬虫的调度和去重。同时对于 Python 3，需要修改 scrapy_redis 的一行代码，才能让爬虫正常运行。

11.7 动手实践

请完成网站爬虫开发，并实现爬虫的翻页功能，从而可以爬到 1～5 页所有的文章。下一页的 URL 请使用爬虫从当前页面获取，切勿根据 URL 的规律手动构造。

提示，对于翻页功能，实际上相当于将回调函数的函数名写成它自己的：

```
callback=self.parse
```

parse 方法可自己调用自己，不过传入的 URL 是下一页的 URL。这有点像递归，不过递归用的是 return，而这里用的是 yield。

请思考一个问题，在请求文章详情页的时候，设置了请求头，但是 Scrapy 请求文章列表页的时候，在哪里设置请求头？请求列表页的时候，爬虫直接从 Redis 得到网址，自动发起了请求，完全没让开发者自己设置请求头。这其实是一个非常大的隐患，因为不设置请求头，网站立刻就能知道这个请求来自 Scrapy，这是非常危险的。请读者查询 scrapy_redis 的文档，查看如何使用 make_requests_from_url(self, url) 这个方法。

第12章

Scrapy高级应用

■ Scrapy 既然是一个框架，那么它有别于 requests 爬虫的地方就不仅仅是速度。在爬虫开发中，requests 爬虫需要手动开发大量代码来实现重试和异常处理。但如果使用 Scrapy，就能在它的框架内很容易地实现各种操作。

通过这一章的学习，你将掌握如下知识。

（1）开发 Scrapy 中间件。

（2）使用 Scrapyd 部署爬虫。

（3）Nginx 的安装和反向代理。

（4）了解爬虫的分布式框架。

12.1　中间件（Middleware）

中间件是 Scrapy 里面的一个核心概念。使用中间件可以在爬虫的请求发起之前或者请求返回之后对数据进行定制化修改，从而开发出适应不同情况的爬虫。

"中间件"这个中文名字和前面章节讲到的"中间人"只有一字之差。它们做的事情确实也非常相似。中间件和中间人都能在中途劫持数据，做一些修改再把数据传递出去。不同点在于，中间件是开发者主动加进去的组件，而中间人是被动的，一般是恶意地加进去的环节。中间件主要用来辅助开发，而中间人却多被用来进行数据的窃取、伪造甚至攻击。

在 Scrapy 中有两种中间件：下载器中间件（Downloader Middleware）和爬虫中间件（Spider Middleware）。

12.1.1　下载器中间件

Scrapy 的官方文档中，对下载器中间件的解释如下。

下载器中间件是介于Scrapy的request/response处理的钩子框架，是用于全局修改Scrapy request和response的一个轻量、底层的系统。

这个介绍看起来非常绕口，但其实用容易理解的话表述就是：更换代理 IP，更换 Cookies，更换 User-Agent，自动重试。

如果完全没有中间件，爬虫的流程如图 12-1 所示。

图 12-1　没有中间件时爬虫的流程

使用了中间件以后，爬虫的流程如图 12-2 所示。

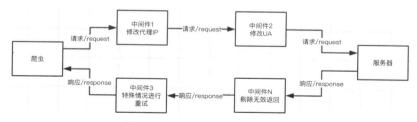

图 12-2　加入中间件以后的爬虫流程

1.　开发代理中间件

在爬虫开发中，更换代理 IP 是非常常见的情况，有时候每一次访问都需要随机选择一个代理 IP 来进行。

中间件本身是一个 Python 的类，只要爬虫每次访问网站之前都先"经过"这个类，它就能给请求换新的代理 IP，这样就能实现动态改变代理。

在创建一个 Scrapy 工程以后，工程文件夹下会有一个 middlewares.py 文件，打开以后其内容如图 12-3 所示。

Scrapy 自动生成的这个文件名称为 middlewares.py，名字后面的 s 表示复数，说明这个文件里面可以放很多个中间件。Scrapy 自动创建的这个中间件是一个爬虫中间件，这种类型在下一节讲解。现在先来创建一个自动更换代理 IP 的中间件。

在 middlewares.py 中添加下面一段代码：

```python
class ProxyMiddleware(object):

    def process_request(self, request, spider):
        proxy = random.choice(settings['PROXIES'])
        request.meta['proxy'] = proxy
```

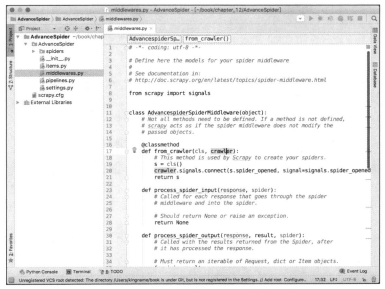

图 12-3　middlewares.py 内容

要修改请求的代理，就需要在请求的 meta 里面添加一个 Key 为 proxy，Value 为代理 IP 的项。

由于用到了 random 和 settings，所以需要在 middlewares.py 开头导入它们：

```
import random
from scrapy.conf import settings
```

在下载器中间件里面有一个名为 "process_request()" 的方法，这个方法中的代码会在每次爬虫访问网页之前执行。

打开 settings.py，首先添加几个代理 IP：

```
PROXIES = ['https://114.217.243.25:8118',
          'https://125.37.175.233:8118',
          'http://1.85.116.218:8118']
```

需要注意的是，代理 IP 是有类型的，需要先看清楚是 HTTP 型的代理 IP 还是 HTTPS 型的代理 IP。如果用错了，就会导致无法访问。

2．激活中间件

中间件写好以后，需要去 settings.py 中启动。在 settings.py 中找到下面这一段被注释的语句：

V12-1　批量更换
代理 IP

```
# Enable or disable downloader middlewares
# See http://scrapy.readthedocs.org/en/latest/topics/downloader-middleware.html
#DOWNLOADER_MIDDLEWARES = {
#    'AdvanceSpider.middlewares.MyCustomDownloaderMiddleware': 543,
#}
```

解除注释并修改，从而引用 ProxyMiddleware。修改为：

```
DOWNLOADER_MIDDLEWARES = {
  'AdvanceSpider.middlewares.ProxyMiddleware': 543,
}
```

这其实就是一个字典，字典的 Key 就是用点分隔的中间件路径，后面的数字表示这种中间件的顺序。由于中间件是按顺序运行的，因此如果遇到后一个中间件依赖前一个中间件的情况，中间件的顺序就至关重要。

如何确定后面的数字应该怎么写呢？最简单的办法就是从 543 开始，逐渐加一，这样一般不会出现什么大问题。如果想把中间件做得更专业一点，那就需要知道 Scrapy 自带中间件的顺序，如图 12-4 所示。

```
{
    'scrapy.contrib.downloadermiddleware.robotstxt.RobotsTxtMiddleware': 100,
    'scrapy.contrib.downloadermiddleware.httpauth.HttpAuthMiddleware': 300,
    'scrapy.contrib.downloadermiddleware.downloadtimeout.DownloadTimeoutMiddleware': 350,
    'scrapy.contrib.downloadermiddleware.useragent.UserAgentMiddleware': 400,
    'scrapy.contrib.downloadermiddleware.retry.RetryMiddleware': 500,
    'scrapy.contrib.downloadermiddleware.defaultheaders.DefaultHeadersMiddleware': 550,
    'scrapy.contrib.downloadermiddleware.redirect.MetaRefreshMiddleware': 580,
    'scrapy.contrib.downloadermiddleware.httpcompression.HttpCompressionMiddleware': 590,
    'scrapy.contrib.downloadermiddleware.redirect.RedirectMiddleware': 600,
    'scrapy.contrib.downloadermiddleware.cookies.CookiesMiddleware': 700,
    'scrapy.contrib.downloadermiddleware.httpproxy.HttpProxyMiddleware': 750,
    'scrapy.contrib.downloadermiddleware.chunked.ChunkedTransferMiddleware': 830,
    'scrapy.contrib.downloadermiddleware.stats.DownloaderStats': 850,
    'scrapy.contrib.downloadermiddleware.httpcache.HttpCacheMiddleware': 900,
}
```

图 12-4　Scrapy 自带中间件及其顺序编号

数字越小的中间件越先执行，例如 Scrapy 自带的第 1 个中间件 RobotsTxtMiddleware，它的作用是首先查看 settings.py 中 ROBOTSTXT_OBEY 这一项的配置是 True 还是 False。如果是 True，表示要遵守 Robots.txt 协议，它就会检查将要访问的网址能不能被允许访问，如果不被允许访问，那么直接就取消这一次请求，接下来的和这次请求有关的各种操作全部都不需要继续了。

开发者自定义的中间件，会被按顺序插入到 Scrapy 自带的中间件中。爬虫会按照从 100～900 的顺序依次运行所有的中间件。直到所有中间件全部运行完成，或者遇到某一个中间件而取消了这次请求。

Scrapy 其实自带了 UA 中间件（UserAgentMiddleware）、代理中间件（HttpProxyMiddleware）和重试中间件（RetryMiddleware）。所以，从"原则上"说，要自己开发这 3 个中间件，需要先禁用 Scrapy 里面自带的这 3 个中间件。要禁用 Scrapy 的中间件，需要在 settings.py 里面将这个中间件的顺序设为 None：

```
DOWNLOADER_MIDDLEWARES = {
    'AdvanceSpider.middlewares.ProxyMiddleware': 543,
    'scrapy.contrib.downloadermiddleware.useragent.UserAgentMiddleware': None,
    'scrapy.contrib.downloadermiddleware.httpproxy.HttpProxyMiddleware': None
}
```

为什么说"原则上"应该禁用呢？先查看 Scrapy 自带的代理中间件的源代码，如图 12-5 所示：

从图 12-5 可以看出，如果 Scrapy 发现这个请求已经被设置了代理，那么这个中间件就会什么也不做，直接返回。因此虽然 Scrapy 自带的这个代理中间件顺序为 750，比开发者自定义的代理中间件的顺序 543 大，但是它并不会覆盖开发者自己定义的代理信息，所以即使不禁用系统自带的这个代理中间件也没有关系。

完整地激活自定义中间件的 settings.py 的部分内容如图 12-6 所示。

图 12-5　Scrapy 自带代理中间件的源代码

图 12-6　激活代理中间件的 settings.py 的部分内容

配置好以后运行爬虫，爬虫会在每次请求前都随机设置一个代理。要测试代理中间件的运行效果，可以使用下面这个练习页面：

http://exercise.kingname.info/exercise_middleware_ip

这个页面会返回爬虫的 IP 地址，直接在网页上打开，如图 12-7 所示。

图 12-7　代理中间件练习页面

这个练习页支持翻页功能，在网址后面加上"/页数"即可翻页。例如第 100 页的网址为：

http://exercise.kingname.info/exercise_middleware_ip/100

使用了代理中间件为每次请求更换代理的运行结果，如图 12-8 所示。

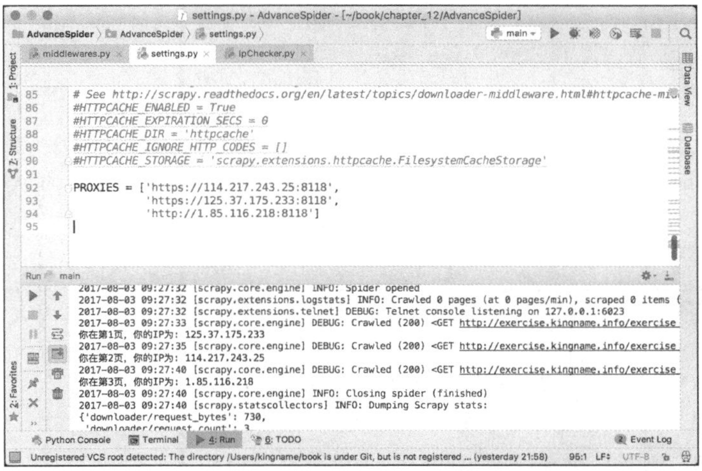

图 12-8　使用代理中间件后访问练习页的返回结果

代理中间件的可用代理列表不一定非要写在 settings.py 里面，也可以将它们写到数据库或者 Redis 中。一个可行的自动更换代理的爬虫系统，应该有如下的 3 个功能。

（1）有一个小爬虫 ProxySpider 去各大代理网站爬取免费代理并验证，将可以使用的代理 IP 保存到数据库中。

（2）在 ProxyMiddlerware 的 process_request 中，每次从数据库里面随机选择一条代理 IP 地址使用。

（3）周期性验证数据库中的无效代理，及时将其删除。

由于免费代理极其容易失效，因此如果有一定开发预算的话，建议购买专业代理机构的代理服务，高速而稳定。

3. 开发 UA 中间件

开发 UA 中间件和开发代理中间件几乎一样，它也是从 settings.py 配置好的 UA 列表中随机选择一项，加入到请求头中。代码如下：

```
class UAMiddleware(object):

    def process_request(self, request, spider):
        ua = random.choice(settings['USER_AGENT_LIST'])
        request.headers['User-Agent'] = ua
```

比 IP 更好的是，UA 不会存在失效的问题，所以只要收集几十个 UA，就可以一直使用。常见的 UA 如下：

```
USER_AGENT_LIST = [
"Mozilla/5.0 (Windows NT 10.0; WOW64) AppleWebKit/537.36 (KHTML, like Gecko) Chrome/45.0.2454.101
```

Safari/537.36",

"Dalvik/1.6.0 (Linux; U; Android 4.2.1; 2013022 MIUI/JHACNBL30.0)",

"Mozilla/5.0 (Linux; U; Android 4.4.2; zh-cn; HUAWEI MT7-TL00 Build/HuaweiMT7-TL00) AppleWebKit/533.1 (KHTML, like Gecko) Version/4.0 Mobile Safari/533.1",

"AndroidDownloadManager",

"Apache-HttpClient/UNAVAILABLE (java 1.4)",

"Dalvik/1.6.0 (Linux; U; Android 4.3; SM-N7508V Build/JLS36C)",

"Android50-AndroidPhone-8000-76-0-Statistics-wifi",

"Dalvik/1.6.0 (Linux; U; Android 4.4.4; MI 3 MIUI/V7.2.1.0.KXCCNDA)",

"Dalvik/1.6.0 (Linux; U; Android 4.4.2; Lenovo A3800-d Build/LenovoA3800-d)",

"Lite 1.0 (http://litesuits.com)",

"Mozilla/4.0 (compatible; MSIE 8.0; Windows NT 5.1; Trident/4.0; .NET4.0C; .NET4.0E; .NET CLR 2.0.50727)",

"Mozilla/5.0 (Windows NT 6.1) AppleWebKit/537.36 (KHTML, like Gecko) Chrome/38.0.2125.122 Safari/537.36 SE 2.X MetaSr 1.0",

"Mozilla/5.0 (Linux; U; Android 4.1.1; zh-cn; HTC T528t Build/JRO03H) AppleWebKit/534.30 (KHTML, like Gecko) Version/4.0 Mobile Safari/534.30; 360browser(securitypay,securityinstalled); 360(android,uppayplugin); 360 Aphone Browser (2.0.4)",

]

配置好 UA 以后，在 settings.py 下载器中间件里面激活它，并使用 UA 练习页来验证 UA 是否每一次都不一样。练习页的地址为 http://exercise.kingname.info/exercise_middleware_ua。UA 练习页和代理练习页一样，也是可以无限制翻页的。

运行结果如图 12-9 所示。

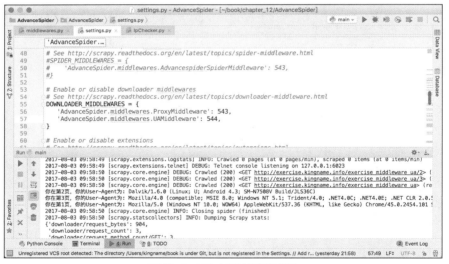

图 12-9　UA 中间件的运行结果

4. 开发 Cookies 中间件

对于需要登录的网站，可以使用 Cookies 来保持登录状态。那么如果单独写一个小程序，用 Selenium 持续不断地用不同的账号登录网站，就可以得到很多不同的 Cookies。由于 Cookies 本质上就是一段文本，所以可以把这段文本放在 Redis 里面。这样一来，当 Scrapy 爬虫请求网页时，可以从 Redis 中读取 Cookies 并给爬虫换上。这样爬虫就可以一直保持登录状态。

以 http://exercise.kingname.info/exercise_login_success 这个练习页面为例，如果直接用 Scrapy 访问，得到的是登录界面的源代码，如图 12-10 所示。

V12-2　批量更换 User-Agent

现在，使用中间件，可以实现完全不改动这个 loginSpider.py 里面的代码，就打印出登录以后才显示的内容。

首先开发一个小程序，通过 Selenium 登录这个页面，并将网站返回的 Headers 保存到 Redis 中。这个小程序的代码如图 12-11 所示。

图 12-10　Scrapy 直接访问登录练习页得到登录页面源代码

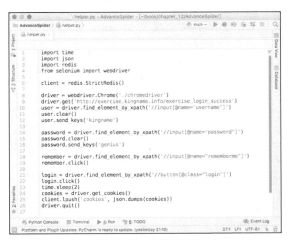

图 12-11　小程序代码

这段代码的作用是使用 Selenium 和 ChromeDriver 填写用户名和密码，实现登录练习页面，然后将登录以后的 Cookies 转换为 JSON 格式的字符串并保存到 Redis 中。

接下来，再写一个中间件，用来从 Redis 中读取 Cookies，并把这个 Cookies 给 Scrapy 使用：

```python
class LoginMiddleware(object):
    def __init__(self):
        self.client = redis.StrictRedis()

    def process_request(self, request, spider):
        if spider.name == 'loginSpider':
            cookies = json.loads(self.client.lpop('cookies').decode())
            request.cookies = cookies
```

设置了这个中间件以后，爬虫里面的代码不需要做任何修改就可以成功得到登录以后才能看到的 HTML，如图 12-12 所示。

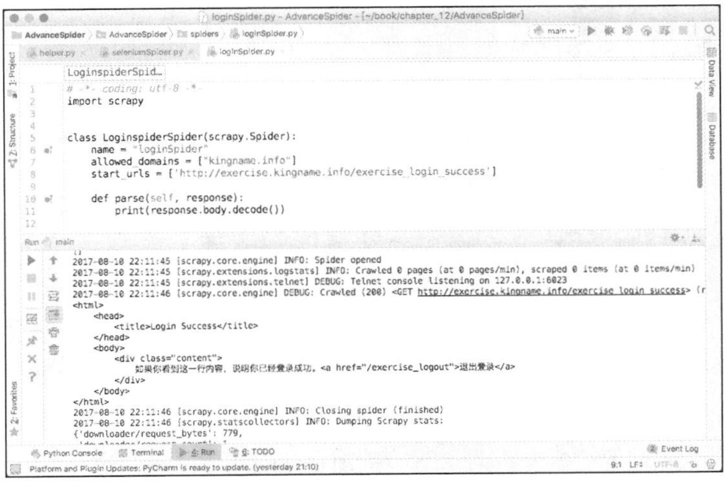

图 12-12　爬虫本身代码不需要做任何修改就能获取登录后的页面源代码

如果有某网站的 100 个账号,那么单独写一个程序,持续不断地用 Selenium 和 ChromeDriver 或者 Selenium 和 PhantomJS 登录，获取 Cookies，并将 Cookies 存放到 Redis 中。爬虫每次访问都从 Redis 中读取一个新的 Cookies 来进行爬取，就大大降低了被网站发现或者封锁的可能性。

这种方式不仅适用于登录，也适用于验证码的处理。

5. 在中间件中集成 Selenium

对于一些很麻烦的异步加载页面，手动寻找它的后台 API 代价可能太大。这种情况下可以使用 Selenium 和 ChromeDriver 或者 Selenium 和 PhantomJS 来实现渲染网页。这是前面的章节已经讲到的内容。那么，如何把 Scrapy 与 Selenium 结合起来呢？这个时候又要用到中间件了。

创建一个 SeleniumMiddleware，其代码如下：

```
from scrapy.http import HtmlResponse
class SeleniumMiddleware(object):
    def __init__(self):
        self.driver = webdriver.Chrome('./chromedriver')

    def process_request(self, request, spider):
        if spider.name == 'seleniumSpider':
            self.driver.get(request.url)
            time.sleep(2)
            body = self.driver.page_source

            return HtmlResponse(self.driver.current_url,
                                body=body,
                                encoding='utf-8',
                                request=request)
```

这个中间件的作用，就是对名为 "seleniumSpider" 的爬虫请求的网址，使用 ChromeDriver 先进行渲染，然后用返回的渲染后的 HTML 代码构造一个 Response 对象。如果是其他的爬虫，就什么都不做。在上面的代码中，等待页面渲染完成是通过 time.sleep(2) 来实现的，当然读者也可以使用前面章节讲到的等待某个元素出现的方法来实现。

有了这个中间件以后，就可以像访问普通网页那样直接处理需要异步加载的页面，如图 12-13 所示。

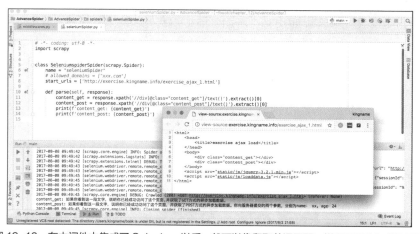

图 12-13　在中间件中集成了 Selenium 以后，就可以像爬取普通网页一样爬取异步加载的页面

6. 在中间件里重试

在爬虫的运行过程中，可能会因为网络问题或者是网站反爬虫机制生效等原因，导致一些请求失败。在某些情况下，少量的数据丢失是无关紧要的，例如在几亿次请求里面失败了十几次，损失微乎其微，没有必要重试。

但还有一些情况，每一条请求都至关重要，容不得有一次失败。此时就需要使用中间件来进行重试。

有的网站的反爬虫机制被触发了，它会自动将请求重定向到一个 xxx/404.html 页面。那么如果发现了这种自动的重定向，就没有必要让这一次的请求返回的内容进入数据提取的逻辑，而应该直接丢掉或者重试。

还有一种情况，某网站的请求参数里面有一项，Key 为 date，Value 为发起请求的这一天的日期或者发起请求的这一天的前一天的日期。例如今天是"2017-08-10"，但是这个参数的值是今天早上 10 点之前，都必须使用"2017-08-09"，在 10 点之后才能使用"2017-08-10"，否则，网站就不会返回正确的结果，而是返回"参数错误"这 4 个字。然而，这个日期切换的时间点受到其他参数的影响，有可能第 1 个请求使用"2017-08-10"可以成功访问，而第 2 个请求却只有使用"2017-08-09"才能访问。遇到这种情况，与其花费大量的时间和精力去追踪时间切换点的变化规律，不如简单粗暴，直接先用今天去试，再用昨天的日期去试，反正最多两次，总有一个是正确的。

以上的两种场景，使用重试中间件都能轻松搞定。

打开练习页面 http://exercise.kingname.info/exercise_middleware_retry.html。这个页面实现了翻页逻辑，可以上一页、下一页地翻页，也可以直接跳到任意页数，如图 12-14 所示。

图 12-14　重试中间件练习页

现在需要获取 1～9 页的内容，那么使用前面章节学到的内容，通过 Chrome 浏览器的开发者工具很容易就能发现翻页实际上是一个 POST 请求，提交的参数为"date"，它的值是日期"2017-08-12"，如图 12-15 所示。

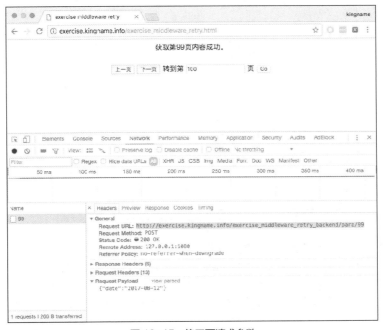

图 12-15　练习页请求参数

使用 Scrapy 写一个爬虫来获取 1～9 页的内容，运行结果如图 12-16 所示。

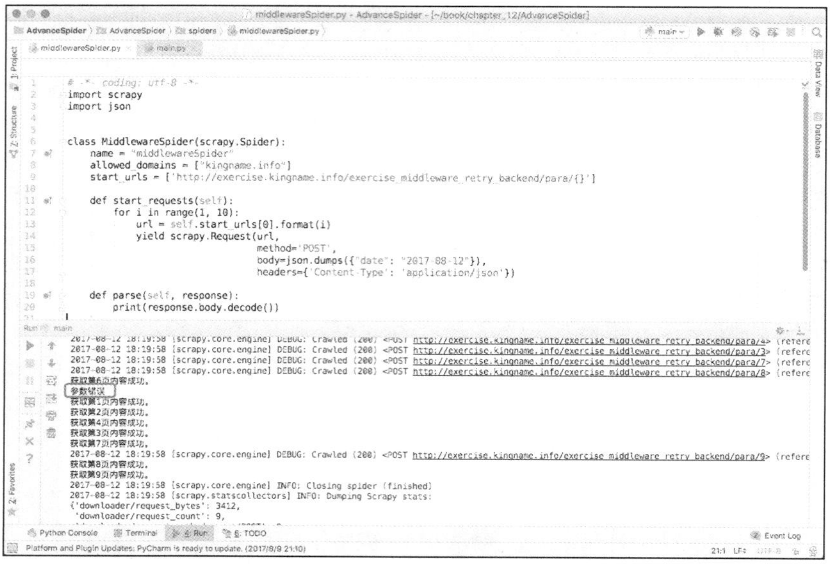

图 12-16　爬虫获取 1～9 页内容的结果

从图 12-16 可以看到，第 5 页没有正常获取到，返回的结果是参数错误。于是在网页上看一下，发现第 5 页的请求中 body 里面的 date 对应的日期是"2017-08-11"，如图 12-17 所示。

图 12-17　第 5 页对应的是昨天的日期

如果测试的次数足够多，时间足够长，就会发现以下内容。

（1）同一个时间点，不同页数提交的参数中，date 对应的日期可能是今天的也可能是昨天的。

（2）同一个页数，不同时间提交的参数中，date 对应的日期可能是今天的也可能是昨天的。

由于日期不是今天，就是昨天，所以针对这种情况，写一个重试中间件是最简单粗暴且有效的解决办法。中间件的代码如图 12-18 所示。

这个中间件只对名为"middlewareSpider"的爬虫有用。由于 middlewareSpider 爬虫默认使用的是"今天"的日期，所以如果被网站返回了"参数错误"，那么正确的日期就必然是昨天的了。所以在这个中间件里面，第 119

行，直接把原来请求的 body 换成了昨天的日期，这个请求的其他参数不变。让这个中间件生效以后，爬虫就能成功爬取第 5 页了，如图 12-19 所示。

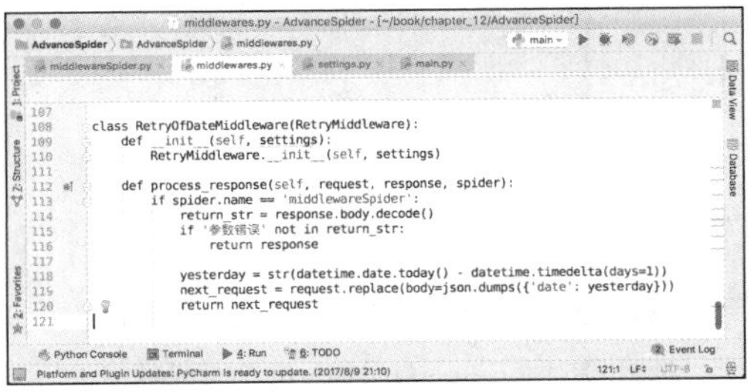

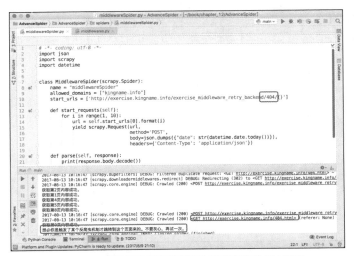

图 12-18　重试中间件代码 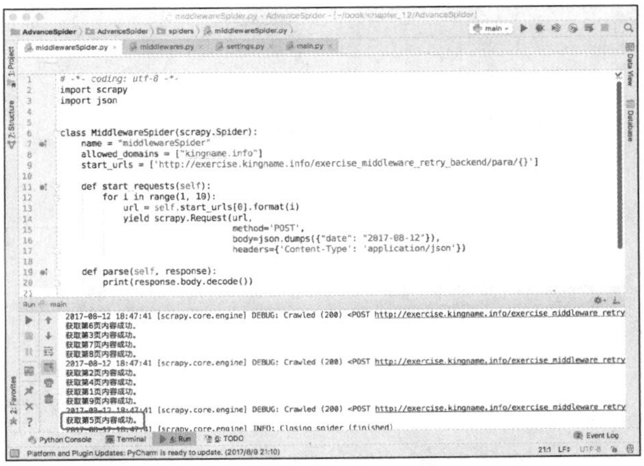　　　　　　　　图 12-19　加上重试中间件以后，爬虫获得全部数据

爬虫本身的代码，数据提取部分完全没有做任何修改，如果不看中间件代码，完全感觉不出爬虫在第 5 页重试过。

除了检查网站返回的内容外，还可以检查返回内容对应的网址。将上面练习页后台网址的第 1 个参数 "para" 改为 404，暂时禁用重试中间件，再跑一次爬虫。其运行结果如图 12-20 所示。

图 12-20　练习页在某些情况下会自动跳转到 404 页面

此时，对于参数不正确的请求，网站会自动重定向到 http://exercise.kingname.info/404.html 页面。而且由于 Scrapy 自带网址自动去重机制，因此虽然第 3 页、第 6 页和第 7 页都被自动转到了 404 页面，但是爬虫只会爬一次 404 页面，剩下两个 404 页面会被自动过滤。

对于这种情况，在重试中间件里面判断返回的网址即可解决，如图 12-21 所示。

在代码的第 115 行，判断是否被自动跳转到了 404 页面，或者是否被返回了 "参数错误"。如果都不是，说明这一次请求目前看起来正常，直接把 response 返回，交给后面的中间件来处理。如果被重定向到了 404 页面，或者被返回 "参数错误"，那么进入重试的逻辑。如果返回了 "参数错误"，那么进入第 126 行，直接替换原来请求的 body 即可重新发起请求。

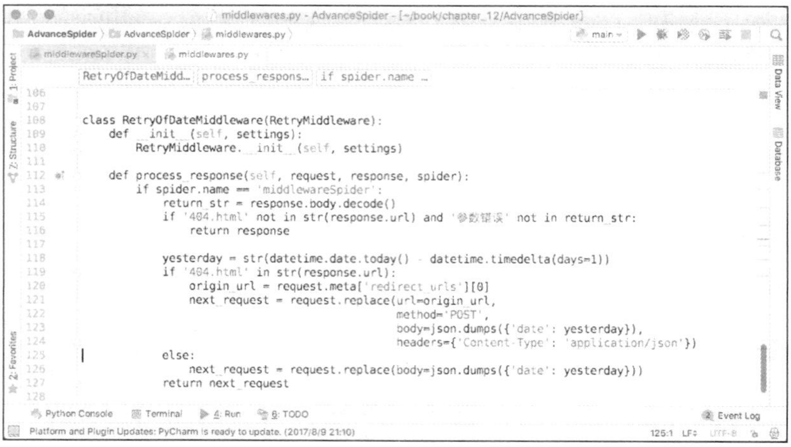

图 12-21　在重试中间件里判断返回网页是否正常，不正常就改参数重试

如果自动跳转到了 404 页面，那么这里有一点需要特别注意：此时的请求，request 这个对象对应的是向 404 页面发起的 GET 请求，而不是原来的向练习页后台发起的请求。所以，重新构造新的请求时必须把 URL、body、请求方式、Headers 全部都换一遍才可以。

由于 request 对应的是向 404 页面发起的请求，所以 resquest.url 对应的网址是 404 页面的网址。因此，如果想知道调整之前的 URL，可以使用如下的代码：

```
request.meta['redirect_urls']
```

这个值对应的是一个列表。请求自动跳转了几次，这个列表里面就有几个 URL。这些 URL 是按照跳转的先后次序依次 append 进列表的。由于本例中只跳转了一次，所以直接读取下标为 0 的元素即可，也就是原始网址。

重新激活这个重试中间件，不改变爬虫数据抓取部分的代码，直接运行以后可以正确得到 1～9 页的全部内容，如图 12-22 所示。

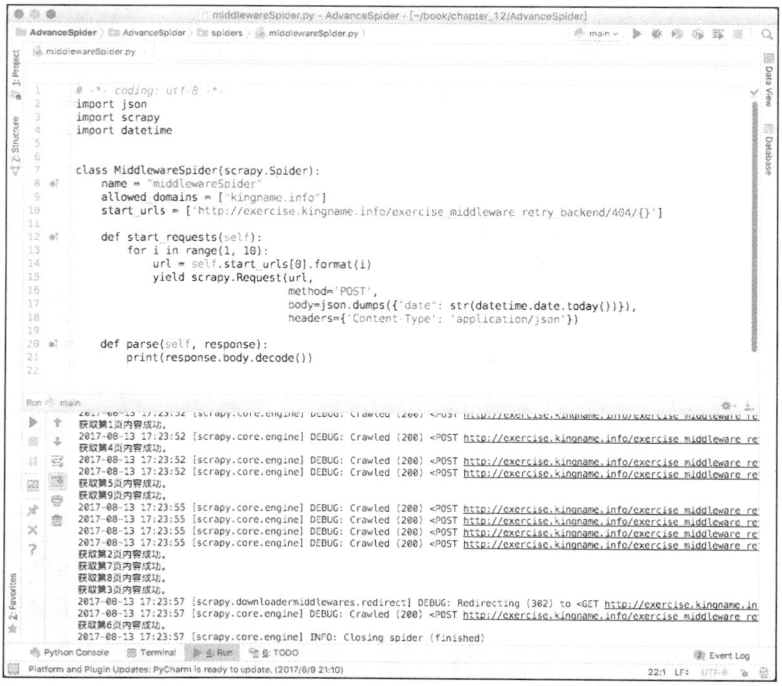

图 12-22　爬虫成功爬取 1～9 页内容

7. 在中间件里处理异常

在默认情况下，一次请求失败了，Scrapy 会立刻原地重试，再失败再重试，如此 3 次。如果 3 次都失败了，就放弃这个请求。这种重试逻辑存在一些缺陷。以代理 IP 为例，代理存在不稳定性，特别是免费的代理，差不多10 个里面只有 3 个能用。而现在市面上有一些收费代理 IP 提供商，购买他们的服务以后，会直接提供一个固定的网址。把这个网址设为 Scrapy 的代理，就能实现每分钟自动以不同的 IP 访问网站。如果其中一个 IP 出现了故障，那么需要等一分钟以后才会更换新的 IP。在这种场景下，Scrapy 自带的重试逻辑就会导致 3 次重试都失败。

这种场景下，如果能立刻更换代理就立刻更换；如果不能立刻更换代理，比较好的处理方法是延迟重试。而使用 Scrapy_redis 就能实现这一点。爬虫的请求来自于 Redis，请求失败以后的 URL 又放回 Redis 的末尾。一旦一个请求原地重试 3 次还是失败，那么就把它放到 Redis 的末尾，这样 Scrapy 需要把 Redis 列表前面的请求都消费以后才会重试之前的失败请求。这就为更换 IP 带来了足够的时间。

重新打开代理中间件，这一次故意设置一个有问题的代理，于是可以看到 Scrapy 控制台打印出了报错信息，如图 12-23 所示。

图 12-23　使用有问题的代码导致爬虫报错

从图 12-23 可以看到 Scrapy 自动重试的过程。由于代理有问题，最后会抛出方框框住的异常，表示 TCP 超时。在中间件里面如果捕获到了这个异常，就可以提前更换代理，或者进行重试。这里以更换代理为例。首先根据图 12-23 中方框框住的内容导入 TCPTimeOutError 这个异常：

```
from twisted.internet.error import TCPTimedOutError
```

修改前面开发的重试中间件，添加一个 process_exception()方法。这个方法接收 3 个参数，分别为 request、exception 和 spider，如图 12-24 所示。

process_exception()方法只对名为 "exceptionSpider" 的爬虫生效，如果请求遇到了 TCPTimeOutError，那么就首先调用 remove_broken_proxy()方法把失效的这个代理 IP 移除，然后返回这个请求对象 request。返回以后，Scrapy会重新调度这个请求，就像它第一次调度一样。由于原来的 ProxyMiddleware 依然在工作，于是它就会再一次给这个请求更换代理 IP。又由于刚才已经移除了失效的代理 IP，所以 ProxyMiddleware 会从剩下的代理 IP 里面随机找一个来给这个请求换上。

特别提醒：图片中的 remove_broken_proxy()函数体里面写的是 pass，但是在实际开发过程中，读者可根据实际情况实现这个方法，写出移除失效代理的具体逻辑。

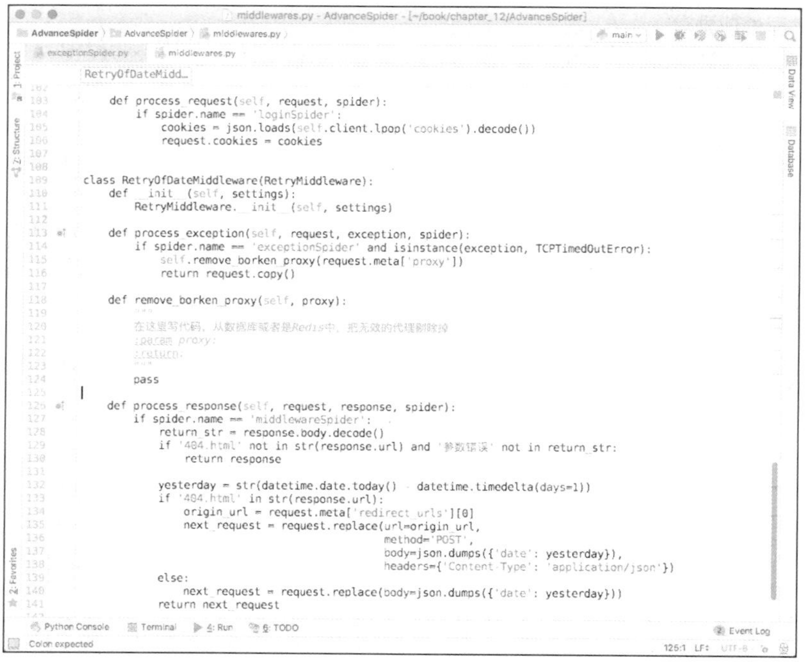

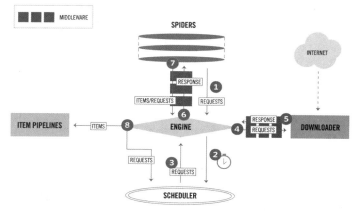

图 12-24　开发处理异常的中间件

8. 下载器中间件功能总结

能在中间件中实现的功能，都能通过直接把代码写到爬虫中实现。使用中间件的好处在于，它可以把数据爬取和其他操作分开。在爬虫的代码里面专心写数据爬取的代码；在中间件里面专心写突破反爬虫、登录、重试和渲染 AJAX 等操作。

对团队来说，这种写法能实现多人同时开发，提高开发效率；对个人来说，写爬虫的时候不用考虑反爬虫、登录、验证码和异步加载等操作。另外，写中间件的时候不用考虑数据怎样提取。一段时间只做一件事，思路更清晰。

12.1.2　爬虫中间件

爬虫中间件的用法与下载器中间件非常相似，只是它们的作用对象不同。下载器中间件的作用对象是请求 request 和返回 response；爬虫中间件的作用对象是爬虫，更具体地来说，就是写在 spiders 文件夹下面的各个文件。它们的关系，在 Scrapy 的数据流图上可以很好地区分开来，如图 12-25 所示。

图 12-25　Scrapy 的数据流图

其中，4、5 表示下载器中间件，6、7 表示爬虫中间件。爬虫中间件会在以下几种情况被调用。

（1）当运行到 yield scrapy.Request()或者 yield item 的时候，爬虫中间件的 process_spider_output()方法被调用。

（2）当爬虫本身的代码出现了 Exception 的时候，爬虫中间件的 process_spider_exception()方法被调用。

（3）当爬虫里面的某一个回调函数 parse_xxx()被调用之前，爬虫中间件的 process_spider_input()方法被调用。

（4）当运行到 start_requests()的时候，爬虫中间件的 process_start_requests()方法被调用。

1. 在中间件处理爬虫本身的异常

在爬虫中间件里面可以处理爬虫本身的异常。例如编写一个爬虫，爬取 UA 练习页面 http://exercise.kingname.info/exercise_middleware_ua，故意在爬虫中制造一个异常，如图 12-26 所示。

图 12-26　故意在爬虫中制造异常

由于网站返回的只是一段普通的字符串，并不是 JSON 格式的字符串，因此使用 JSON 去解析，就一定会导致报错。这种报错和下载器中间件里面遇到的报错不一样。下载器中间件里面的报错一般是由于外部原因引起的，和代码层面无关。而现在的这种报错是由于代码本身的问题导致的，是代码写得不够周全引起的。

为了解决这个问题，除了仔细检查代码、考虑各种情况外，还可以通过开发爬虫中间件来跳过或者处理这种报错。在 middlewares.py 中编写一个类：

```
class ExceptionCheckSpider(object):

    def process_spider_exception(self, response, exception, spider):
        print(f'返回的内容是：{response.body.decode()}\n报错原因：{type(exception)}')
        return None
```

这个类仅仅起到记录 Log 的作用。在使用 JSON 解析网站返回内容出错的时候，将网站返回的内容打印出来。

process_spider_exception()这个方法，它可以返回 None，也可以运行 yield item 语句或者像爬虫的代码一样，使用 yield scrapy.Request()发起新的请求。如果运行了 yield item 或者 yield scrapy.Request()，程序就会绕过爬虫里

面原有的代码。

例如，对于有异常的请求，不需要进行重试，但是需要记录是哪一个请求出现了异常，此时就可以在爬虫中间件里面检测异常，然后生成一个只包含标记的 item。还是以抓取 http://exercise.kingname.info/exercise_middleware_retry.html 这个练习页的内容为例，但是这一次不进行重试，只记录哪一页出现了问题。先看爬虫的代码，这一次在 meta 中把页数带上，如图 12-27 所示。

爬虫里面如果发现了参数错误，就使用 raise 这个关键字人工抛出一个自定义的异常。在实际爬虫开发中，读者也可以在某些地方故意不使用 try ... except 捕获异常，而是让异常直接抛出。例如 XPath 匹配处理的结果，直接读里面的值，不用先判断列表是否为空。这样如果列表为空，就会被抛出一个 IndexError，于是就能让爬虫的流程进入到爬虫中间件的 process_spider_exception() 中。

在 items.py 里面创建了一个 ErrorItem 来记录哪一页出现了问题，如图 12-28 所示。

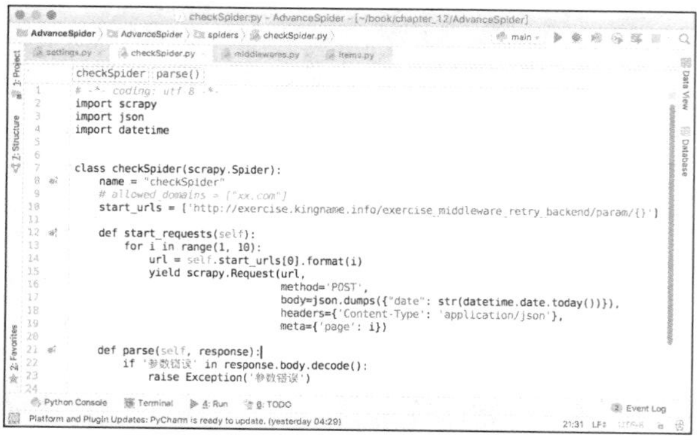

图 12-27　爬虫在 meta 中带上页数 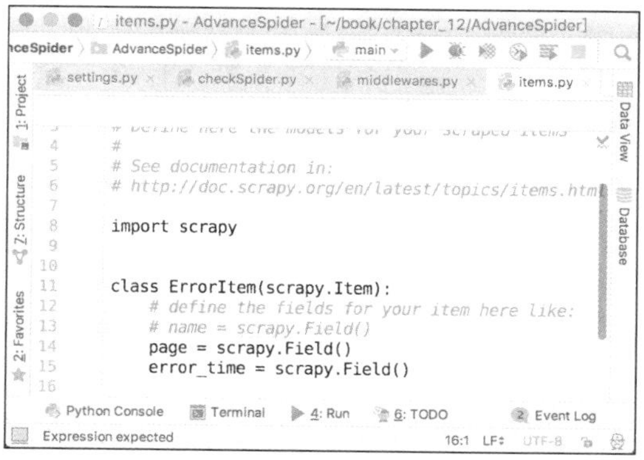　　　　图 12-28　创建 ErrorItem 记录异常

接下来，在爬虫中间件中将出错的页面和当前时间存放到 ErrorItem 里面，并提交给 pipeline，保存到 MongoDB 中，如图 12-29 所示。

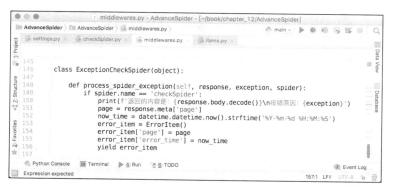

图 12-29　在爬虫中间件中将异常记录下来

这样就实现了记录错误页数的功能，方便在后面对错误原因进行分析。由于这里会把 item 提交给 pipeline，所以不要忘记在 settings.py 里面打开 pipeline，并配置好 MongoDB。储存错误页数到 MongoDB 的代码如图 12-30 所示。

2. 激活爬虫中间件

爬虫中间件的激活方式与下载器中间件非常相似，在 settings.py 中，在下载器中间件配置项的上面就是爬虫中间件的配置项，它默认也是被注释了的，解除注释，并把自定义的爬虫中间件添加进去即可，如图 12-31所示。

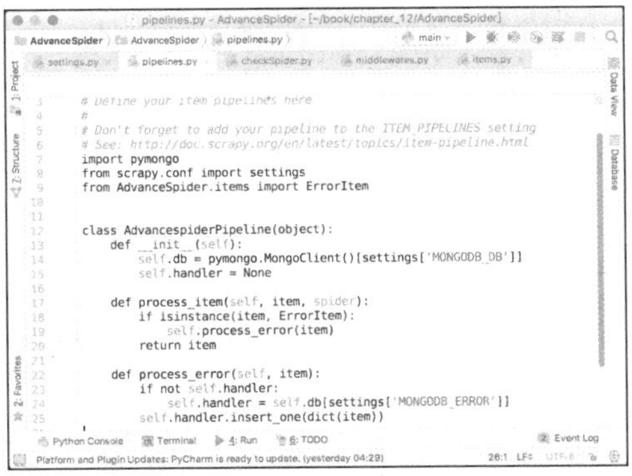

图 12-30　pipelines.py 中储存错误页数到 MongoDB

图 12-31　激活爬虫中间件

Scrapy 也有几个自带的爬虫中间件，它们的名字和顺序如图 12-32 所示。

```
{
    'scrapy.spidermiddlewares.httperror.HttpErrorMiddleware': 50,
    'scrapy.spidermiddlewares.offsite.OffsiteMiddleware': 500,
    'scrapy.spidermiddlewares.referer.RefererMiddleware': 700,
    'scrapy.spidermiddlewares.urllength.UrlLengthMiddleware': 800,
    'scrapy.spidermiddlewares.depth.DepthMiddleware': 900,
}
```

图 12-32　Scrapy 自带的爬虫中间件及其顺序

下载器中间件的数字越小越接近 Scrapy 引擎，数字越大越接近爬虫。如果不能确定自己的自定义中间件应该靠近哪个方向，那么就在 500～700 之间选择最为妥当。

3. 爬虫中间件输入/输出

在爬虫中间件里面还有两个不太常用的方法，分别为 process_spider_input(response, spider)和 process_spider_output(response, result, spider)。其中，process_spider_input(response, spider)在下载器中间件处理完成后，马上要进入某个回调函数 parse_xxx()前调用。

process_spider_output(response, result, output)是在爬虫运行 yield item 或者 yield scrapy.Request()的时候调用。在这个方法处理完成以后，数据如果是 item，就会被交给 pipeline；如果是请求，就会被交给调度器，然后下载器中间件才会开始运行。所以在这个方法里面可以进一步对 item 或者请求做一些修改。这个方法的参数 result 就是爬虫爬出来的 item 或者 scrapy.Request()。由于 yield 得到的是一个生成器，生成器是可以迭代的，所以 result 也是可以迭代的，可以使用 for 循环来把它展开。

```
def process_spider_output(response, result, spider):
    for item in result:
        if isinstance(item, scrapy.Item):
            # 这里可以对即将被提交给pipeline的item进行各种操作
            print(f'item将会被提交给pipeline')
        yield item
```

或者对请求进行监控和修改：

```
def process_spider_output(response, result, spider):
    for request in result:
        if not isinstance(request, scrapy.Item):
            # 这里可以对请求进行各种修改
            print('现在还可以对请求对象进行修改…')
        request.meta['request_start_time'] = time.time()
        yield request
```

12.2　爬虫的部署

一般情况下，爬虫会使用云服务器来运行，这样可以保证爬虫 24h 不间断运行。但是如何把爬虫放到云服务器上面去呢？有人说用 FTP，有人说用 Git，有人说用 Docker。但是它们都有很多问题。

FTP：使用 FTP 来上传代码，不仅非常不方便，而且经常出现把方向搞反，导致本地最新的代码被服务器代码覆盖的问题。

Git：好处是可以进行版本管理，不会出现代码丢失的问题。但操作步骤多，需要先在本地提交，然后登录服务器，再从服务器上面把代码下载下来。如果有很多服务器的话，每个服务器都登录并下载一遍代码是非常浪费时间的事情。

Docker：好处是可以做到所有服务器都有相同的环境，部署非常方便。但需要对 Linux 有比较深入的了解，对新人不友好，上手难度比较大。

为了克服上面的种种问题，本书将会使用 Scrapy 官方开发的爬虫部署、运行、管理工具：Scrapyd。

12.2.1　Scrapyd 介绍与使用

1. Scrapyd 的介绍

Scrapyd 是 Scrapy 官方开发的，用来部署、运行和管理 Scrapy 爬虫的工具。使用 Scrapyd，可以实现一键部署 Scrapy 爬虫，访问一个网址就启动/停止爬虫。Scrapyd 自带一个简陋网页，可以通过浏览器看到爬虫当前运行状态或者查阅爬虫 Log。Scrapyd 提供了官方 API，从而可以通过二次开发实现更多更加复杂的功能。

Scrapyd 可以同时管理多个 Scrapy 工程里面的多个爬虫的多个版本。如果在多个云服务器上安装 Scrapyd，可以通过 Python 写一个小程序，来实现批量部署爬虫、批量启动爬虫和批量停止爬虫。

2. 安装 Scrapyd

安装 Scrapyd 就像安装普通的 Python 第三方库一样容易，直接使用 pip 安装即可：

```
pip install scrapyd
```

由于 Scrapyd 所依赖的其他第三方库在安装 Scrapy 的时候都已经安装过了，所以安装 Scrapyd 会非常快，如图 12-33 所示。

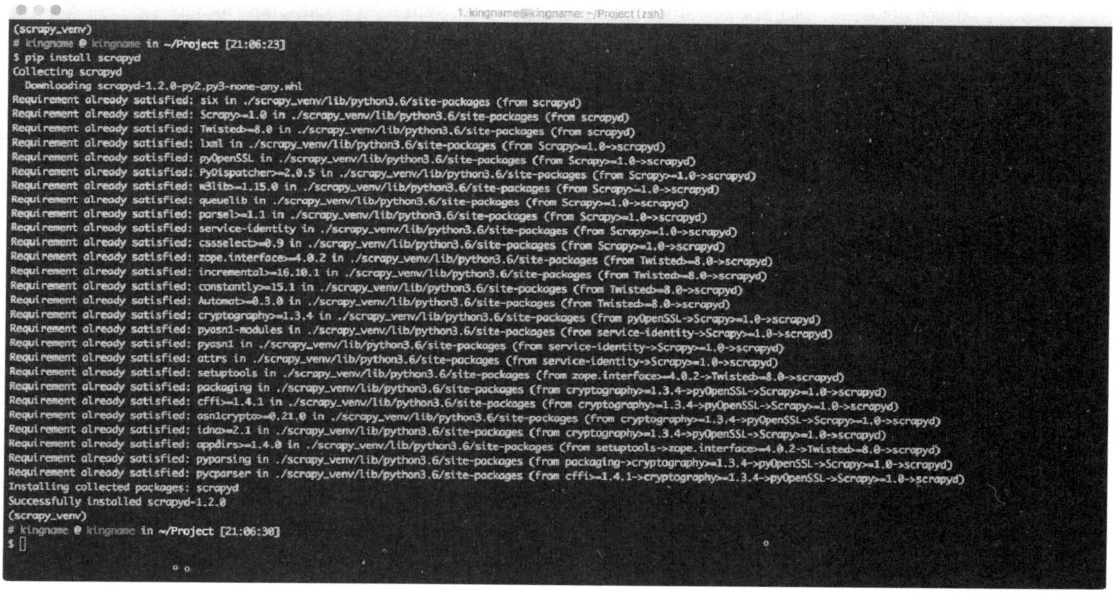

图 12-33　安装 Scrapyd

Scrapyd 需要安装到云服务器上，如果读者没有云服务器，或者想在本地测试，那么可以在本地也安装一个。

接下来需要安装 scrapyd-client，这是用来上传 Scrapy 爬虫的工具，也是 Python 的一个第三方库，使用 pip 安装即可：

```
pip install scrapyd-client
```

这个工具只需要安装到本地计算机上，不需要安装到云服务器上，如图 12-34 所示。

V12-3　购买
云服务器

图 12-34　安装 scrapyd-client

3. 启动 Scrapyd

接下来需要在云服务器上启动 Scrapyd。在默认情况下，Scrapyd 不能从外网访问，为了让它能够被外网访问，需要创建一个配置文件。

对于 Mac OS 和 Linux 系统，在/etc 下创建文件夹 scrapyd，进入 scrapyd，创建 scrapyd.conf 文件。对于 Windows 系统，在 C 盘创建 scrapyd 文件夹，在文件夹中创建 scrapyd.conf 文件，文件内容如下：

```
[scrapyd]
eggs_dir = eggs
logs_dir = logs
items_dir =
jobs_to_keep = 5
dbs_dir=dbs
max_proc = 0
max_proc_per_cpu = 4
finished_to_keep = 100
poll_interval = 5.0
bind_address = 这里修改为云服务器的外网IP地址
http_port = 6800
debug = off
runner = scrapyd.runner
application = scrapyd.app.application
launcher = scrapyd.launcher.Launcher
```

```
webroot = scrapyd.website.Root

[services]
schedule.json = scrapyd.webservice.Schedule
cancel.json = scrapyd.webservice.Cancel
addversion.json = scrapyd.webservice.AddVersion
listprojects.json = scrapyd.webservice.ListProjects
listversions.json = scrapyd.webservice.ListVersions
listspiders.json = scrapyd.webservice.ListSpiders
delproject.json = scrapyd.webservice.DeleteProject
delversion.json = scrapyd.webservice.DeleteVersion
listjobs.json = scrapyd.webservice.ListJobs
daemonstatus.json = scrapyd.webservice.DaemonStatus
```

除了 bind_address 这一项外，其他都可以保持默认。bind_address 这一项的值设定为当前这台云服务器的外网 IP 地址。

配置文件放好以后，在终端或者 CMD 中输入 scrapyd 并按 Enter 键，这样 Scrapyd 就启动了，如图 12-35 所示。

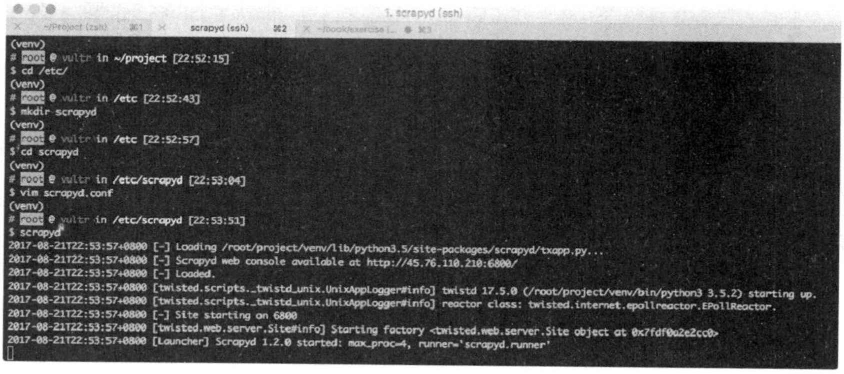

图 12-35　启动 Scrapyd

此时打开浏览器，输入"http://云服务器 IP 地址:6800"格式的地址就可以打开 Scrapyd 自带的简陋网页，如图 12-36 所示。

4. 部署爬虫

Scrapyd 启动以后，就可以开始部署爬虫了。打开任意一个 Scrapy 的工程文件，可以看到在工程的根目录中，Scrapy 已经自动创建了一个 scrapy.cfg 文件，打开这个文件，其内容如图 12-37 所示。

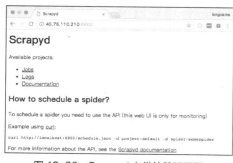

图 12-36　Scrapyd 自带的简陋网页

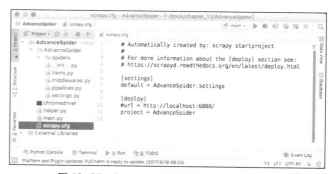

图 12-37　Scrapy 工程自带的 scrapy.cfg 内容

现在需要把第 10 行的注释符号去掉，并将 IP 地址改为 Scrapyd 所在云服务器的 IP 地址，如图 12-38 所示。

图 12-38　去掉第 10 行的注释符，并将 IP 地址设定为云服务器的 IP 地址

最后，使用终端或者 CMD 进入这个 Scrapy 工程的根目录，执行下面这一行命令部署爬虫：

```
scrapyd-deploy
```

命令执行完成后，爬虫代码就已经在服务器上面了，返回结果如图 12-39 所示。

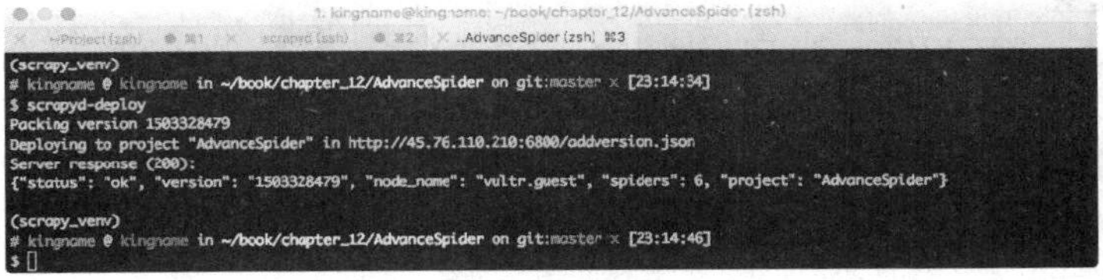

图 12-39　返回结果

如果服务器上面的 Python 版本和本地开发环境的 Python 版本不一致，那么部署的时候需要注意代码是否使用了服务器的 Python 不支持的语法。例如服务器的 Python 为 3.5 版，而本地开发环境的 Python 为 3.6 且爬虫代码使用了 "f-string"（f 表达式），那么可能会得到图 12-40 所示的报错信息。

图 12-40　代码有问题导致部署出错

需要把爬虫的代码修改为 Python 3.5 兼容的格式，如图 12-41 所示。

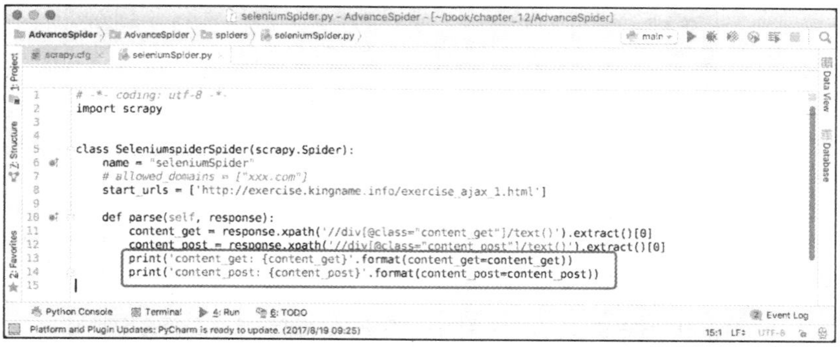

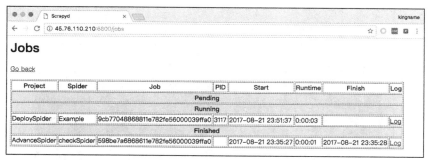

图 12-41　把代码修改为 Python 3.5 兼容的格式

需要记住，Scrapyd 只是一个管理 Scrapy 爬虫的工具而已，只有能够正常运行的爬虫放到 Scrapyd 上面，才能够正常工作。

5. 启动/停止爬虫

在上传了爬虫以后，就可以启动爬虫了。对于 Mac OS 和 Linux 系统，启动和停止爬虫非常简单。要启动爬虫，需要在终端输入下面这一行格式的代码，如图 12-42 所示。

```
curl http://云服务器IP地址:6800/schedule.json -d project=爬虫工程名 -d spider=爬虫名
```

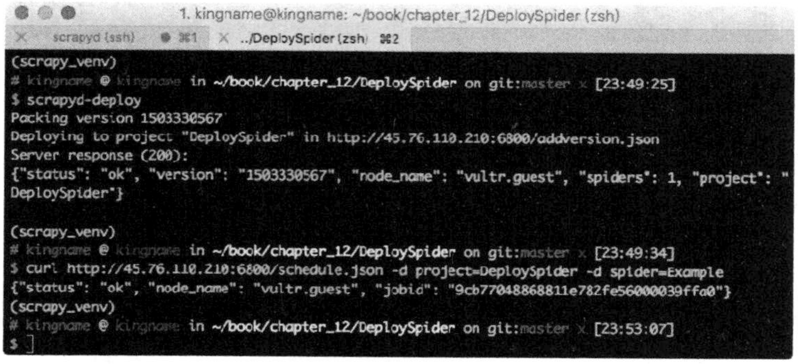

图 12-42　启动爬虫

执行完成命令以后，打开 Scrapyd 的网页，进入 Jobs 页面，可以看到爬虫正在运行，如图 12-43 所示。

图 12-43　在 Scrapyd 简陋网页可以看到爬虫正在运行

单击右侧的 Log 链接，可以看到当前爬虫的 Log。需要注意的是，这里显示的 Log 只能是在爬虫里面使用 logging 模块输出的内容，而不会显示 print 函数打印出来的内容，如图 12-44 所示。

图 12-44　爬虫的 Log

如果爬虫的运行时间太长，希望提前结束爬虫，那么可以使用下面格式的命令来实现：

curl http://爬虫服务器IP地址:6800/cancel.json −d project=工程名　−d job=爬虫JOBID（在网页上可以查询到）

运行以后，相当于对爬虫按下了 Ctrl+C 组合键的效果，如图 12-45 所示。

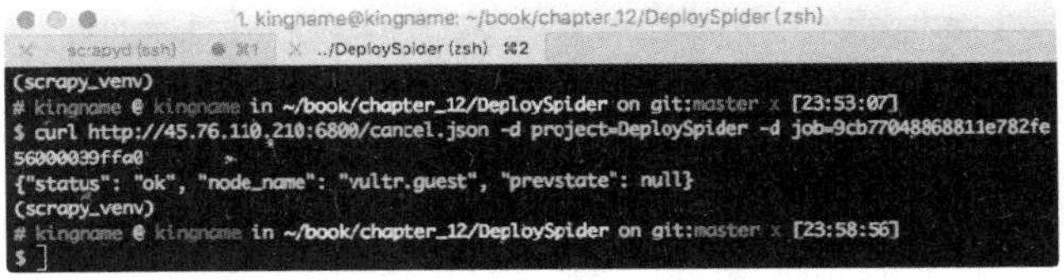

图 12-45　停止运行结束的爬虫

如果爬虫本身已经运行结束了，那么执行命令以后的返回内容中，"prevstate" 这一项的值就为 null，如果运行命令的时候爬虫还在运行，那么这一项的值就为 "running"，如图 12-46 所示。

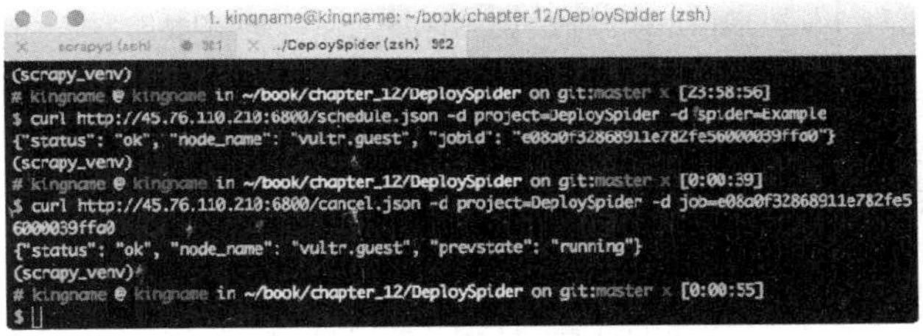

图 12-46　停止正在运行的爬虫

对于 Windows 系统，启动和停止爬虫稍微麻烦一点，这是由于 Windows 的 CMD 功能较弱，没有像 Mac OS 和 Linux 的终端一样拥有 curl 这个发起网络请求的自带工具。但既然是发起网络请求，那么只需要借助 Python 和 requests 就可以完成。

先来看看启动爬虫的命令：

curl http://45.76.110.210:6800/schedule.json −d project=DeploySpider −d spider=Example

显而易见，其中的 "http://45.76.110.210:6800/schedule.json" 是一个网址，后面的-d 中的 d 对应的是英文 data 数据的首字母，project=DeploySpider 和 spider=Example 又刚好是 Key、Value 的形式，这和 Python 的字典有点像。而 requests 的 POST 方法刚好有一个参数也是 data，它的值正好也是一个字典，所以使用 requests 的 POST 方法就可以实现启动爬虫，如图 12-47 所示。

从图中可以看到，返回的内容和使用 curl 获得的内容是完全一样的。这说明启动爬虫成功。

同样的，如果要关闭爬虫，只需要更换一下网址和参数即可，如图 12-48 所示。

图 12-47　使用 requests 发送请求启动爬虫

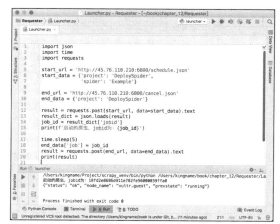

图 12-48　使用 requests 发送请求关闭爬虫

由于部署爬虫的时候直接执行 scrapyd-deploy 命令，所以如何使用 Python 来自动化部署爬虫呢？其实也非常容易。在 Python 里面使用 os 这个自带模块就可以执行系统命令，如图 12-49 所示。

图 12-49　在 Python 中执行命令部署爬虫

从图 12-49 返回的内容可以看出，爬虫部署成功。

使用 Python 与 requests 的好处不仅在于可以帮助 Windows 实现控制爬虫，还可以用来实现批量部署、批量控制爬虫。假设有一百台云服务器，只要每一台上面都安装了 Scrapyd，那么使用 Python 来批量部署并启动爬虫所需要的时间不超过 1min。

这里给出一个批量部署并启动爬虫的例子，首先在爬虫的根目录下创建一个 scrapy_template.cfg 文件，其内容如图 12-50 所示。

图 12-50　scrapy_template.cfg 内容

scrapy_template.cfg 与 scrapy.cfg 的唯一不同之处就在于 url 这一项，其中的 IP 地址和端口变成了$server$。接下来编写批量部署和运行爬虫的脚本，如图 12-51 所示。

```
import requests
import os

server_list = ['45.76.110.210:6800',
               '123.55.11.89.98:6800',
               '67.10.123.96:6800',
               '77.82.32.10.6:6800'
               ]

start_url = 'http://{server}/schedule.json'
scrapy_project_folder = '/Users/kingname/book/chapter_12/DeploySpider'
scrapy_cfg_template_path = os.path.join(scrapy_project_folder, 'scrapy_template.cfg')
os.chdir(scrapy_project_folder)  # 切换工作区，进入爬虫工程根目录执行命令
project = 'DeploySpider'
spider = 'Example'

with open(scrapy_cfg_template_path, encoding='utf-8') as f:
    scrapy_cfg_template = f.read()

def deploy(server):
    scrapy_cfg = scrapy_cfg_template.replace('$server$', server)
    with open('scrapy.cfg', 'w', encoding='utf-8') as f:
        f.write(scrapy_cfg)
    os.system('scrapyd-deploy')

def launch(server):
    url = start_url.format(server=server)
    start_data = {'project': project,
                  'spider': spider}
    result = requests.post(url, data=start_data).text
    print('服务器 {server}爬虫运行结果 {result}'.format(server=server,
                                                      result=result))

if __name__ == '__main__':
    for server in server_list:
        deploy(server)
        launch(server)
```

图 12-51　批量部署和运行爬虫的脚本

这个脚本的作用是逐一修改 scrapy.cfg 里面的 IP 地址和端口，每次修改完成以后就部署并运行爬虫。运行完成以后再使用下一个服务器的 IP 地址修改 scrapy.cfg，再部署再运行，直到把爬虫部署到所有的服务器上并运行。

12.2.2　权限管理

到此为止，Scrapyd 的基本操作就讲完了。在整个使用 Scrapyd 的过程中，只要知道 IP 地址和端口就可以操作爬虫。如果 IP 地址和端口被别人知道了，那岂不是别人也可以随意控制你的爬虫？确实是这样的，因为 Scrapyd 没有权限管理系统。任何人只要知道了 IP 地址和端口就可以控制爬虫。

为了弥补 Scrapyd 没有权限管理系统这一短板，就需要借助其他方式来对网络请求进行管控。带权限管理的反向代理就是一种解决办法。

能实现反向代理的程序很多，本书以 Nginx 为例来进行说明。

1. Nginx 的介绍

Nginx 读作 Engine X，是一个轻量级的高性能网络服务器、负载均衡器和反向代理。为了解决 Scrapyd 的问题，需要用 Nginx 做反向代理。

所谓"反向代理"，是相对于"正向代理"而言的。前面章节所用到的代理是正向代理。正向代理帮助请求者（爬虫）隐藏身份，爬虫通过代理访问服务器，服务器只能看到代理 IP，看不到爬虫；反向代理帮助服务器隐藏身份。用户只知道服务器返回的内容，但不知道也不需要知道这个内容是在哪里生成的。

使用 Nginx 反向代理到 Scrapyd 以后，Scrapyd 本身只需要开通内网访问即可。用户访问 Nginx，Nginx 再访问 Scrapyd，然后 Scrapyd 把结果返回给 Nginx，Nginx 再把结果返回给用户。这样只要在 Nginx 上设置登录密码，就可以间接实现 Scrapyd 的访问管控了，如图 12-52 所示。

这个过程就好比是家里的保险箱没有锁，如果把保险箱放在大庭广众之下，谁都可以去里面拿钱。但是现在把保险箱放在房间里，房间门有锁，那么即使保险箱没有锁也没关系，只有手里有房间门钥匙的人才能拿到保险箱里面的钱。

图 12-52　使用 Nginx 来保护 Scrapyd

Scrapyd 就相当于这里的"保险箱"，云服务器就相当于这里的"房间"，Nginx 就相当于"房间门"，而登录账号和密码就相当于房间门的"钥匙"。

为了完成这个目标，需要先安装 Nginx。由于这里涉及爬虫的部署和服务器的配置，因此仅以 Linux 的 Ubuntu 为例。一般不建议 Windows 做爬虫服务器，也不建议购买很多台苹果计算机来搭建爬虫服务器。

2. Nginx 的安装

在 Ubuntu 中安装 Nginx 非常简单，使用一行命令即可完成：

```
sudo apt-get install nginx
```

安装好以后，需要考虑以下两个问题。

（1）服务器是否有其他的程序占用了 80 端口。

（2）服务器是否有防火墙。

对于第 1 个问题，如果有其他程序占用了 80 端口，那么 Nginx 就无法启动。因为 Nginx 会默认打开 80 端口，展示一个安装成功的页面。当其他程序占用了 80 端口，Nginx 就会因为拿不到 80 端口而报错。要解决这个问题，其办法有两个，关闭占用 80 端口的程序，或者把 Nginx 默认开启的端口改为其他端口。如果读者的云服务器为国内的服务器，本书建议修改 Nginx 的默认启动端口，无论是否有其他程序占用了 80 端口。这是因为国内服务器架设网站是需要进行备案的，而 80 端口一般是给网站用的。如果没有备案就开启了 80 端口，有可能导致云服务器被运营商停机。

要修改 Nginx 的默认启动端口，可使用 Vim 或者其他文本编辑器打开/etc/nginx/sites-available/default 文件，其内容如图 12-53 所示。

将这里的 17 行和 18 行的 80 全部改成 81 并保存，然后使用下列命令重启 Nginx：

```
sudo systemctl restart nginx
```

重启 Nginx 可以在 1～2s 内完成。完成以后，使用浏览器访问格式为"服务器 IP:81"的地址，如果出现图 12-54 所示的页面，表示服务器没有防火墙，Nginx 架设成功。

图 12-53　Nginx 默认配置文件内容

图 12-54　启动 Nginx 成功

如果浏览器提示网页无法访问，那么就可能是服务器有防火墙，因此需要让防火墙对 81 端口的数据放行。不同的云服务器提供商，其防火墙是不一样的。例如 Vultr，它没有默认的防火墙，Nginx 运行以后就能用；国内的阿里云，CentOS 系统服务器自带的防火墙为 firewalld；Ubuntu 系统自带的防火墙是 Iptables；亚马逊的 AWS，需要在网页后台开放端口；而 UCloud，服务器自带防火墙的同时，网页控制台上还有对端口的限制。

因此，要开放一个端口，最好先看一下云服务器提供商使用的是什么样的防火墙策略，并搜索提供商的文档。如果云服务器提供商没有相关的文档，可以在百度或者 Google 上以"服务器提供商 开放端口"或者"防火墙软件 开放端口"格式为关键字搜索开放端口的方式，如图 12-55 与图 12-56 所示。

图 12-55　搜索阿里云开放端口的办法

图 12-56　搜索 firewalld 开放端口的方法

开放了端口以后，就可以开始配置环境了。

3. 配置反向代理

首先打开/etc/scrapyd/scrapyd.conf，把 bind_address 这一项重新改为 127.0.0.1，并把 http_port 这一项改为 6801，如图 12-57 所示。

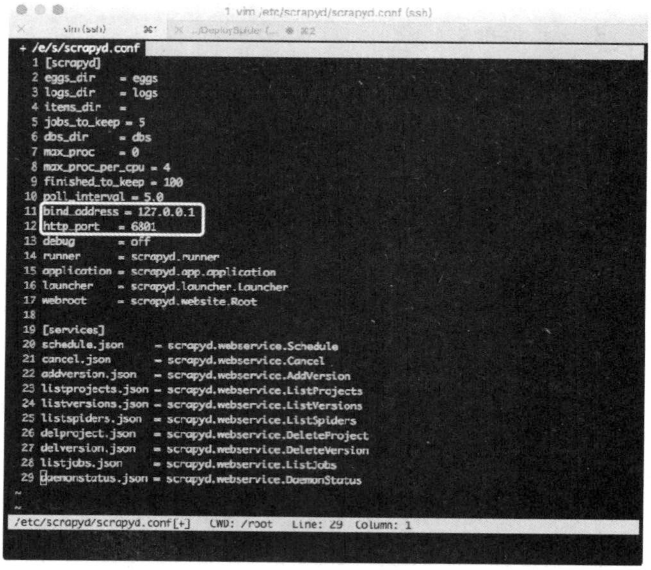

图 12-57　把 Scrapyd 设置为只允许内网访问，端口为 6801

这样修改以后，如果再重新启动 Scrapyd，只能在服务器上向 127.0.0.1:6801 发送请求操作 Scrapyd，服务器之外是没有办法连上 Scrapyd 的。

接下来配置 Nginx，在/etc/nginx/sites-available 文件夹下创建一个 scrapyd.conf，其内容为：

```
server {
  listen 6800;
  location / {
    proxy_pass http://127.0.0.1:6801/;
    auth_basic "Restricted";
    auth_basic_user_file /etc/nginx/conf.d/.htpasswd;
  }
}
```

这个配置的意思是说，使用 basic auth 权限管理方法，对于通过授权的用户，将它对 6800 端口的请求转到服务器本地的 6801 端口。需要注意配置里面的记录授权文件的路径这一项：

```
auth_basic_user_file /etc/nginx/conf.d/.htpasswd
```

在后面会将授权信息的记录文件放在/etc/nginx/conf.d/.htpasswd 这个文件中。写好这个配置以后，保存。

接下来，执行下面的命令，在/etc/nginx/sites-enabled 文件夹下创建一个软连接：

```
sudo ln -s /etc/nginx/sites-available/scrapyd.conf /etc/nginx/sites-enabled/
```

软连接创建好以后，需要生成账号和密码的配置文件。

首先安装 apache2-utils 软件包：

```
sudo apt-get install apache2-utils
```

安装过程如图 12-58 所示。

安装完成 apache2-utils 以后，cd 进入/etc/nginx/conf.d 文件夹，并执行命令为用户 kingname 生成密码文件：

```
sudo htpasswd -c .htpasswd kingname
```

屏幕会提示输入密码，与 Linux 的其他密码输入机制一样，在输入密码的时候屏幕上不会出现*号，所以不用担心，输入完成密码按 Enter 键即可，如图 12-59 所示。

图 12-58　安装 apache2-utils 的过程

图 12-59　生成密码文件

上面的命令会在/etc/nginx/conf.d 文件夹下生成一个.htpasswd 的隐藏文件。有了这个文件，Nginx 就能进行权限验证了。

接下来重启 Nginx：

```
sudo systemctl restart nginx
```

重启完成以后，启动 Scrapyd，再在浏览器上访问格式为 "http://服务器 IP:6800" 的网址，可以看到图 12-60 所示的页面。

图 12-60　Nginx 的身份验证页面

在这里输入使用 htpasswd 生成的账号和密码，就可以成功登录 Scrapyd。

4．配置 Scrapy 工程

由于为 Scrapyd 添加了权限管控，因此在 12.2.1 小节中涉及的部署爬虫、启动/停止爬虫的地方都要做一些小修改。

首先是部署爬虫，为了让 scrapyd-deploy 能成功地输入密码，需要修改爬虫根目录的 **scrapy.cfg** 文件，添加 username 和 password 两项，其中 username 对应账号，password 对应密码，如图 12-61 所示。

配置好 scrapy.cfg 以后，部署爬虫的命令不变，还是进入这个 Scrapy 工程的根目录，执行以下代码即可：

```
scrapyd-deploy
```

使用 curl 启动/关闭爬虫，只需要在命令上加上账号参数即可。账号参数为 "-u 用户名:密码"。所以，启动爬虫的命令为：

```
curl http://45.76.110.210:6800/schedule.json -d project=工程名 -d spider=爬虫名 -u kingname:genius
```

停止爬虫的命令为：

```
curl http://45.76.110.210:6800/cancel.json -d project=工程名 -d job=爬虫JOBID -u kingname:genius
```

图 12-61　为 scrapy.cfg 添加用户名和密码

如果使用 Python 与 requests 编写脚本来控制爬虫，那么账号信息可以作为 POST 方法的一个参数，参数名为 auth，值为一个元组，元组第 0 项为账号，第 1 项为密码：

```
result = requests.post(start_url, data=start_data, auth=('kingname', 'genius')).text
result = requests.post(end_url, data=end_data, auth=('kingname', 'genius')).text
```

12.3　分布式架构

12.3.1　分布式架构介绍

在前面章节中已经讲到了把目标放到 Redis 里面，然后让多个爬虫从 Redis 中读取目标再爬取的架构，这其实就是一种主—从式的分布式架构。使用 Scrapy，配合 scrapy_redis，再加上 Redis，也就实现了一个所谓的分布式爬虫。

实际上，这种分布式爬虫的核心概念就是一个中心结点，也叫 Master。它上面跑着一个 Redis，所有的待爬网站的网址都在里面。其他云服务器上面的爬虫（Slave）就从这个共同的 Redis 中读取待爬网址。只要能访问这个 Master 服务器，并读取 Redis，那么其他服务器使用什么系统什么提供商都没有关系。例如，使用 Ubuntu 作为爬虫的 Master，用来做任务的派分。使用树莓派、Windows 10 PC 和 Mac 来作为分布式爬虫的 Slave，用来爬取网站，并将结果保存到 Mac 上面运行的 MongoDB 中。分布式爬虫架构图如图 12-62 所示。

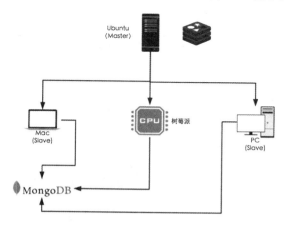

图 12-62　分布式爬虫架构图

其中，作为 Master 的 Ubuntu 服务器仅需要安装 Redis 即可，它的作用仅仅是作为一个待爬网址的临时中转，所以甚至不需要安装 Python。

在 Mac、树莓派和 Windows PC 中，需要安装好 Scrapy，并通过 Scrapyd 管理爬虫。由于爬虫会一直监控 Master 的 Redis，所以在 Redis 没有数据的时候爬虫处于待命状态。

当目标被放进了 Redis 以后，爬虫就能开始运行了。由于 Redis 是一个单线程的数据库，因此不会出现多个爬虫拿到同一个网址的情况。

12.3.2 如何选择 Master

严格来讲，Master 只需要能运行 Redis 并且能被其他爬虫访问即可。但是如果能拥有一个公网 IP 则更好。这样可以从世界上任何一个能访问互联网的地方访问 Master。但如果实在没有云服务器，也并不是说一定得花钱买一个，如果自己有很多台计算机，完全可以用一台计算机来作为 Master，其他计算机来做 Slave。

Master 也可以同时是 Slave。在第 11 章的例子中，Scrapy 和 Redis 是安装在同一台计算机中的。这台计算机既是 Master 又是 Slave。

Master 一定要能够被其他所有的 Slave 访问。所以，如果所有计算机不在同一个局域网，那么就需要想办法弄到一台具有公网 IP 的计算机或者云服务器。在中国，大部分情况下，电信运营商分配到的 IP 是内网 IP。在这种情况下，即使知道了 IP 地址，也没有办法从外面连进来。

在局域网里面，因为局域网共用一个出口，局域网内的所有共用同一个公网 IP。对网站来说，这个 IP 地址访问频率太高了，肯定不是人在访问，从而被网站封锁的可能性增大。而使用分布式爬虫，不仅仅是为了提高访问抓取速度，更重要的是降低每一个 IP 的访问频率，使网站误认为这是人在访问。所以，如果所有的爬虫确实都在同一个局域网共用一个出口的话，建议为每个爬虫加上代理。在实际生产环境中，最理想的情况是每一个 Slave 的公网 IP 都不一样，这样才能做到既能快速抓取，又能减小被反爬虫机制封锁的机会。

12.4 阶段案例

本章之后，整个互联网都是实践目标。

12.5 本章小结

本章主要介绍了 Scrapy 中间件的高级用法和爬虫的批量部署。使用中间件可以让爬虫专注于提取数据，而像更换 IP、获取登录 Session 等事情全部都交给中间件来做。这样可以让爬虫本身的代码更加简洁，也便于协同开发。

使用 Scrapyd 来部署爬虫，可以实现远程开关爬虫和批量部署爬虫，从而实现分布式爬虫。

第13章

爬虫开发中的法律和道德问题

■ 全国人民代表大会常务委员会在 2016 年 11 月 7 日通过了《中华人民共和国网络安全法》，2017 年 6 月 1 日正式实施。爬虫从过去游走在法律边缘的灰色产业，变得有法可循。在开发爬虫的过程中，一定要注意一些细节，否则容易在不知不觉中触碰道德甚至是法律的底线。

通过这一章的学习，你将会掌握如下知识。

（1）数据采集的法律问题和规避措施。

（2）数据采集的道德协议。

13.1　法律问题

13.1.1　数据采集的法律问题

如果爬虫爬取的是商业网站，并且目标网站使用了反爬虫机制，那么强行突破反爬虫机制可能构成非法侵入计算机系统罪、非法获取计算机信息系统数据罪。如果目标网站有反爬虫声明，那么对方在被爬虫爬取以后，可以根据服务器日志或者各种记录来起诉使用爬虫的公司。

这里有几点需要注意。

（1）目标网站有反爬虫声明。

（2）目标网站能在服务器中找到证据（包括但不限于日志、IP）。

（3）目标网站进行起诉。

如果目标网站本身就是提供公众查询服务的网站，那么使用爬虫是合法合规的。但是尽量不要爬取域名包含.gov 的网站。

13.1.2　数据的使用

公开的数据并不一定被允许用于第三方盈利目的。例如某网站可以供所有人访问，但是如果一个读者把这个网站的数据爬取下来，然后用于盈利，那么可能会面临法律风险。

成熟的大数据公司在爬取并使用一个网站的数据时，一般都需要专业的律师对目标网站进行审核，看是否有禁止爬取或者禁止商业用途的相关规定。

13.1.3　注册及登录可能导致的法律问题

自己能查看的数据，不一定被允许擅自拿给第三方查看。例如登录很多网站以后，用户可以看到"用户自己"的数据。如果读者把自己的数据爬取下来用于盈利，那么可能面临法律风险。

因此，如果能在不登录的情况下爬取数据，那么爬虫就绝不应该登录。这一方面是避免反爬虫机制，另一方面也是减小法律风险。如果必须登录，那么需要查看网站的注册协议和条款，检查是否有禁止将用户自己后台数据公开的相关条文。

13.1.4　数据存储

根据《个人信息和重要数据出境安全评估办法（征求意见稿）》第九条的规定，包含或超过 50 万人的个人信息，或者包含国家关键信息的数据，如果要转移到境外，必须经过主管或者监管部门组织安全评估。

13.1.5　内幕交易

如果读者通过爬虫抓取某公司网站的公开数据，分析以后发现这个公司业绩非常好，于是买入该公司股票并赚了一笔钱。这是合法的。

如果读者通过爬虫抓取某公司网站的公开数据，分析以后发现这个公司业绩非常好。于是将数据或者分析结果出售给某基金公司，从而获得销售收入。这也是合法的。

如果读者通过爬虫抓取某公司网站的公开数据，分析以后发现这个公司业绩非常好，于是首先把数据或者分析结果出售给某基金公司，然后自己再去买被爬公司的股票。此时，该读者涉嫌内幕交易，属于严重违法行为。

之所以出售数据给基金公司以后，读者就不能在基金公司购买股票之前再购买被爬公司股票，这是由于"基金公司将要购买哪一只股票"属于内幕消息，使用内幕消息购买股票将严重损坏市场公平，因此已被定义为非法行为。而读者自身是没有办法证明自己买被爬公司的股票是基于对自己数据的信心，而不是基于知道了某基金公司将要购买该公司股票这一内幕消息的。

在金融领域，有一个词叫作"老鼠仓"，与上述情况较为类似。

13.2　道德协议

在爬虫开发过程中，除了法律限制以外，还有一些需要遵守的道德规范。虽然违反也不会面临法律风险，但是遵守才能让爬虫细水长流。

13.2.1　robots.txt 协议

robots.txt 是一个存放在网站根目录下的 ASCII 编码的文本文件。爬虫在爬网站之前，需要首先访问并获取这个 robots.txt 文件的内容，这个文件里面的内容会告诉爬虫哪些数据是可以爬取的，哪些数据是不可以爬取的。

要查看一个网站的 robots.txt，只需要访问"网站域名/robots.txt"，例如知乎的 robots.txt 地址为 https://www.zhihu.com/robots.txt，访问后的结果如图 13-1 所示。

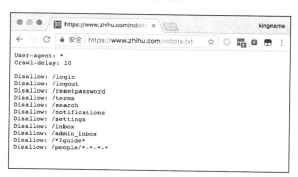

图 13-1　知乎的 robots.txt

这个 robots.txt 文件表示，对于任何爬虫，允许爬取除了以 Disallow 开头的网址以外的其他网址，并且爬取的时间间隔为 10s。Disallow 在英文中的意思是"不允许"，因此列在这个页面上的网址是不允许爬取的，没有列在这里的网址都是可以爬取的。

在 Scrapy 工程的 settings.py 文件中，有一个配置项为"ROBOTSTXT_OBEY"，如果设置为 True，那么 Scrapy 就会自动跳过网站不允许爬取的内容。

robots.txt 并不是一种规范，它只是一种约定，所以即使不遵守也不会受到惩罚。但是从道德上讲，建议遵守。

13.2.2　爬取频率

新手读者在开发爬虫时，往往不限制爬虫的请求频率。这种做法一方面很容易导致爬虫被网站屏蔽，另一方面也会给网站造成一定的负担。如果很多爬虫同时对一个网站全速爬取，那么其实就是对网站进行了 DDOS（Distributed Denial-of-Service，分布式拒绝服务）攻击。小型网站是无法承受这样的攻击的，轻者服务器崩溃，重者耗尽服务器流量。而一旦服务器流量被耗尽，网站在一个月内都无法访问了。

13.2.3　不要开源爬虫的源代码

开源是一件好事，但不要随便公开爬虫的源代码。因为别有用心的人可能会拿到被公开的爬虫代码而对网站进行攻击或者恶意抓取数据。

网站的反爬虫技术也是一种知识产权，而破解了反爬虫机制再开源爬虫代码，其实就相当于把目标网站的反爬虫技术泄漏了。这可能会导致一些不必要的麻烦。

13.3　本章小结

本章主要介绍了爬虫开发中可能涉及的法律和道德问题。在爬虫开发和数据采集的过程中，阅读网站的协议可以有效发现并规避潜在的法律风险。爬虫在爬取网站的时候控制频率，善待网站，才能让爬虫运行得更长久。